飞行器系列丛书

气动减速技术

余 莉 著

科学出版社
北京

内 容 简 介

本书以气动减速系统工作包线为主线,系统介绍了各类气动减速系统的工作原理、结构形式、性能特点和设计分析方法,其中包括作者在科研过程中的一些实践经验及创新成果。本书共8章。第1~2章介绍气动减速系统的作用、工作原理、应用情况及与之密切相关的基本理论。第3~4章阐述高超音速气动减速系统的相关内容,包括航天器再入减速系统、充气式减速装置、可展开刚性减速装置的工作特点和性能分析方法。第5~7章对降落伞和翼伞的工作性能和分析方法进行介绍,包括开伞控制、群伞设计、尾流及伞衣变形等问题,建立了降落伞工作过程的动力学分析模型。第8章着重对充气式减速器、常规降落伞和冲压式翼伞的设计要点进行介绍,包括几何设计、强度分析及材料选择等内容。

本书可供从事气动减速技术和其他相关领域的工程师和研究人员参考,希望能对我国气动技术减速技术的相关研究工作起到一定的推动作用。

图书在版编目(CIP)数据

气动减速技术/余莉著.—北京:科学出版社,
2018.10
(飞行器系列丛书)
ISBN 978-7-03-059132-6

Ⅰ.①气… Ⅱ.①余… Ⅲ.①飞行器—减速装置
Ⅳ.①V244

中国版本图书馆 CIP 数据核字(2018)第 234887 号

责任编辑:许 健/责任校对:谭宏宇
责任印制:黄晓鸣/封面设计:殷 靓

斜 学 出 版 社 出版
北京东黄城根北街 16 号
邮政编码:100717
http://www.sciencep.com

南京展望文化发展有限公司排版
当纳利(上海)信息技术有限公司印刷
科学出版社发行 各地新华书店经销

*

2018 年 10 月第 一 版 开本:B5(720×1000)
2018 年 10 月第一次印刷 印张:20 1/4
字数:397 000

定价:118.00 元
(如有印装质量问题,我社负责调换)

丛 书 序

    飞行器是指能在地球大气层内外空间飞行的器械,可分为航空器、航天器、火箭和导弹三类。航空器中,飞机通过固定于机身的机翼产生升力,是数量最大、使用最多的航空器;直升机通过旋转的旋翼产生升力,能垂直起降、空中悬停、向任意方向飞行,在航空器中具有独特的不可替代的作用。航天器可绕地球飞行,也可远离地球在外太空飞行。1903 年,美国的莱特兄弟研制成功了人类第一架飞机,实现了可持续、有动力、带操纵的飞行。1907 年,法国的科尔尼研制成功了人类第一架直升机,实现了有动力的垂直升空和连续飞行。1957 年,人类第一颗人造地球卫星由苏联发射成功,标志着人类由此进入了航天时代。1961 年,苏联宇航员加加林乘"东方 1 号"飞船进入太空,实现了人类遨游太空的梦想。1969 年,美国的阿姆斯特朗和奥尔德林乘"阿波罗 11 号"飞船登月成功,人类实现了涉足地球以外的另一个天体。这些飞行器的成功,实现了人类两千年以来的各种飞行梦想,推动了飞行器的不断进步。

    目前,飞行器科学与技术快速发展,各种新构型、新概念飞行器层出不穷,反过来又催生了许多新的飞行器科学与技术,促使人们不断地去研究和探索新理论、新方法。出版《飞行器系列丛书》,将为人们的研究和探索提供非常有益的参考和借鉴,也将有力促进飞行器科学与技术的进一步发展。

    本《飞行器系列丛书》,将介绍飞行器科学与技术研究的最新成果与进展,主要由南京航空航天大学从事飞行器设计及相关研究的教授、专家撰写。南京航空航天大学已研制成功了 30 多种型号飞行器,包括我国第一架大型无人机、第一架通过适航审定的全复合材料轻型飞机、第一架直升机、第一架无人直升机、第一架微型飞行器等,参与了我国几乎所有重大飞行器型号的研制,拥有航空宇航科学与技术一级学科国家重点学科。在这样厚重的航空宇航学科基础上,撰写出并由科学出版社出版本套《飞行器系列丛书》,具有十分重要的学术价值,将为我国航空航天界献上一份厚重的礼物,将为我国航空航天事业的发展作出一份重要的贡献。

    祝《飞行器系列丛书》出版成功!

夏品奇

2017 年 12 月 1 日于南京

前　　言

　　气动减速装置是利用其结构形状和性能特征来改变飞行体气动特性,使飞行体减速并增加稳定性的装置。由于其质量轻、减速稳定效果好,在国防建设、科学研究、经济建设、体育运动等领域都有着非常重要的作用。它是航天器安全返回与进入的关键装置,是保障人员及物资安全着陆的重要装备,对于维持飞行弹头的轨迹及姿态起着积极的作用。如果气动减速系统出现故障,不仅会出现物毁人亡的悲剧,甚至可能造成重大的社会政治影响。

　　近 20 年,随着航空航天飞行器回收技术、航空救生技术、空降空投技术等领域的发展,基础研究逐渐深入,工程方法日趋完善,气动减速系统研制工作的科学性和可预测性也得到了很大的提高。虽然气动减速装置同飞行体(飞行器或前置载荷体)一起使用,但是它并不属于飞行体结构的组成部分。气动减速技术已经成为一个独立的专业。

　　降落伞是工程应用中最早、最为广泛的气动减速装置。早在 12 世纪,就已经出现类似降落伞的装置。但直到 18 世纪末,才在科学实验和气球跳伞表演中出现真正的降落伞。最初的降落伞是用刚性骨架保持张开的,以后逐渐出现了有中心孔的降落伞和全柔性伞,这些措施改善了降落伞的稳定性,利于携带,提高了实用性。第二次世界大战后,降落伞的发展更加迅速,出现了很多新的伞型,如环帆伞、旋转伞、翼伞等,满足了不同飞行体对气动性能的要求。当时的许多方法目前还在使用,如开伞拉绳和引导伞的开伞方法、伞包包伞方式、拉断绳减载方法等,这些措施提高了开伞安全性。降落伞的设计和分析水平也得到了很大的提高,形成了伞载系统动力学、降落伞空气动力学、降落伞流固耦合力学等研究方向。

　　随着航天技术、武器装备的发展,飞行体的速度、高度都大大提高,气动减速装置的工作包线也随之提高,降落伞的应用出现了新的技术问题:① 低密度下的充气展开问题;② 超音速下的高频喘振及强度问题;③ 超音速下的气动热载荷问题。为解决这些问题,出现了柔性充气式气动减速装置、半刚性气动减速装置以及刚性可展式气动减速装置。这些减速装置概念的提出始于 20 世纪 50～60 年代,并在20 世纪 60 年代、80 年代及最近的十来年形成了 3 次研究高峰:进行了大量的风洞和飞行试验,获得了基本的气动性能数据,形成了超音速减速装置的基本理论模型。有的超音速气动减速装置已经应用在工程领域,有的还处在概念设计和试验论证阶段。

本书基于作者多年的工作积累和大量的文献调研,以气动减速系统工作包线为主线,系统地介绍了各类气动减速系统的工作原理、结构形式、性能特点和设计分析方法。全书共8章:第1章介绍气动减速系统的作用、工作原理和应用情况等;第2章为基础知识部分,介绍与气动减速系统结构和性能分析密切相关的基本理论和基本概念;第3~4章介绍超音速气动减速系统的相关内容,包括航天器再入减速过程基本理论和工作特性,充气式减速器及可展式刚性减速器的结构类型、工作特点和分析方法等;第5章在介绍降落伞基本类型的基础上,重点介绍降落伞的气动性能,包括降落伞高速运动时气动热问题、实际工作时的尾流问题、开伞控制问题、群伞设计问题及伞衣喘振变形等问题;第6章基于伞-载动力学理论介绍了降落伞从伞包拉出至稳定下降各运动阶段伞-载系统的轨迹及姿态分析方法等;第7章着重对冲压式翼伞的工作原理、性能特点和分析方法等进行介绍;第8章则是针对工程上常见的3类气动减速装置(充气式减速器、弹道型降落伞和冲压式翼伞)的设计要点展开介绍,包括几何结构设计、强度分析及材料选择等内容。

作者一直从事与气动减速系统相关的研究工作,所取得的每一点成绩都离不开同行的帮助、相关单位的支持,尤其是北京空间机电研究所、宏光空降装备有限公司、航宇救生装备有限公司的大力支持,在此表示深深的感谢!并对所有给予关心和帮助的各位同仁,表示诚挚的谢意!

本书可作为降落伞及其他气动减速装置设计的参考书,也可作为飞行器设计、人机与环境工程、一般力学、航空航天等相关教学科研人员的参考用书。限于作者水平,本书必有许多不足之处,恳请读者批评指正。

余 莉

2018.8.30

目　　录

第1章 绪 论

1.1 气动减速系统作用

飞行器或物体在空中运动时,若以安全不受到损伤的速度着陆,称为软着陆,反之,则为硬着陆。气动减速器是一种依靠其结构形状和性能特征来改变飞行器或运动物体气动特性,使飞行器稳定减速并实现软着陆的重要装置。气动减速装置最初均为折叠状态,和飞行器相连接并一起运动,但大多数气动减速装置并不属于飞行器结构的组成部分。为了论述问题的方便,本书将飞行器或运动物体统一称为载荷体或前置体。

气动减速装置最主要的作用就是大幅度降低载荷体的运动速度,保证载荷的着陆安全。气动减速装置若出现故障无法正常工作,有可能物(器)毁人亡,甚至造成非常严重的政治军事后果。

自1961年人类首次进入太空以来的50年间(1961~2010年),已有22名航天员献出了宝贵的生命,其中11人就是在返回着陆过程中牺牲的。1967年4月23日凌晨,苏联"联盟1号"飞船载着航天员弗拉基米尔·M.科马洛夫上校顺利升空,但在返回途中,由于降落伞没能正常打开,飞船带着一团火光,以每秒100多米的速度冲向地面,坠落于乌拉尔地区奥尔斯克以东65 km处,并发出几声猛烈的爆炸声,科马洛夫当场死亡。1971年8月,美国"阿波罗15号"飞船(Apollo 15)返回时3具主伞中1具被吹破,另外两具提前张开。虽然最终飞船安全溅落太平洋,但是落点偏离100 km远,溅落过载高达16g,险些酿成重大事故。"哥伦比亚号"航天飞机在1982年的先后两次飞行均是因降落伞出现故障,导致火箭助推器回收失败,第4次飞行更是造成价值3 600万美元的助推器坠入深海,未能回收。2016年4月,美军173空降旅在空投装备训练中,由于降落伞没有正常打开,连续发生多起事故,造成大量武器车辆装备受损。我国在多次空投试验中,也因降落伞系统没有正常工作,造成空投装备损坏。

另一方面,气动减速系统还可以在物体运动过程中起稳定作用。有些物体对飞行中的姿态要求很高,像各种航弹,不仅要求弹道准确,还希望弹体在下降过程中稳定,以避免位于弹体头部的引信在飞行中受到摆动而触发。空投水雷、鱼雷则要求有一定的入水角,气动减速装置能使其稳定下降,并维持一定的入水角度。航天器返回舱在亚音速情况下气动稳定性比较差,回收降落伞能大大提高舱体的稳定性能。另外,弹射座椅也常用稳定板(一种机械展开式气动减速装置)或降落伞来稳定座椅。可见,稳定物体是气动减速系统的另一重要作用。

由于气动减速装置展开后改变了载荷体的气动特性,因而大幅度减小了下降速度,从而使飞行轨迹发生变化。此外,有的气动减速装置具有一定的升力,可以对载荷体的飞行轨迹起一定的控制作用。如空投系统就常常采用冲压式翼伞来实现精确空投的目标。充气式再入减速器通过对飞行姿态控制来提高其滑翔性能,从而实现对弹道轨迹的控制。因此,气动减速系统主要起减速、稳定作用,有时还具备一定的姿态控制及轨迹控制的能力。

1.2 工 作 原 理

1.2.1 弹道系数

弹道系数是一个用来衡量飞行器克服空气阻力、维持飞行速度能力的数学模式。以飞船返回过程为例,空中运动时主要受到重力 G、气动阻力 F_D 及气动升力 F_L 的作用(如图 1.1 所示),若采用简单的质点运动模型,则沿航迹方向,运动方程如下:

$$\begin{cases} m\dfrac{\mathrm{d}v}{\mathrm{d}t} = G\sin\theta - F_D \\ mv\dfrac{\mathrm{d}\theta}{\mathrm{d}t} = G\cos\theta - F_L \end{cases} \quad (1.1)$$

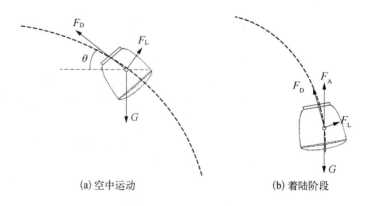

(a) 空中运动   (b) 着陆阶段

图 1.1 飞船返回减速过程受力图

只要有足够的飞行高度,飞行器最终会达到力平衡状态,此时飞行器呈垂直状态下落。气动合力和重力相等,即

$$G = F_A = \frac{1}{2}\rho v^2 (CA) \tag{1.2}$$

对于一个物体重量一定的特定载荷体,要实现软着陆,降低着陆速度,就必须提高系统的气动特征面积(CA)。若系统重量越大,着陆速度也越大。因此评价飞行载荷减速能力的弹道系数 β 采用如下公式表示:

$$\beta = \frac{G}{C_D A} \tag{1.3}$$

根据上式描述,弹道系数为有量纲量,单位为 N/m^2。对于降落伞气动减速系统,有时也用无量纲系数表示伞-载系统的减速能力,主要有下面两种描述方法。

方法一,以无量纲质量形式描述:

$$\beta_1 = \frac{m_{xt}}{\rho \pi D_0^3} \tag{1.4}$$

方法二,以包含减速系统气动特性的无量纲质量形式描述:

$$\beta_2 = \frac{m_{xt}}{\rho (C_D A)^{3/2}} \tag{1.5}$$

式中,m_{xt} 为系统质量;D_0,$C_D A$ 分别表示减速装置的名义直径及阻力特征。

弹道系数越大,表明飞行系统速度衰减越慢。对于导弹等大多数飞行器,为了维持其高速的能力,弹道系数应该越大越好。但是若要对其进行软着陆减速回收,则应该减小弹道系数,最有效的措施就是增加阻力特征面积。

1.2.2 工作原理

气动减速装置最大的特点是不依靠外界动力,仅依靠自身的空气动力使系统减速,是一种无动力减速系统。根据上文可知,为了维持较小的速度飞行,首先必须减小飞行载荷的弹道系数。根据弹道系数定义(1.3)式,减小弹道系数有下面三种技术途径。

(1)减小飞行系统质量。气动减速系统常常采用抛弃质量的方式进一步减小着陆速度,如伞兵伞着陆前将武器装备通过吊篮提前释放。

(2)增加飞行系统阻力系数。飞行体受到各种形式的气动阻力(如摩擦阻力、

压差阻力、波阻等),影响气动阻力系数的因素有速度、气动角及形状,其中改变外形是气动减速系统常规通用的形式,如释放降落伞、释放系统外罩,都改变了飞行系统的气动阻力系数。

(3) 增加飞行系统名义面积。增加飞行系统名义面积是效果最显著的一种气动减速方式,根据飞行速度的不同,有采用刚性减速板方式、充气式阻力锥方式、降落伞方式等等。

图1.2为飞行体采用抛放质量结合降落伞的减速方式,当抛放质量减50%,阻力系数增加3倍,可使弹道系数降至1/6;当第二级降落伞打开后,阻力特征大大增加,弹道系数可在此基础上进一步降低至1/10以下,大大减小了飞行器着陆速度。

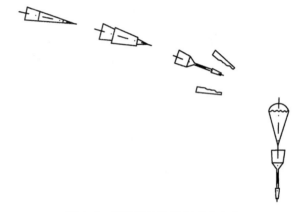

图1.2　侧抛质量降落伞减速方式

1.3　类型及工作包线

1.3.1　类型

气动减速器可实现减速、稳定、救生、引导等多种功能,可应用于人员、物资、设备、飞行器等多种空间运动对象。采用不同的分类方法,气动减速器便有不同的种类和形式。

根据气动减速装置的气动性能来分类,主要包括弹道式气动减速器以及滑翔式气动减速器两大类型。我们知道,气动减速器最主要的工作特点是具有很好的气动阻力及气动稳定性,这种主要利用气动阻力,改变原载荷体飞行轨迹的减速装置为弹道式气动减速装置。有的气动减速装置除阻力以外,还有比较好的升力特性(如翼伞)。当这一类气动减速装置打开后,载荷体还可以依靠气动减速装置的滑翔能力,降落到预定的着陆地点,这一类减速装置称为滑翔式气动减速装置。弹道式气动减速装置的气动升力很小(基本可以忽略),轨迹控制能力较差;滑翔式气动减速装置的升阻比一般都大于2.5,具有较好的滑翔控制及定点着陆能力。

根据减速器工作时的速度包线,气动减速装置又可分为超音速气动减速装置和亚音速气动减速装置,与之对应的结构类型主要包括柔性敞开式气动减速装置、柔性充气式气动减速装置及机械式气动减速装置三大类型。机械式气动减速装置也称为刚性可展式气动减速装置,图1.3便是上述几类气动减速装置的典型代表。

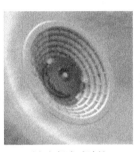

(a) 带条伞　　　　　(b) 翼伞　　　　　(c) 充气式减速锥　　　　　(d) 旋翼式减速器

图 1.3　不同结构形式的气动减速器

柔性敞开式及柔性充气式气动减速装置主要由纺织材料构成,具有质量轻、展开面积大的特点。降落伞是柔性敞开式气动减速装置的典型代表,能够利用载荷系统的运动速度自行充气,不需要外界提供辅助气源。柔性充气式气动减速装置则由封闭织物气囊组成,可以是单气囊形式,如气球伞;也可以多个气囊腔环状构成,如堆叠圆环式充气式气动减速锥。充气式气动减速装置大都处于超音速、低密度、低动压工作状态,有时需要辅助充气机构才能保证减速器可靠快速张开。机械式气动减速装置有刚性和半刚性两种类型,主要由金属材料构成,能承受更大的强度载荷和热载荷,因此可应用于更大的速度范围。但是重量比较大,也因此限制了展开面积,从而制约了减速能力的提高。只有在高超音速飞行器,柔性织物无法承受强度和热载荷时,才考虑采用这种结构。旋翼式减速器、折叠减速板等都是这类减速机构。

降落伞是最典型最通用的一种气动减速装置,但这种大面积敞开式气动减速装置工作速度一般较小。一般来说,若载荷体运动速度超过$3Ma$时,降落伞的可靠性及工作性能大大降低,需要采用充气式减速器或机械式气动减速装置。气动减速装置的气动性能及工作包线都和其结构息息相关,在之后的章节中我们将根据典型气动减速器的结构特点来介绍它们的工作特性。

1.3.2　工作包线

气动减速装置和飞行载荷构成了减速器-载荷体联合飞行(运动)系统。当联合系统运动时,速度、高度、迎角等因素都必须统一综合考虑,它们形成的对工作区域限制的图形描写构成了气动减速装置的工作包线。

一般,我们以马赫数(Ma)、高度为参考因素,可以绘出气动减速装置可能工作的马赫数和高度的具体范围,这便构成了气动减速装置的飞行图谱。图1.4为地球飞行环境下,气动减速装置飞行时的马赫数-高度飞行图谱。降落伞主要工作在低马赫数低高度范围,一般在减速飞行的最后阶段才用降落伞完成。在超音速区,我们一般关注如下三类曲线:

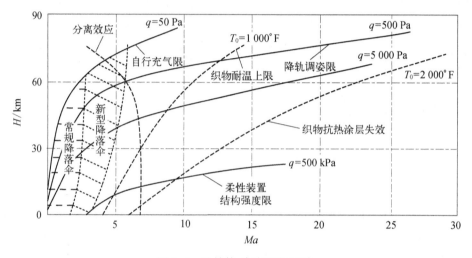

图1.4 马赫数-高度飞行图谱

(1)动压线。当动压低于50 Pa时,柔性阻力装置不能可靠地自行充气。如果动压大于500 kPa时,柔性阻力装置结构强度问题可能变得难以解决。在高空超高音速区,当动压小于500 Pa时,依靠气动减速装置来调节轨迹效果有限,还需要依靠反推力火箭来达到调姿减速的目的。

(2)滞止温度线。当前织物材料的使用极限是1 000℉,当超过该温度时,织物材料灼伤受损。如果织物材料涂有一定的防热涂层,可以在滞止温度达到2 000℉下的飞行工况中使用。

(3)分离效应线。超过该线时,分离效应变得显著,空气发生严重电离。此时理想气体模型将不再适用。

根据图1.4的飞行图谱,当速度超过5Ma时,降落伞这种最典型最通用的气动减速装置很难满足飞行时的充气、强度及防热要求,需要采用柔性密闭式减速器或机械式气动阻力装置实现减速及稳定的目的。20世纪50年代,美国曾经就不同类型降落伞的工作包线问题开展了系列研究,当速度达到4.0Ma,飞行动压达到102 MPa时,降落伞可以成功实现火箭助推器的软着陆回收。对于航天星际探测问题,若星球中存在大气,即使比较稀薄,只要满足相应的动压及速度条件,也可以采用降落伞进行减速。图1.5为不同种类降落伞的工作包线图。

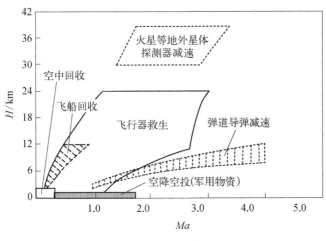

图1.5　降落伞工作包线

1.4　气动减速装置的应用情况

气动减速装置具有重量轻、体积小、稳定减速效果好、加工方便以及成本低等优点,在航空航天、国防军事、科学与民用技术等领域得到了广泛的应用。本节按照使用目的,对常用气动减速装置的应用情况进行介绍。

1.4.1　飞行器回收

1. 回收方式

飞行器回收涉及的种类繁多,包括航天器回收、无人机回收、导弹回收及其他飞行器回收,可以选择陆地降落、海面溅落或在空中用飞机直接钩取3种方式。常规的回收系统为陆上回收系统和水上回收系统,空中回收系统为特殊的回收系统,又称空中钩取。空中钩取为有效载荷的一种转运方式,各种空中回收方法绝大部分用降落

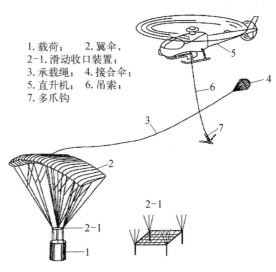

1. 载荷;　　2. 翼伞;
2-1. 滑动收口装置;
3. 承载绳;　4. 接合伞;
5. 直升机;　6. 吊索;
7. 多爪钩

图1.6　翼伞MAR系统示意图

伞作为有效载荷的降落系统。能够用空中钩取方法回收的有人员、器材、大气探测器、无人靶机、遥控飞行器等。

空空回收作业,需要用装有机载钩取装置的定翼机或旋翼机进行。定翼机作业范围广,作业高度高,但是不能回收翼展比飞机舱门宽的飞行器。直升机能够回收大的有翼飞行器,把它们拖至适当的着陆地区,用着陆网无损伤地放下。图1.6为翼伞MAR系统示意图。

2. 航天器回收

航天器回收包括近地轨道飞行器(如生物卫星、同步卫星等)回收,载人航天器(如"水星""双子星座""阿波罗""神舟"飞船等)回收等。返回式航天器一般选用钝头再入体的气动外形,在亚音速区域稳定性差,并随着高度的降低和速度的减小,这种姿态的不稳定性越趋严重。对于载人飞船来说,这种不稳定性会使舱内航天员头晕,引起黑视,甚至晕厥。另一方面,返回舱再入大气层后,下降到20 km左右高度时达到稳定下降速度,如果不进一步采取减速措施,返回舱会以相当大的速度(150~200 m/s)冲向地面。为了提高返回舱的稳定性,有效地对返回舱实施进

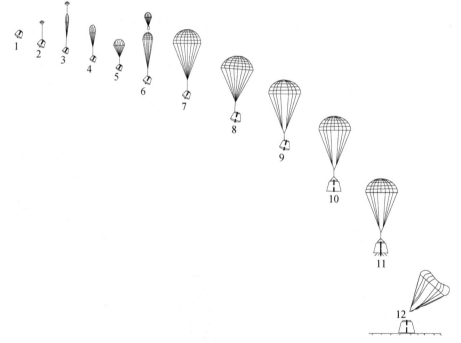

图 1.7　载人飞船降落伞系统的工作过程

1. 调整返回舱的姿态(GNC系统);2. 抛伞舱盖、拉出引导伞;3. 引导伞拉出减速伞;4. 减速伞呈收口状态充满;5. 减速伞全充满;6. 减速伞分离、拉出主伞;7. 主伞呈收口状态充满;8. 主伞充满;9. 抛放热大底;10. 返回舱转换吊挂;11. 着陆反推发动机工作;12. 着陆、脱伞

一步减速,航天器回收过程配备有降落伞气动减速系统。航天器回收一般采用陆地回收或海上回收两种方式,具体采用何种方式和地域环境有关,如我国和俄罗斯就采用陆地回收方式,而美国主要采用海上回收方式。图 1.7 为神舟飞船陆地回收工作程序。

3. 无人机回收

无人驾驶飞机简称"无人机",是利用无线电遥控设备和自备的程序控制装置操纵的不载人飞机,包括靶机和侦察机。无人机回收的功用是保证无人机在完成飞行任务后利用回收伞安全回到地面,以便检查执行任务情况并回收再使用。无人机回收系统一般包括回收伞、着陆缓冲装置、触地开关及伞-机分离机构。

根据回收对象的不同,无人机回收可分为无人旋翼机回收、电动无人机回收、近程无人机回收等。图 1.8 为上述三种无人机回收方式。

(a) 无人旋翼机回收　　　　(b) 电动无人机回收　　　　(c) 近程无人机回收

图 1.8　无人机回收

开伞技术是无人机可靠回收的关键技术,根据无人机型号大小,主要采用的开伞方法有所不同。小型无人机主要采用弹簧引导伞、弹抛舱门的方法开伞;大型无人机主要采用射伞枪、射伞筒、弹射器的方法开伞。同时也可以采用双独立伞系统或者缓冲系统(气囊、易碎材料或制动火箭等)来提高系统的可靠性。图 1.9 是 USD 无人侦察机回收系统示意图。

4. 导弹火箭回收

实际使用的导弹不用回收,但在研制阶段可以通过对其仪器舱或取样舱回收来获取测试数据,也可以对飞行后的飞行器及其部件进行检查和事故分析,这时需要对导弹进行减速回收。一般火箭总成本为 5 000 万美元,其中燃料费用仅 20 万美元,火箭发动机容器代价高,对火箭进行回收可以节约资源,保障地面人员和财产的安全。因此,导弹、火箭类飞行器也需要配置气动减速系统。

导弹和火箭运动速度高、变化快、过载大、运动轨迹陡峭,其减速系统往往需要

1. 射伞枪；2. 引导伞；3. 牵顶伞伞衣套；
4. 牵顶伞；5. 连接绳；6. 主伞伞衣套；
7. 主伞；8. 吊带；9. 伞舱；10. 机翼气囊舱；
11. 前气囊；12. 后气囊；13. 密闭气囊

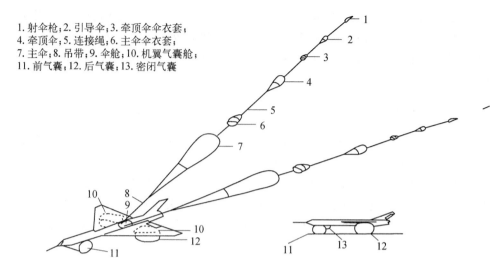

图 1.9　USD 无人侦察机回收系统示意图

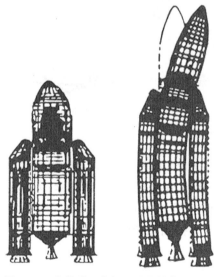

图 1.10　火箭进入大气层后的结构变形图

从超声速状态开始工作,导弹和火箭尾流、伞绳、伞衣上的冲击波使减速伞产生湍振和摆动,会造成疲劳破坏,并且火箭进入大气层后结构也可能解体损坏。所以要求回收系统在不同速度工况下都有良好的减速性能,目前,多采用带条伞、导向面伞或气球伞这些结构形式。图 1.10 为火箭进入大气层后的结构变形图。

火箭回收可分为火箭助推器回收和火箭整体回收。火箭助推器质量较小,一般采用气动减速系统进行回收,如美国航天飞机火箭助推器就采用了群伞系统进行回收。对火箭进行整体回收难度很大,目前还没能实现通过气动减速系统对火箭整体进行回收,采用火箭反推动力装置也是火箭回收的一个途径,美国 Space X 公司就采用这种方法实现了对“猎鹰 9 号”火箭的整体回收。

1.4.2　救生

当载人飞行器出现应急情况时,降落伞气动减速系统是拯救飞行员生命的重要工具。不同的飞行器有不同的救生方式,包括:敞开式弹射座椅救生;密闭式座椅弹射救生;乘员救生舱救生;火箭逃逸救生(如飞船逃逸塔救生)等。无论何种救生方式,在依靠动力弹离危险区后,均需要依靠降落伞进行减速直至安全着陆。

目前,各类战机最为通用、可靠性最高的救生方式是敞开式弹射座椅结合救生伞的工作方式,图1.11为弹射救生工作程序。弹射座椅在俯仰、横滚、偏航三个方向气动力均是不稳定的,通常配备机械式可展开减速装置(稳定板)或稳定伞提高系统稳定性,同时增加气动阻力,快速降低人椅系统的速度,尽快到达安全打开主伞(救生伞)的工作条件。稳定板、稳定伞、救生伞都属于气动减速装置。由于救生时间短、安装空间受限,往往不配备份伞。救生伞是唯一不配备份伞的人用伞,可靠性要求很高。开伞速度、高度范围广,开伞迅速,具有一定的稳定性和可操作性,着陆满足军标要求是救生伞设计的基本要求。

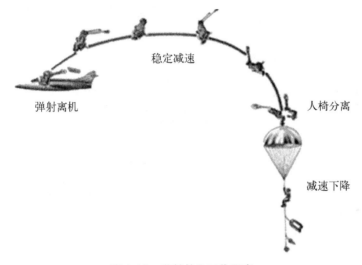

图1.11 弹射救生工作程序

也有战机为了防止高速气流冲击对飞行员的影响,采用降落伞对飞机座舱整体救生方式。这种方式飞行员无需穿压力服、人用伞及救生工具,但是系统复杂、重量大,实际使用情况并不多。图1.12为F111战机三人救生舱的低速弹射程序。0 s时,乘员被约束在座椅里,救生舱增压,开始应急供氧;0.5 s后,救生舱与飞机脱离,固体燃料火箭发动机点火,之后射出稳定伞,主伞根据动压-过载程序控制开伞;主伞开伞后3.5 s,地面缓冲气囊充气,此后4.9 s救生舱调至着陆姿态。

1.4.3 空降空投

1. 伞兵伞

空降兵部队在许多国家均被视为重要的武装力量,降落伞是空降兵部队的关键装备之一。空降空投包括人员空降和物资空投,前者主要利用伞兵伞将伞兵或跳伞员从飞机上送至地面。

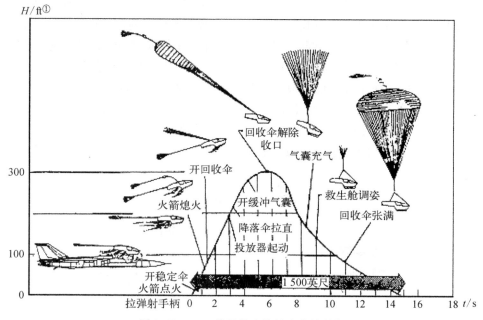

图 1.12　F111 战机救生舱低速弹射程序

　　为实现空降作战的需要,必须在最短的时间内将大量的兵力成建制地投放到预定的区域;另外,伞兵还必须携带必要的武器装备。因此,密集度高与负重大是伞兵伞主要的使用特点。伞兵伞常采用的结构形式有多锥形圆伞、不对称开缝圆伞、底边延伸形伞、方形伞等。伞兵伞设计中主要需要解决的问题有:

　　(1)提高伞系统的低空开伞安全性能。伞兵伞要求做到低空空降,不仅是密集着陆的需要,也是突然性与安全性的考虑。要提高伞兵伞的低空性能,关键在于减少开伞过程中的高度损失,能可靠快速充气,避免伞衣翻转、伞绳扭转等非程序干扰现象。

　　(2)解决大速度开伞问题。现代作战要求在低空高速条件下实施空降作业,高速跳伞的主要问题是开伞动载增加,造成空降兵损伤。为降低开伞动载,可采用多级开伞方案,通过上一级稳定减速伞降低速度后再开主伞,这种方法既能有效地降低开伞动载,又不会造成不必要的高度损失。

　　(3)提高着陆密集程度。用飞机实施大规模空降作战,最大的问题就是着陆分散。着陆分散会使战斗力大大降低,缩短空降兵的离机时间间隔、优化降落伞的

　　①　ft,英尺,长度单位,1 ft=3.048×10⁻¹ m。

开伞程序、改善伞兵伞的可操纵性能是提高伞兵伞着陆密集程度的重要方案。

（4）要求做到无损伤着陆。由着陆时速度大、姿态不好、不能躲避障碍等造成的冲击碰撞损伤及大风拖曳损伤,也是造成非战斗减员的主要原因。减轻着陆时的重量、减小着陆速度(垂直下降速度一般不超过 5.5 m/s),提高伞兵伞的滑翔控制能力、选择合理的着陆姿势是减小着陆损伤的重要措施。

2. 投物伞

物资空投则种类繁多,根据空投物体重量,可分为小件空投、中件空投、重装空投。由于飞机性能和重物外形等限制,大多数空投系统的速度(<380 km/h)和高度(200~800 m)一般都比较低。有时,为逃避雷达探测,避免高射炮和防空导弹的射击,已经研制出超低空牵引空投(离地高度 3 m 内)及高空空投(离地高度在 3 km 以上)方式。

利用运输机进行空投时,货物离机一般采用以下三种方法:

（1）人工空投。将货物置于专用滑板上由人工推出,只适合于小件货物空投,空投质量一般不超过 150 kg。

（2）机械空投。机械空投也称为传送带或重力空投,即机上人员利用传送带,使货物自动离机。空投单件的最大质量视飞机性能而定。此空投方法的优点是可在较短投放距离内投出多件货物。

（3）牵引空投。即指货物离机是依靠水平方向作用的牵引伞所产生的拉力来实现。主要用于单件重量较大的中、大型货物空投。

投物伞大多由开伞装置、引导伞、主伞、吊挂系统、捆绑带等组成。重装投物伞是比较复杂的伞系统。一般包括牵引伞系统、主伞系统、平台、系留装置、脱离装置(牵引锁及开锁机构、着陆脱离锁)、着陆缓冲装置、防翻平台装置等。图 1.13 为重

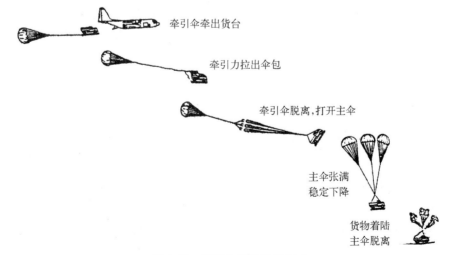

牵引伞牵出货台

牵引力拉出伞包

牵引伞脱离,打开主伞

主伞张满
稳定下降

货物着陆
主伞脱离

图 1.13 牵引伞出舱空投方式

装空投系统的标准空投程序。

1.4.4　兵器

　　气动减速器广泛运用于军事武器装备的稳定、减速和回收方面,涉及的装备也很多,如水雷、鱼雷、地雷、照明弹、宣传弹、燃烧弹、反坦克子母弹、训练弹等,以及电子对抗干扰机、声呐浮标等。各类航空弹用伞总称为航弹伞,采用航弹伞可以缩短炸弹的长度,因而可以安放更多的兵器。由于航弹伞工作工况苛刻,一般要求开伞速度适应于航弹速度,稳定性好,减速力强,载荷峰值低,伞可互换,装卸易,维护简单,可保存。

　　航弹质量从几千克至几十吨,高度从几十米至十多千米,速度从亚音速至 $3Ma$ 以上。根据不同的航弹对象,航弹伞类型也多种多样:电子对抗机可用小型的弹道型伞、滑翔伞和旋转伞,以获得较小下降速度和所要求的散布率;为了确保水雷和鱼雷浮水以后能正常工作,必须在入水之前减速,使之达到允许的入水速度和预定的轨迹,通常采用导向面伞和十字形伞;对于高空高速炸弹的减速,为保证减速器良好的气动特性,有时也采用充气式减速器。图 1.14 分别为航弹所采用的两种气动减速装置。

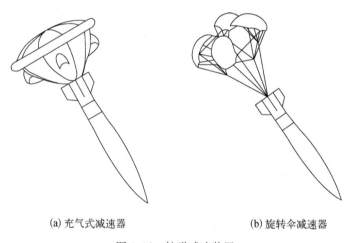

(a) 充气式减速器　　　　　　　　　　(b) 旋转伞减速器

图 1.14　航弹减速装置

1.4.5　星际探测

　　星际探测飞行器具有速度大(高超音速)、气体密度稀薄(甚至没有大气)的特点。对于没有大气的星球(如月球),探测器无法利用气动阻力进行减速,必须依靠外界动力(如制动火箭)实现减速。对于存在大气层的星体(如火星),要实现探测器在星球表面的软着陆,就可以与航天器在地球上实现软着陆一样,充分利用星体大气对探测器实现气动减速,并使其在星球表面安全着陆。

由于探测器速度大,星际大气环境特殊,因此星际探测器减速系统有如下特点:

(1)探测器需要通过自身的气动外形、降落伞和着陆制动等综合减速和缓冲方案来完成,像地球卫星那样,单纯依靠降落伞减速方法来实现软着陆既不现实、也不经济。

(2)一级减速系统常常采用刚性或柔性气动减速装置来完成,如深空探测 IRVE(inflation reentry vehicle experiment)技术、深空探测 IAD(inflatable aerodynamic decelerator)技术。这部分内容可参考本书第 4 章。

(3)为适应低动压、大速度的开伞要求,降落伞伞衣上部往往透气量较小,伞衣底边附近为宽缝结构以增加稳定性;盘缝带伞、改进的环帆伞、带条伞为常用的超音速伞型。

(4)具有较好的再入热防护措施,能够适应星际空间极低的气压和极高或极低的温度条件。

(5)安全,可靠性高;质量轻,体积小。

图 1.15 为大质量火星探测器进入减速着陆系统和几种实施方案。主要包括侧抛质量、反推动力、释放气动减速装置等几种方案,每一种方案都有各自的工作特点,依靠气动减速装置减小弹道系数仍是火星进入减速系统最主要的方案。

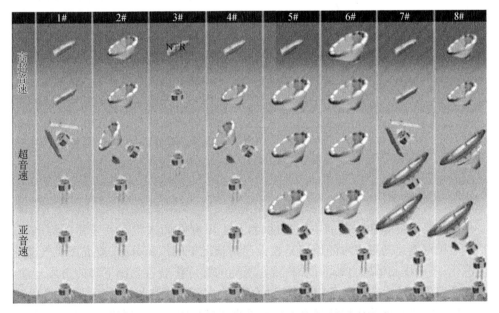

图 1.15 大质量火星探测器进入减速着陆系统实施方案

1.4.6 飞机

1. 飞机减速

降落伞对飞机进场着陆和着陆滑跑过程中的减速具有非常明显的效果,飞机减速伞通常又称为阻力伞,在战机尤其是舰载机上应用普遍,如图 1.16 所示。飞机阻力伞通常采用带条伞或十字形伞,要求稳定性好,开伞可靠,开伞冲击力小,而且不会干扰飞机的操纵性能。

图 1.16 十字形飞机阻力伞

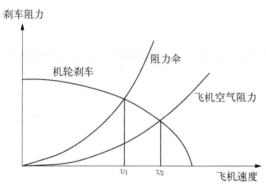

图 1.17 机轮刹车、阻力伞、飞机空气阻力对比

图 1.17 为机轮刹车、阻力伞、飞机空气阻力的对比图。从图中可以看出,飞机着陆减速时机轮刹车阻力随着飞机速度的增大而减小,然而阻力伞的阻力和飞机空气阻力却随着飞机速度的增大而增大。利用飞机减速伞进行减速可以起到很好的减速效果,降低对飞机跑道的要求,还可以减少对机轮刹车的磨损,延长机轮的使用寿命。

2. 反尾旋伞

尾旋是飞机非常复杂的空间运动,世界上不存在两次状态完全相同的尾旋。造成飞机尾旋运动最根本的原因是在大迎角情况下的气流分离,造成飞机气动性能恶化,飞机绕其体轴自转的同时、重心沿陡的螺旋线航迹急剧下降的自发运动。完整的尾旋运动由三个阶段组成,即进入阶段、尾旋阶段和改出阶段,如图 1.18 所示。尾旋阶段又可分成尾旋过渡阶段和垂直尾旋阶段。垂直尾旋阶段是研究尾旋

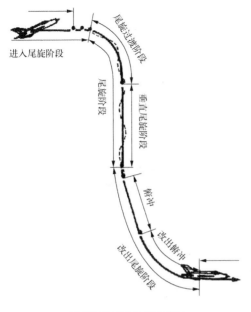

(a) 尾旋运动各阶段示意图

(b) 飞机垂直尾旋运动

图 1.18 飞机反尾旋运动

的主要阶段。

大多数军用飞机和一些民用飞机必须经受尾旋试验,反尾旋伞系统是确保飞机在进行尾旋飞行试验的安全应急装置。改出尾旋的关键是首先要能制止自转,然后设法减小迎角,使飞机进入俯冲,最后由俯冲中改出。当飞机在空中开展尾旋试验时,可以启动反尾旋伞系统产生的反向力矩调整不利姿态,保证飞机的安全。

反尾旋伞一般安装在试验飞机的尾部,考虑到结构及受力情况,通常需要在飞机上加装专门的支架,以便于固定伞舱和相应的连接/释放机构等。图 1.19 为 F22飞机反尾旋伞系统结构。当试飞员决定用伞改出尾旋时,启动反尾旋伞的开伞按钮,伞衣迅速张开,产生很大的制动阻力,阻止飞机偏航和俯仰,从而使飞机从尾旋中改出。当飞机状态恢复正常后,试验员启动抛伞按钮,切断伞连接绳与飞机的连接,抛掉伞系统,此时飞机恢复正常飞行。

3. 空中加油

飞机实施空中加油可加大其航程,是提高作业效能的有效手段。加油软管处在飞机尾流区中将产生剧烈摆动和抽打,不仅会引起输油管断裂,而且也将使受油机无法与之对接加油。为完成加油软管和受油管的准确对接,一般都要在加油软管上安装气动稳定装置。加油稳定伞为多次使用产品,又长时在高速拖曳状态下

图 1.19　F22 飞机反尾旋伞系统结构

工作,因此加油稳定伞除必须保证良好的稳定性外,还应能承受一定的撞击,具有一定的强度和刚度,常采用半刚性气动阻力装置。图 1.20 为全拖状态的加油稳定伞及其结构图。

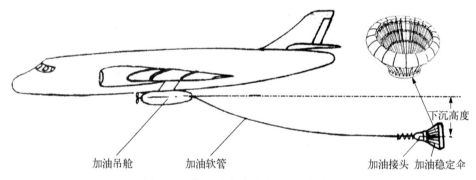

加油吊舱　　　　加油软管　　　　　　加油接头　加油稳定伞

图 1.20　加油稳定伞全拖状态及结构

1.4.7　高空空间应用

1. 高空回收

高空实验是空间科学研究的重要手段之一,对于开展大气物理、空间天文、空间物理、空间探测模拟实验、宇宙射线以及国防科学技术研究均具有重要的意义。高空浮空器(主要包括飞艇或高空气球)是空间实验的重要平台,能够搭载各种观测仪器和记录设备,采用气动减速装置对这些实验仪器和设备进行回收是常用的手段。图 1.21 为高空实验稳定伞、主伞组成的二级回收系统工作示意图。

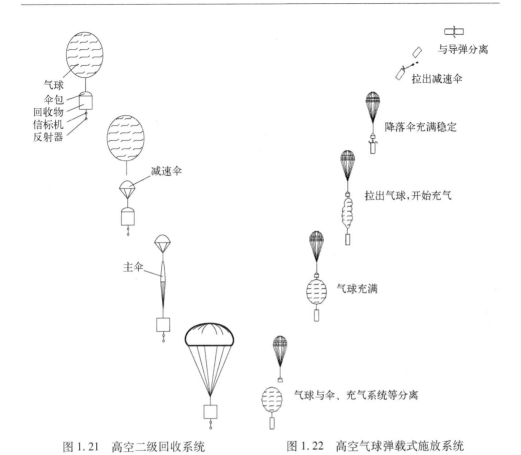

图 1.21 高空二级回收系统　　图 1.22 高空气球弹载式施放系统

2. 高空浮空器充气

高空浮空器(主要包括飞艇或高空气球)可完成对地观测、侦察、监视、通信、科学探测、模拟试验等多种任务,受到了世界各国的关注,应用前景广阔。高空浮空器的放飞有地面施放方式及弹载式施放方式。地面放飞过程包括地面准备、展开、充气、释放、爬升、调整等工序。弹载式施放方式是利用火箭等运载器将折叠包装的浮空器发射至预定区域,浮空器与运载分离后在大气平流层内得用气动减速系统将浮空器拉出并充气展开,浮空器充满后与减速装置分离,浮空器在目标高度漂浮工作。图 1.22 为弹载式气球充气过程示意图。

3. 高空模拟试验

随着航天技术的不断进步和发展,深空探测作为一个国家综合国力和科学技术发展水平的重要特征与标志,引起了世界各国的极大关注。然而地外行星环境一般具有气温低、气压低、密度低、重力水平低等特点。为在地球环境中模拟地外行星的大气环境,常常需要开展一定数量的高空模拟试验。图 1.23 为高空气球发射火星探测器地球环境模拟试验。

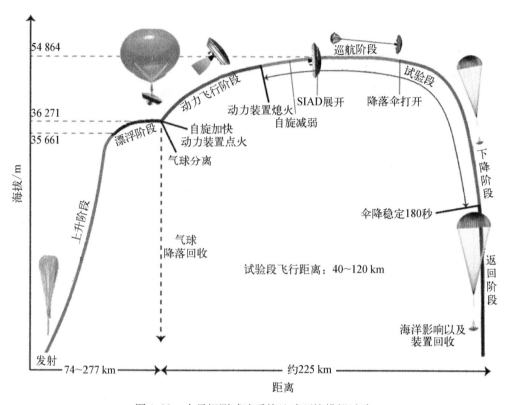

图 1.23　火星探测减速系统地球环境模拟试验

除上述介绍的一些气动减速系统的应用外,气动减速系统还在航空运动、牵引运输、森林灭火等许多方面发挥着重要的作用,在此不再赘述。

第2章 基 本 理 论

2.1 坐标系及其变换

2.1.1 坐标系

物体运动时的姿态角、飞行速度的大小和方向、运动过载等参数总是和坐标系联系在一起,当选取的坐标系不同,就会得到不同的运动方程。对于气动减速系统的运动过程,通常用到如下几类坐标系。

1. 地面坐标系

地面坐标系固定于大地。它的原点 O_d 选取在地面上的某一点,不随物体的运动而运动。$O_d x_d$ 轴指向物体运动方向;$O_d y_d$ 轴铅垂向上;$O_d z_d$ 轴垂直于 $O_d x_d y_d$ 平面,指向右;三轴构成右手坐标系。此坐标系主要用来反映减速系统运动时对于地面的空间位置。若把原点放在物体质心,而坐标轴始终平行于地面坐标系各坐标轴,则这样构成的坐标系 $O x_d y_d z_d$ 称为物体牵连的地面坐标系。当仅关心坐标系的方位,而不关心原点位置时,牵连地面坐标系也可以简称为地面坐标系。

2. 体轴坐标系

体轴坐标系固定于物体对象,原点 O 选取在物体的质心位置,主轴 x_t 一般平行于物体轴线,指向前方;竖轴 y_t 在物体纵向对称平面内,垂直于 $O x_t$,指向上方;$O z_t$ 轴垂直于 $O x_t y_t$,三轴构成右手坐标系。对于降落伞,为了分析问题的方便,则一般将 y_t 轴设为主轴,指向伞衣压力中心;$O x_t$ 为纵轴垂直于 $O y_t$ 轴,指向运动方向。体轴坐标系主要用于反映飞行物体的空间几何位置。

3. 气流坐标系

气流坐标系原点选取在物体的质心位置,$O x_q$ 轴沿物体运动空速 $\boldsymbol{u}$ 的矢量方向;$O y_q$ 轴在物体对称平面内垂直于 $O x_q$ 轴,指向上方;$O z_q$ 轴垂直于 $O x_q y_q$ 平面。气流坐标系主要反映物体运动时气动力的方向。

4. 航迹坐标系

航迹坐标系原点选取在物体的质心位置，Ox_h 轴沿物体运动地速矢量 v 方向；Oy_h 轴在包含地速矢量 v 的铅垂平面内，垂直于轴 Ox_h，指向上方；Oz_h 轴垂直于铅垂平面 Ox_hy_h，处于水平面上。无风时，航迹坐标系主轴 x_h 与气流坐标系 x_q 相重合。航迹坐标系可以反映物体绝对运动速度的方向。

5. 地心坐标系

对于星际航行的高超速飞行器，我们需要获得在地球经向、纬向的位置，有时有必要引入地心坐标系。地心坐标系固连于地球。原点在地球中心，Ox_c 轴在赤道平面内，通过东经（$\lambda = 90°$）的子午线方向；Oy_c 轴通过经度为 0 的子午线；Oz_c 垂直于赤道平面，指向南极。

2.1.2　坐标系之间的关系

1. 地面坐标系与体轴坐标系

地面坐标系与体轴坐标系之间的关系可以用三个欧拉角度来表示，分别为偏航角、俯仰角和滚转角，这三个角度决定了物体的空间姿态，如图 2.1(a) 所示。偏航、俯仰、滚转的角速度分别为 $\dot{\varphi}$、$\dot{\vartheta}$、$\dot{\gamma}$，其角速率方向分别沿 y_d、z'、x_t 方向。根据右手直角坐标系定则，四指绕角速率旋转方向为正。对于物体来说，分别是向左偏航为正、向上仰头为正、向右滚转为正。

2. 气流坐标系与体轴坐标系

气流坐标系与体轴坐标系之间的关系可以用气流迎角 α 和气流侧滑角 β 表示，这两个角度决定了载荷体相对速度的方向，如图 2.1(b) 所示。体轴坐标系 ox_t 轴与空速矢量 u 在体轴对称平面上投影的夹角为迎角，若空速矢量 u 偏向 $(oxz)_t$ 平面下方，则 α 为正。气流坐标系 ox_q 轴与纵对称平面 $(oxy)_t$ 之间的夹角为侧滑角，若空速 u 偏向体轴对称面右侧，则 β 为正。

3. 地面坐标系、航迹坐标系与气流坐标系

它们之间的关系如图 2.2(a) 所示。地面坐标系与航迹坐标系的关系可用航迹偏角（航向角）ψ 和航迹倾角（轨迹角）θ 来表示。按右手定则，航迹左偏 ψ 为正；向上方倾斜时，θ 为正。这两个角度决定了飞行器地速矢量在空间的方向。航迹坐标系和气流坐标系之间的关系在有风的情况下比较复杂，但在理想无风的情

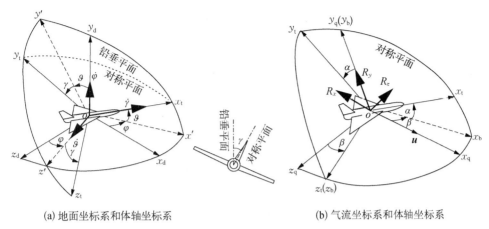

(a) 地面坐标系和体轴坐标系　　　　　　(b) 气流坐标系和体轴坐标系

图 2.1　地面坐标系、体轴坐标系和气流坐标系之间的关系

况下,空速 u 和地速 v 方向一致,这时气流轴 $O_s y_q$ 与航迹轴 $O_s y_h$ 之间的角度为速度滚转角,即绕地速矢量的滚转角度,用 γ_s 表示。按右手法则,如果绕 $O_t x_q$ 轴正向偏转,则 γ_s 为正。

4. 地面坐标系与地心坐标系

地心坐标系与地面坐标系的关系可以用半径 r、经度 λ、纬度 ϕ 表示,如图 2.2(b) 所示。半径为飞行器质心到地心之间的距离,可以认为是地球平均半径与飞行高度之和,通过地面坐标系平称得到。经度从子午线算起,东经为正,西经为负,定义域为 $-180° \leq \lambda \leq 180°$。纬度从赤道算起,向北为正,向南为负,定义域为 $-90° \leq \phi \leq 90°$。r、λ、ϕ 决定了飞行器质心在地心坐标系的位置,它们之间的相互关系为

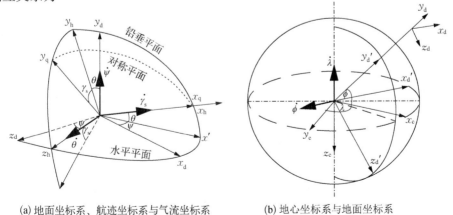

(a) 地面坐标系、航迹坐标系与气流坐标系　　　　(b) 地心坐标系与地面坐标系

图 2.2　航迹系、气流系、地面系和地心系之间的关系

$$\begin{cases} x_{c} = r\cos\phi\sin\lambda \\ y_{c} = r\cos\phi\cos\lambda \\ z_{c} = -r\sin\phi \end{cases} \qquad (2.1)$$

上述各坐标系之间的关系可以用示意图 2.3 表示,它们之间可以通过坐标转换得到,如牵连地面系至体轴系的转换矩阵用 $\boldsymbol{C}_{d}^{t}$,地面坐标系需要依次经过三次转动,实现与体轴系的重合。其中,如 $\boldsymbol{R}_{y}(\varphi)$ 表示轴 y 转过 φ 角,其转换矩阵为

$$\boldsymbol{R}_{y}(\varphi) = \begin{bmatrix} \cos\varphi & 0 & -\sin\varphi \\ 0 & 1 & 0 \\ \sin\varphi & 0 & \cos\varphi \end{bmatrix} \qquad (2.2)$$

因此地面系至体轴系的转换矩阵为

$$\begin{aligned} \boldsymbol{C}_{d}^{t} &= \boldsymbol{R}_{x}(\gamma)\boldsymbol{R}_{z}(\vartheta)\boldsymbol{R}_{y}(\varphi) \\ &= \begin{bmatrix} 1 & 0 & 0 \\ 0 & \cos\gamma & \sin\gamma \\ 0 & -\sin\gamma & \cos\gamma \end{bmatrix} \begin{bmatrix} \cos\vartheta & \sin\vartheta & 0 \\ -\sin\vartheta & \cos\vartheta & 0 \\ 0 & 0 & 1 \end{bmatrix} \begin{bmatrix} \cos\varphi & 0 & -\sin\varphi \\ 0 & 1 & 0 \\ \sin\varphi & 0 & \cos\varphi \end{bmatrix} \\ &= \begin{bmatrix} \cos\vartheta\cos\varphi & \sin\vartheta & -\cos\vartheta\sin\varphi \\ -\cos\gamma\sin\vartheta\cos\varphi + \sin\gamma\sin\varphi & \cos\gamma\cos\vartheta & \cos\gamma\sin\vartheta\sin\varphi + \sin\gamma\cos\varphi \\ \sin\gamma\sin\vartheta\cos\varphi + \cos\gamma\sin\varphi & -\sin\gamma\cos\vartheta & -\sin\gamma\sin\vartheta\sin\varphi + \cos\gamma\cos\varphi \end{bmatrix} \end{aligned} \qquad (2.3)$$

反之,体轴系至地面系的转换矩阵展开后为

$$\begin{aligned} \boldsymbol{C}_{t}^{d} &= (\boldsymbol{C}_{d}^{t})^{T} \\ &= \begin{bmatrix} \cos\vartheta\cos\varphi & -\cos\gamma\sin\vartheta\cos\varphi + \sin\gamma\sin\varphi & \sin\gamma\sin\vartheta\cos\varphi + \cos\gamma\sin\varphi \\ \sin\vartheta & \cos\gamma\cos\vartheta & -\sin\gamma\cos\vartheta \\ -\cos\vartheta\sin\varphi & \cos\gamma\sin\vartheta\sin\varphi + \sin\gamma\cos\varphi & -\sin\gamma\sin\vartheta\sin\varphi + \cos\gamma\cos\varphi \end{bmatrix} \end{aligned}$$

$$(2.4)$$

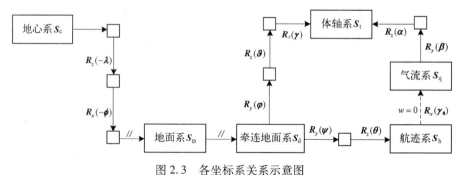

图 2.3　各坐标系关系示意图

依据上述方法,我们可以得到其他转换矩阵的关系。

地面系至航迹系:

$$\boldsymbol{C}_{\mathrm{d}}^{\mathrm{h}} = \boldsymbol{R}_{z}(\theta) \cdot \boldsymbol{R}_{y}(\psi) = \begin{bmatrix} \cos\theta\cos\psi & \sin\theta & -\cos\theta\sin\psi \\ -\sin\theta\cos\psi & \cos\theta & \sin\theta\sin\psi \\ \sin\psi & 0 & \cos\psi \end{bmatrix} \quad (2.5)$$

气流系至体轴系:

$$\boldsymbol{C}_{\mathrm{q}}^{\mathrm{t}} = \boldsymbol{R}_{z}(\alpha) \cdot \boldsymbol{R}_{y}(\beta) = \begin{bmatrix} \cos\alpha\cos\beta & \sin\alpha & -\cos\alpha\sin\beta \\ -\sin\alpha\cos\beta & \cos\alpha & \sin\alpha\sin\beta \\ \sin\beta & 0 & \cos\beta \end{bmatrix} \quad (2.6)$$

有风时,气流坐标系到航迹坐标系之间的关系比较复杂,转换矩阵可以写成如下公式:

$$\boldsymbol{C}_{\mathrm{q}}^{\mathrm{h}} = \boldsymbol{C}_{\mathrm{d}}^{\mathrm{h}} \cdot \boldsymbol{C}_{\mathrm{t}}^{\mathrm{d}} \cdot \boldsymbol{C}_{\mathrm{q}}^{\mathrm{t}} = f_{1}(\theta, \psi) \cdot f_{2}(\varphi, \vartheta, \gamma) \cdot f_{3}(\alpha, \beta) \quad (2.7)$$

无风条件下,航迹系至气流系的转换矩阵为

$$\boldsymbol{C}_{\mathrm{h}}^{\mathrm{q}} = \begin{bmatrix} 1 & 0 & 0 \\ 0 & \cos\gamma_{\mathrm{s}} & \sin\gamma_{\mathrm{s}} \\ 0 & -\sin\gamma_{\mathrm{s}} & \cos\gamma_{\mathrm{s}} \end{bmatrix} \quad (2.8)$$

地面坐标系至气流坐标系:

$$\boldsymbol{C}_{\mathrm{d}}^{\mathrm{q}} = \boldsymbol{C}_{\mathrm{h}}^{\mathrm{q}} \cdot \boldsymbol{C}_{\mathrm{d}}^{\mathrm{h}}$$

$$= \begin{bmatrix} \cos\theta\cos\psi & \sin\theta & -\cos\theta\sin\psi \\ -\cos\gamma_{\mathrm{s}}\sin\theta\cos\psi + \sin\gamma_{\mathrm{s}}\sin\psi & \cos\gamma_{\mathrm{s}}\cos\theta & \cos\gamma_{\mathrm{s}}\sin\theta\sin\psi + \sin\gamma_{\mathrm{s}}\cos\psi \\ \sin\gamma_{\mathrm{s}}\sin\theta\cos\psi + \cos\gamma_{\mathrm{s}}\sin\psi & -\sin\gamma_{\mathrm{s}}\cos\theta & -\sin\gamma_{\mathrm{s}}\sin\theta\sin\psi + \cos\gamma_{\mathrm{s}}\cos\psi \end{bmatrix} \quad (2.9)$$

地心系至地面系: $\boldsymbol{C}_{\mathrm{c}}^{\mathrm{d}} = \begin{bmatrix} \cos\lambda & -\sin\lambda & 0 \\ \cos\phi\sin\lambda & \cos\phi\cos\lambda & -\sin\phi \\ \sin\phi\sin\lambda & \sin\phi\cos\lambda & \cos\phi \end{bmatrix} \quad (2.10)$

2.1.3 运动状态量之间的关系

物体的运动状态主要包括速度和角速度,它们之间的关系同样满足坐标变换的关系,我们以体轴坐标系和地面坐标系为例,论述它们之间的关系。其他坐标的运动状态关系以此类推。

地面坐标系与体轴坐标系下的速度关系为

$$
\begin{bmatrix} v_{xd} \\ v_{yd} \\ v_{zd} \end{bmatrix} = \boldsymbol{C}_t^d \begin{bmatrix} v_{xt} \\ v_{yt} \\ v_{zt} \end{bmatrix}
$$

$$
= \begin{bmatrix} \cos\vartheta\cos\varphi & -\cos\gamma\sin\vartheta\cos\varphi + \sin\gamma\sin\varphi & \sin\gamma\sin\vartheta\cos\varphi + \cos\gamma\sin\varphi \\ \sin\vartheta & \cos\gamma\cos\vartheta & -\sin\gamma\cos\vartheta \\ -\cos\vartheta\sin\varphi & \cos\gamma\sin\vartheta\sin\varphi + \sin\gamma\cos\varphi & -\sin\gamma\sin\vartheta\sin\varphi + \cos\gamma\cos\varphi \end{bmatrix} \begin{bmatrix} v_{xt} \\ v_{yt} \\ v_{zt} \end{bmatrix}
$$

$$
= \begin{bmatrix} \cos\vartheta\cos\varphi v_{xt} + (\sin\gamma\sin\varphi - \cos\gamma\sin\vartheta\cos\varphi)v_{yt} + (\sin\gamma\sin\vartheta\cos\varphi + \cos\gamma\sin\varphi)v_{zt} \\ \sin\vartheta v_{xt} + \cos\gamma\cos\vartheta v_{yt} - \sin\gamma\cos\vartheta v_{zt} \\ -\cos\vartheta\sin\varphi v_{xt} + (\cos\gamma\sin\vartheta\sin\varphi + \sin\gamma\cos\varphi)v_{yt} - (\sin\gamma\sin\vartheta\sin\varphi - \cos\gamma\cos\varphi)v_{zt} \end{bmatrix}
$$

$$(2.11)$$

体轴坐标系转动角速度为 $(\omega_x, \omega_y, \omega_z)$，根据体轴坐标系由地面坐标系的转换形成过程，如图 2.1(a) 所示，ω 可分解成：沿轴 y_d 的 $\dot\varphi$，沿轴 z' 的 $\dot\vartheta$，及沿轴 x_t 的 $\dot\gamma$。其中 $\dot\vartheta$ 可以分解在地面坐标系的 x_d 和 y_d 上，分别为 $\dot\vartheta\sin\varphi$ 和 $\dot\vartheta\cos\varphi$，因此角速度的关系有

$$
\begin{bmatrix} \omega_x \\ \omega_y \\ \omega_z \end{bmatrix} = \boldsymbol{C}_d^t \begin{bmatrix} \dot\vartheta\sin\varphi \\ \dot\varphi \\ \dot\vartheta\cos\varphi \end{bmatrix} + \begin{bmatrix} \dot\gamma \\ 0 \\ 0 \end{bmatrix} \tag{2.12}
$$

经过坐标矩阵转换后，地面坐标系下的转动角速度可以写成如下公式：

$$
\begin{bmatrix} \dot\gamma \\ \dot\varphi \\ \dot\vartheta \end{bmatrix} = \begin{bmatrix} 1 & -\tan\vartheta\cos\gamma & \tan\vartheta\sin\gamma \\ 0 & \cos\gamma/\cos\vartheta & -\sin\gamma/\cos\vartheta \\ 0 & \sin\gamma & \cos\gamma \end{bmatrix} \begin{bmatrix} \omega_x \\ \omega_y \\ \omega_z \end{bmatrix} \tag{2.13}
$$

2.2　纺织材料及透气性

2.2.1　纺织材料原料及基本形态

纺织材料的原料为纺织纤维，通常分为天然纤维和化学纤维两大类。天然纤维是指自然界中原本存在的，或者经人工种植、饲养而取得的纤维，如棉、麻、丝等。化学纤维则是自然界中原本不存在，用天然或合成的高分子物质经化学处理和机械加工制成的纤维，如锦纶、芳纶、玻璃纤维等。

纺织纤维分类可如图 2.4 所示。

图 2.4　纺织纤维分类

柔性气动减速装置采用的纺织材料按组织形态可分为衣(布)、带、绳几大类。

柔性减速系统气动阻力面主要采用衣(布)类材料,目前基本上采用经纬交织而成的化学纤维,以平纹、斜纹和小花纹为主。耐磨、抗撕及透气性是衣(布)类材料关注的性能。

带类织物是一种长条状的扁平纺织品,一般有单层带、多层带、套带、异形带几种。单层带实质上为狭幅类衣(布)。多层带由独立的可以互相分离的带层组成,带边相连,中间用连接线相连。套带则中间不连,为管状结构织物;异形带具有特殊的构型,一般为特殊用途而设计。

绳类织物为一种截面近似圆形的细长条状纺织品,包括加捻绳、编织绳、绞织绳三种。降落伞的伞绳一般采用编织绳,包括有芯编织绳和无芯纺织绳两类。有芯绳外形美观、结构密实,但绳芯和绳瓣力学性质不一样,使用性能较差。无芯绳结构较松,容易起毛钩挂,但没有结构不平衡问题。绞织绳先将多股纱线捻合后在特种编织机编绞而成,没有绳芯,结构密实,克服了编织绳的缺点。加捻绳由多股纱线捻合,加工简便,容易起扭,很少采用。

2.2.2　纺织材料力学性能

柔性气动减速装置在展开充气工作过程中,承受较大的充气载荷及气动载荷,因此纺织材料力学性能是柔性气动减速系统内容。对于纺织材料,我们所关心的力学性能主要有:抗拉强度、抗撕强度和弹性模量。

1. 抗拉强度

纺织材料只能承受一定的拉力而不能承受压力。纺织材料的抗拉强度一般是在静载范畴下测量得到。根据大量试验,纺织材料随着应变速度的增加,抗拉强度不仅不会下降,反而略有增加。因此,纺织材料的抗拉强度,动态下一般大于静态。

一般用纺织材料的强度极限和相对强度两种方法来衡量织物的强度性能。衣

(布)类织物的强度极限是指单位截面上能承受的最大拉力,又称断裂应力,单位为兆帕(N/mm^2)。对于绳(带)类织物,是指单位长度上能承受的最大拉力,也称断裂张力,单位为 kN/m。

相对强度是指标准试样织物承受拉伸外力的最大能力,一般用断裂强度表示。试验件几何尺寸不同,断裂强度也不一致。常用的衣(布)类织物断裂强度测量方法有扯边纱条样法、抓样法和剪切条样法(图 2.5)。剪切条样法一般用于不易抽边纱的织物;扯边纱条样法试验结果不匀率较小,用布节约,是我国当前通用的测量方法;抓样法试样准备较容易,快速试验状态比较接近实际情况,但所得强力伸长值略高。由于扯边纱条样法的样本宽度为 5 cm,因此我国伞衣织物的拉断强度单位通常采用 N/5 cm。绳(带)类材料是指标准长度下的最大拉力,断裂强度的单位为 N。

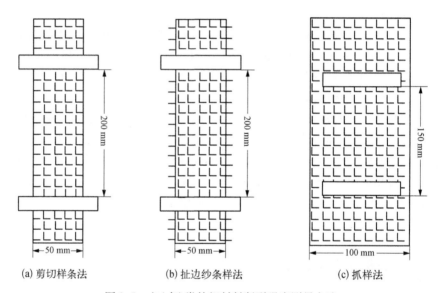

(a) 剪切样条法　　　　　(b) 扯边纱条样法　　　　　(c) 抓样法

图 2.5　衣(布)类纺织材料断裂强度测量方法

为了比较纺织材料的强度性能,工程上也常常采用强重比的概念,是指单位材料重力情况下所能承受的最大拉力,见(2.14)式。织物质量轻,抗拉强度大,强重比则大。

$$\gamma = \frac{F_{p_{max}}}{G} \tag{2.14}$$

2. 抗撕强度

织物在使用过程中如果长期遭受集中负荷的作用,经过一段时间后就可能达到疲劳极限而被集中负荷撕破,使织物局部受到破坏。撕裂现象是织物常见的一种破坏形式,织物能够抵抗外界撕裂的能力,即把织物撕裂开来所需的外力又称为织物的撕裂强度。

织物的撕裂强度除决定于经纬线的强度外,还决定于经纬线在织物间的相对滑移程度。影响相对滑移的因素有:纱线的断裂伸长率、织物的经纬线密度及织物的编织结构。纱线的断裂伸长越大,经纬线密度越接近,交织点越少,抗撕强度越好。总之,织物撕裂时应避免纱线一根一根被撕断,尽量滑移集束在一起多根受力后被撕裂。因此抗拉性能好的材料不一定抗撕性能就好。

3. 弹性模量

纺织材料是一种黏弹性材料,拉伸变形有三个特性:急弹性变形(外力消除后能立即恢复)、缓弹性变形(外力消除后需要经过一段时间才能恢复形状)及塑性变形(外力消除后不能完全恢复)。每一种纺织材料,急弹性变形、缓弹性变形、塑性变形的比例都不相同,因此回弹情况也不一样。对于降落伞织物,锦丝材料的回弹性较好,当伸长至 3% ~ 4% 时,回弹率高达 98% ~ 100%。

织物伸长率 ε 是指拉伸时产生的伸长占原来长度的百分率,是材料弹性的重要指标,分为标准伸长率和断裂伸长率两种。断裂伸长率是织物拉伸到断裂时测定的伸长率;标准伸长率是织物拉伸到额定强度时测定的伸长率。

$$E = \frac{F_p}{\varepsilon A} \tag{2.15}$$

描述材料弹性的重要参数为弹性模量,又称为杨氏模量,用 E 表示。弹性模量是物体弹性变形难易程度的表征,定义为弹性变形时应力与相应的应变之比,采用单位截面积上承受的力表示[式(2.15)],单位为 Pa。

2.2.3　纺织材料的透气性

织物类材料为孔隙率结构,织物透气性对充气及气动性能均有非常重要的影响。透气性的大小用透气量表示,有三种衡量方法:织物透气量(λ_z)、结构透气量(λ_j)和总透气量(λ_t)。

1. 织物透气量(λ_z)

在一定压差下,单位时间通过单位面积上织物的空气体积称为织物透气量,单位为 L/(m²·s)。伞衣织物透气性是伞衣材料的重要物理参数,它与织物经纬密度、经纬纱支数、纱线捻度等因素有关。

对不同的行业,各国对织物透气性的压差标准不完全一致。目前我国现行的测定织物透气性的方法标准规定:服用织物压差标准为 100 Pa,产业用织物压差标准为 200 Pa。美国在新材料试制时则采用 4 978 Pa 为标准。在降落伞气动减速领域,有的采用稳定平衡阶段的动压为标准,如中国和苏联,压差标准为 49 Pa;有的以降落伞完全张满时的动压为标准,如美国,压差标准为 124.5 Pa;有的以降落伞初始充气时的动压为基准,例如英国,压差标准为 2 489 Pa。

在 200 Pa 压差标准下,常规织物的透气量大致可以分为三个等级:

小透气量为 200~400 L/($m^2 \cdot s$);

中等透气量为 400~750 L/($m^2 \cdot s$);

大透气量为 750 L/($m^2 \cdot s$)以上。

大多数常规降落伞的织物透气性都在 400~750 L/($m^2 \cdot s$),但是对于需要较大的气动阻力或需要快速开伞的场合,一般选择小透气量织物。

对降落伞来说,开伞时会产生很大的开伞动载,采用大透气量织物可以减小开伞过载;着陆阶段,则希望织物透气性小以增加气动阻力。为了同时满足降落伞开伞及着陆的工作需求,可以采用变透气量织物。任何织物的透气量都是随压差变化的,这里的变透气量织物是指弹性纤维织物。变透气量织物,采用高强度纤维为经纱以承受工作过程中的大过载,采用弹性纤维作纬纱,也称为单向弹性纤维。随着弹性纺织材料两面压差的增大,其织物透气量随之增大,并且随压差增大而出现的透气量变化远远高于常规织物。

弹性织物的应用始于救生伞,但不限于救生伞,凡是大速度下使用,要求减小开伞动载的降落伞,诸如无人机回收伞以及低空大速度伞兵空降用伞,都具有广阔的应用前景。但是单向弹性绸很难满足产品的使用次数要求,对于多次使用的伞兵伞、训练伞等应用比较少。

对于一些特殊类型的气动减速装置,如各种类型的滑翔伞、旋转伞、充气式减速器等,为了维持它们良好的气动外形以及气动性能,希望它们的织物透气性越小越好。此时,要用到零透气量织物。零透气量织物是指在标准压差下,透气量接近为 0 的织物。事实上,常规的纺织工艺很难保证织物的零透气性,翼伞、充气式减速装置的织物透气性一般小于 25 L/($m^2 \cdot s$)。为了进一步减小织物的透气性,可以对常规织物采用轧光、涂层或复合的方法进行处理。

综上所述,就织物透气性而言,气动减速装置所采用的柔性织物包含三种不同的类型:有一定透气量的常规织物、变透气量织物和零透气量织物。

为了便于使用,织物透气量用无量纲形式表示,称为有效透气量(λ_y)。定义为通过织物气流的平均速度 v_q 与自由来流速度 v_∞ 之比,即

$$\lambda_y = v_q / v_\infty \tag{2.16}$$

自由来流速度下动压,也可近似为织物两面的压差,即 $\Delta P = \dfrac{1}{2}\rho v_\infty^2$。

2. 结构透气量(λ_j)

织物透气量的大小还不能完全表示气动减速装置的透气量。例如降落伞,由于结构上的原因,需要在伞衣上开许多孔或缝,这就很明显地增加了透气,因此又称为结构透气量或几何透气量(λ_j)。它定义为开孔面积(A_k)与织物总面积(A_0)的百分比,即

$$\lambda_j = \frac{A_k}{A_0} \times 100\% \tag{2.17}$$

结构透气量忽略了气流扰动使透气量减小和织物弹性变形使开孔面积增加的影响,透气速度为自由来流的速度 v_∞。有时,结构透气量也用填满系数来表示,即织物开孔面积与织物总面积的比值。环帆伞的结构透气量一般在 10%~35%。

3. 总透量(λ_t)

总透气量包括织物透气量和结构透气量两部分。由于结构透气部分的透流速度为 v_∞,而织物的透气速度为 v_q,若将织物透气量转化成无量纲的结构透气描述,则根据质量守恒原理,织物的当量透气面积 $\overline{A}_z$ 为

$$\overline{A}_z = (A_0 - A_k - A_s)\left(\frac{v_q}{v_\infty}\right) = \lambda_y(A_0 - A_k - A_s) \tag{2.18}$$

式中,A_0、A_k、A_s 分别代表柔性减速装置名义面积、开孔面积及完全不透气的面积。在 124.5 Pa 时,135 L/(m^2·s) 的织物透气量相当于 1% 的几何结构透气量。据此,气动减速装置的总透气量为

$$\lambda_t = \lambda_y(A_0 - A_k - A_j)/A_0 + \lambda_j \tag{2.19}$$

2.2.4 织物透气性的影响因素

织物透气量对伞衣充气过程有重要影响,柔性织物的透气特性主要与织物内纱线间和纤维间的空隙大小、多少以及织物厚度有关,即与柔性织物的结构物理参数相关。由于织物具有柔性、孔隙率、易变形、强非线性等特征,当前对柔性织物结构物理参数及透气特性测量还不够系统,理论研究难度很大。本书主要从工作环

境(动压及高度)方面介绍对织物透气性的影响。

1. 动压对织物透气性的影响

随着压差的增加,任何织物的透气量都是变化的,图2.6为不同压差下织物透气量变化的测试结果。目前压差和透气量的关系有下面两种表示方法:

$$幂函数公式 \quad \lambda_z = a \cdot \Delta P^b \tag{2.20}$$

$$Ergun 公式 \quad \Delta P = a v_q + b v_q^2 \tag{2.21}$$

式中,v_q 为织物透气速度;λ_z 为织物透气量;ΔP 为织物两面压差;a、b 分别为描述织物透气性的重要系数,受织物厚度及间隙等物理结构参数影响,一般通过实验测量得到。

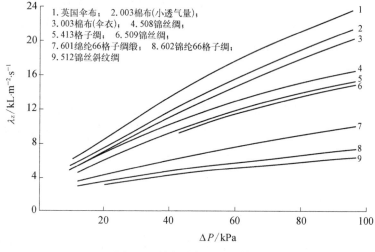

图2.6 材料透气量试验结果

从图2.6中可以很明显地看出,各种织物的织物透气量随压差变化程度不一。因为织物型气动减速装置飞行过程中经历了比较大的速度变化,因此,对织物透气性能的科学描述不应该只对应特定的压差标准,而应该获得在减速过程压差包线内的透气量方程。透气量随压差变化的织物物理现象,对于研究降落伞织物的透气性具有重要的意义。在稳定阶段,透气量以小为宜,以降低着陆速度;而开伞阶段,为了减小开伞动载要求透气量偏大;若要加快充气,则要求透气量偏小。

2. 高度对织物透气性的影响

(2.21)式的透气量方程也反映了空气通过织物小孔压力变化的物理实质。事

实上,经纬线相交的织物间隙也可看成一般圆管,则伞衣内外压差(管子两头压力差)可采用管内流阻公式表示:

$$\text{层流情况}\qquad \Delta p = \lambda \frac{L}{d} \frac{1}{2}\rho v_q^2 = \frac{8\mu L}{r_0^2}v_q \qquad (2.22)$$

$$\text{湍流情况}\qquad \Delta p = \frac{c}{\sqrt[4]{Re}} \frac{L}{r_0} \frac{1}{2}\rho v_q^2 \qquad (2.23)$$

式中,L、r_0 分别表示织物厚度与孔隙率半径;c 为常数。在降落伞稳降工况下管内可近似为层流情况,将式(2.16)代入式(2.22),则有效透气量有如下公式:

$$\lambda_y = \frac{\Delta p}{v_\infty} \frac{r_0^2}{8\mu L} = \frac{r_0^2}{8\mu L}\sqrt{\frac{\rho \Delta p}{2}} \qquad (2.24)$$

与海平面条件下的有效透气量(λ_{y0})有如下关系:

$$\frac{\lambda_y}{\lambda_{y0}} = \sqrt{\frac{\rho}{\rho_0}} \qquad (2.25)$$

湍流情况下,采用同样的方式也可以得到有效透气量的关系式:

$$\frac{\lambda_y}{\lambda_{y0}} = \left(\frac{\rho}{\rho_0}\right)^n \quad (n < 1) \qquad (2.26)$$

由此可知,织物透气性随高度增加而减小。

2.3　速　　度

2.3.1　地速与空速

速度因飞行器的参考系不同分为空速和地速。所谓空速 u,是以空气作为参考系,与飞行器做相对运动时的速度。在飞机的仪表盘上,速度表所指示的就是空速。地速 v,是以地面目标作为参考系,与飞行器之间做相对运动时的速度。

地速的大小,与空速的大小有关,与风向和风速 w 也不无关系。它们之间的关系为

$$v = u + w \qquad (2.27)$$

在地球绝对坐标系下,根据各点瞬时地速可以获得物体的绝对运动轨迹;物体所受的气动力的计算则受空速的影响。地速、空速、风速又可以分别称为绝对速

度、相对速度和牵连速度。

2.3.2 表速、真速和实际空速

大家都知道,目前都是通过空速管来测定飞行速度。空速管的基本原理符合伯努利定理,即 $P = P_0 + \dfrac{1}{2}\rho u^2 = \text{const}$。 空速管分别测量全压和静压,两者的差值即动压。仪表盘测得的速度又称为表速,也叫指示空速,实质上就是动压。假设空气为理想状态(密度为海平面理想状态密度 ρ_0),则表速计算式如下:

$$u_\text{b} = \sqrt{\frac{2\Delta p}{\rho_0}} \tag{2.28}$$

真速是飞行器在该高度下相对于未扰动空气的速度(密度为该高度下理想空气的密度 ρ_H)。 其计算公式为

$$u_\text{z} = \sqrt{\frac{2\Delta p}{\rho_\text{H}}} \tag{2.29}$$

显然,表速小于真速;高度越高,这种差别越大。上述两个方程表示的均是飞机在理想状态气流中的表速和真速,但一般来说飞机不可能是在理想状态的气流中飞行。若以实际气流密度计算,得到的就是实际空速:

$$u_\text{sj} = \sqrt{\frac{2\Delta p}{\rho_\text{sj}}} \tag{2.30}$$

一般来说,当温度接近 15℃,压力接近标准大气的压力值,真速比较能反映飞机的实际飞行速度。冬天温度低、气压高的情况下,空气密度比较大,实际速度比真速小;夏天温度高、气压低,空气密度比较小,实际速度比真速大。

2.3.3 极限速度

当物体在空中自由飞行时(无外界推力),只要有足够的高度,物体便会达到平衡状态,此时物体所受的气动阻力等于重力,物体将以极限速度 v_j 坠落,表达式如下:

$$v_\text{j} = \sqrt{\frac{2G_\text{w}}{\rho C_\text{w} A_\text{w}}} \tag{2.31}$$

弹道式气动减速装置主要利用气动阻力使物体减速,图2.7为飞行体-降落伞组合系统飞行过程的受力情况。对于一个特定的弹道式飞行对象,若气动特征(CA)、重力不变,当达到受力平衡时,极限速度只受密度(即飞行高度)影响,为一特定曲线。若运动速度大于极限速度,此时气动阻力大于重力,物体减速飞行;反之,则加速运动。图2.8为物伞系统从不同高度分别以初速度为零及300 m/s下落时的速度变化曲线图。可以看出,无论以什么样的初速度下降,最后运动速度总会趋向于极限速度,并在一定高度范围内可以越过该高度对应的极限速度,称为超极限速度,这是物体惯性作用造成的。

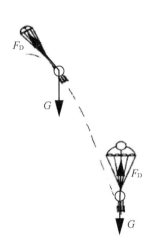

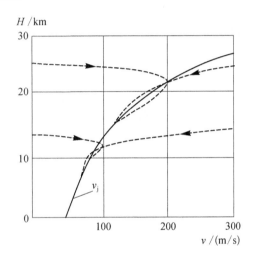

图2.7　伞-载飞行体受力图　　　　　　图2.8　运动物体速度变化

对于气动减速飞行系统,达到极限速度之后的下降过程也称为稳定下降过程,其速度也可以称为稳降速度。到达地面时的速度为着陆速度。着陆速度也是对应着陆高度下的极限速度。

2.4 　过 　　载

2.4.1 　过载的概念

过载是由于物体受到外力作用,作加速或减速运动时,实际作用在物体上的一种载荷。一般常将物体所受的惯性力(F)与重力(G)的比值称为过载,即

$$n = \frac{F}{G} \tag{2.32}$$

由过载定义可知,过载是个无量纲矢量。它和惯性力一样与加速度的方向相

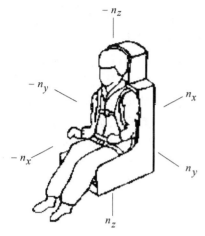

图 2.9　人体体轴坐标系下过载

反,亦即在物体作加速运动时,过载力与运动方向相反;而在作减速运动时,与运动方向相同。

过载的作用方向一般以体轴坐标系作为参考。对人体来说,过载的方向沿着躯干时,称为纵向过载;过载的方向沿前后方向,称为横向过载;过载方向从右向左或从左向右时,称为侧向过载。为了便于研究讨论,我们还规定:纵向过载从头部向脚的方向为正;横向过载从胸部向背部方向为正;侧向过载,从右向左方向为正。见图 2.9。人体各个方向承受过载的能力不一样,一般来说,承受正向过载的能力强于负向过载,承受横向过载的能力强于纵向过载。

2.4.2　过载影响因素

过载对人或设备会造成比较大的影响,其影响主要取决于过载峰值、过载作用时间、过载增长率及过载作用方向。过载作用时间指从过载作用开始到终了的总时间($0 \sim t$),有时又指峰值的持续时间($t_1 \sim t_2$)。过载增长率是指单位时间内过载增长变化的速率。对于同一方向,过载的衡量通常采用过载三要素标准,即过载峰值、作用时间及过载增长率。工程上可以采用三角形近似图解法来处理,如图 2.10 所示。

具体步骤为:在过载峰值 10% 及 90% 处作两条与基线平行的线,与过载曲线相交于 A, B, C, D 四点。连接上述四点,与坐标轴相交构成 $\triangle abe$,则 AD, BC 的斜率为过载增长率,AB 为过载作用时间,DC 为过载峰值作用时间。

人和设备承受的各个方向的过载均不能大于其最大过载极限。对于承受多个方向的过载,若满足(2.33)式则认为是安全的:

$$\sqrt{\left(\frac{n_x}{n_{x1}}\right)^2 + \left(\frac{n_y}{n_{y1}}\right)^2 + \left(\frac{n_z}{n_{z1}}\right)^2} \leqslant 1.0$$

$$(2.33)$$

上式中,n_x、n_y、n_z 表示三轴方向所

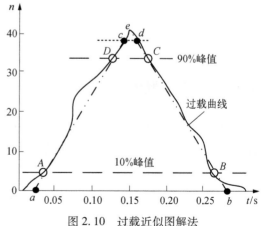

图 2.10　过载近似图解法

受的过载; n_{x1}、n_{y1}、n_{z1} 则为与之对应的最大过载限值。

2.5   气 动 性 能

2.5.1   气动力

物体在空气中运动时会受气动力的作用。按气动力学的规定,垂直于结构面的力为正压力,平行于结构面的力为摩擦力。气动力在来流方向(ox_q)上的分量称为气动阻力,垂直来流方向(oy_q)上的分量称为气动升力,如图 2.11 所示。本书主要从气动阻力和气动升力两个方面介绍物体所受的气动力。

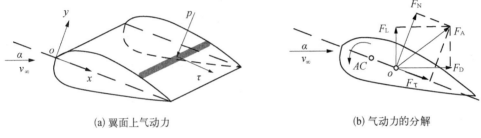

(a) 翼面上气动力   (b) 气动力的分解

图 2.11   机翼上气动力

1. 气动阻力

物体在大气中运动受到气动阻力的作用,包括摩擦阻力、压差阻力、波阻和诱导阻力等。

摩擦阻力是由于黏性作用,空气微团与物体表面发生摩擦,阻滞了空气流动,这是物体对空气的摩擦阻力;反之,空气对物体也有摩擦阻力。摩擦阻力和附面层性质有关,紊流附面层的摩擦阻力要比层流附面层的摩擦阻力大得多,表面越粗糙,表面积越大,摩擦阻力也越大。

气流流过物体,在物体前面气流受阻,流速减小,压力增大;在物体后部,由于气流分离形成涡流区,压力减小。这样在物体前后便产生压力差,形成压差阻力。压差阻力与物体的迎风面积、形状和在气流中的位置都有很大的关系,又称为形状阻力。

图 2.12 为绕机翼流动摩擦阻力和压差阻力的形成机制。气动减速装置是高阻力的非流线体,压差阻力一般远远大于摩擦阻力。

当物体的运动速度达到或超过声速时,在物体前面会产生激波。超声速气流通过头部激波后,速度降低、压力升高,当气流流过物体表面时,流速继续增加压力

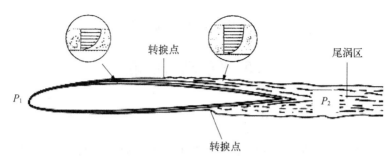

图 2.12　机翼上的摩擦阻力和压差阻力形成机制

再次降低,最后,气流通过尾部激波离开。这样,物体前面压力高,中部和后部压力低,产生很大的阻力。这种由激波产生的压差阻力称为波阻。波阻的大小和激波形状有关,而激波形状又受物体外形和运动速度的影响。

诱导阻力是翼型结构所独有的阻力。当翼型物体(如机翼、翼伞)以正迎角运动时,在翼尖处会形成旋涡,气流受到旋涡影响产生向下分速度,使得迎角变小,导致升力后倾一个角度,由此产生的与飞行方向相反的阻力分量称为诱导阻力。为了减小诱导阻力,可适当加大展弦比,以减小翼尖涡的影响。

除此之外,如果飞行系统由多个部件构成,各部件气流相互作用会产生一种额外阻力,这部分阻力称为干扰阻力。干扰阻力与部件之间的相对位置、流线型过渡或加装整流片有关。

无论何种阻力,气动阻力可以统一采用(2.34)式来计算:

$$F_{D} = \frac{1}{2}\rho v^{2} C_{D} A_{0} \tag{2.34}$$

式中,C_{D} 表示相对于名义面积 A_{0} 的阻力系数;$C_{D}A_{0}$ 又称为阻力特征,有时又称为阻力面积,单位为 m^{2}。

2. 气动升力

大多数气动减速器的主要气动力是阻力,但在一定迎角下或者特殊的气动构型下也会产生升力。升力产生的原因是气流流过物面时,两侧流管变化不一致,产生压差形成升力。图 2.13 为翼形表面气动力的分布情况,从中可以看出,上翼面流速大,压强小;下翼面流速小,压强大。上下翼面压差产生了升力。

气动升力可以采用如下公式计算:

$$F_{L} = \frac{1}{2}\rho v^{2} C_{L} A_{0} \tag{2.35}$$

式中,C_{L} 表示相对于名义面积 A_{0} 的升力系数;$C_{L}A_{0}$ 又称为升力特征,单位为 m^{2}。

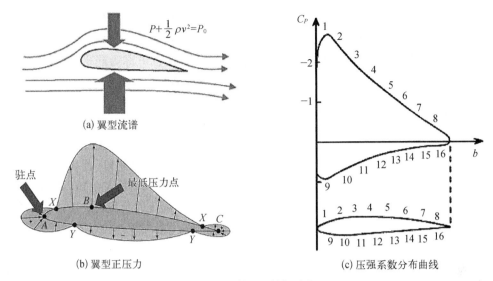

图 2.13　翼型上的气动力

2.5.2　结构外形对气动性能的影响

气动减速系统在空中飞行时,需要具有一定的减速性能,这和阻力系数密切相关。有时还需要满足一定的稳定性能和滑翔飞行性能,它们通常和力矩系数和升力系数密切相关。阻力系数、升力系数、气动力矩系数又称为气动特性参数。

根据气动力产生的力学原因,我们发现,任何一种气动力都和外形息息相关,如流线型物体气动阻力小(图 2.14),增加翼型弯度会提高物体升阻比,增加滑翔性能。气动减速装置主要是通过增加阻力降低下降速度,以降落伞为例,流线型的平面圆形伞就比方形伞阻力系数小,因此气动减速器通常设计为钝体构型。

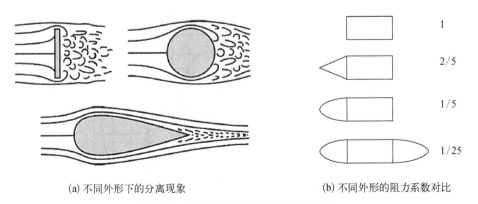

(a) 不同外形下的分离现象　　　　　　　(b) 不同外形的阻力系数对比

图 2.14　不同外形下的流场及阻力系数

对于任何一个空中运动载荷,均存在压心和焦点两个重要的气动特性点。压心是气动合力的作用点,在该点处气动力矩为0。焦点又称气动中心点,在该点处,无论迎角发生怎样的变化,气动力矩均不发生变化,也可称为静平衡点或附加升力作用点。压心的位置会随迎角、马赫数的变化而变化。焦点位置与迎角无关,但会随马赫数增加向后移动。亚音速翼型,焦点约在翼弦1/4弦长处,超音速飞行时接近于翼弦中点。

空中飞行体的气动稳定性和焦点、质心的位置密切相关。若质心位于气动中心后方,迎角增加时,升力增加,仰头力矩增加,将进一步增加迎角;若质心位于前方,迎角增加会导致低头力矩增加,从而降低迎角,保证了翼型体的稳定,如图2.15所示。因此,通过结构设计改变质心的位置,可以保障系统的稳定性:质心位于焦点前方,为静稳定状态,两者相差越远,稳定性越好;反之,为静不稳定体。

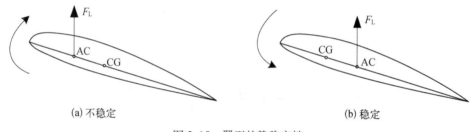

(a) 不稳定   (b) 稳定

图 2.15　翼型的静稳定性

2.5.3　透气性对气动性能的影响

气动减速装置常常由柔性织物组成,织物透气性不仅会破坏边界层,影响转捩区和分离点的位置,同时也会改变柔性织物的气动外形,两者是非常强烈的流场结构相互作用过程。图2.16为不同结构透气量带条伞伞衣外形的变化情况。

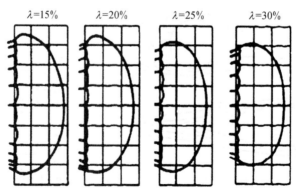

$\lambda=15\%$ $\lambda=20\%$ $\lambda=25\%$ $\lambda=30\%$

图 2.16　透气性对带条伞外形的影响($L_{sh}/D_0 = 1$)

从中可以看出,透气性越小,伞衣投影面积越大,气动阻力也随之增加,阻力系数越大。

另一方面,织物透气性也会影响流场的分布。图 2.17 为密实织物圆形伞及透气织物圆形伞的绕流流场,从中可以看出两者相差很大。密实碗状型伞衣会产生不对称卡门涡街,造成稳定性降低,且前后压差增大。

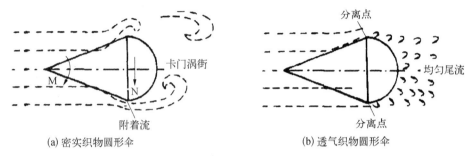

(a) 密实织物圆形伞   (b) 透气织物圆形伞

图 2.17 不同织物透气性圆形伞绕流流场

我们知道,气动减速器的阻力主要来源于压差阻力,阻力系数和压差系数的关系可以近似写成如下形式:

$$C_{\mathrm{D}} = \frac{F_{\mathrm{D}}}{\frac{1}{2}\rho v^2 A_0} \approx \frac{\Delta p A_{\mathrm{t}}}{\frac{1}{2}\rho v^2 A_0} = \overline{C}_p \frac{A_{\mathrm{t}}}{A_0} \tag{2.36a}$$

式中, $\overline{C}_p$ 称为平均压差系数。其值为

$$\overline{C}_p = \frac{\Delta p}{\frac{1}{2}\rho v^2} \tag{2.36b}$$

由此可见,阻力系数与减速器的平均压差系数成正比,而平均压差系数随着透气量增大而减小,如图 2.18 所示。因此,阻力系数也随着透气量增大而减小。实践证明:对于弹道类型降落伞及旋转伞,织物透气性增加,阻力系数减小;但提高织物透气性,流场均匀性好,稳定性得到一定的改善。

对于翼伞、旋转伞或一些充气式气动减速装置(如气球伞、充气式减速锥等),为了维持较好的气动外形,则应该采用透气量小的织物。图 2.19 为翼伞采用不同上翼面透气材料得到的升阻比的变化情况,当透气性增加,透出气流破坏边界层,促使流动分离,升阻比降低。

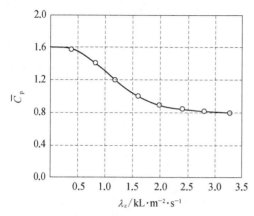

图 2.18　压差系数随织物透气性变化

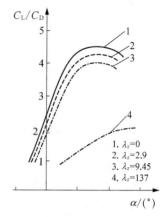

图 2.19　翼伞升阻比随织物透气性变化

2.5.4　工况对气动性能的影响

　　减速飞行时的工况参数包括气动角度、速度、高度等,工况参数的变化也会造成流态及流体压缩性发生变化,造成流场有所区别。下面分别从雷诺数、马赫数、下降速度、飞行迎角几个方面进行论述。

　　由空气动力学可知,雷诺数表征了绕流流场的流态,雷诺数的大小决定了运动物体表面附面层的形式。表 2.1 为昆虫与几种飞行体稳定飞行时的雷诺数。除了深空探测减速系统由于密度很低,虽然速度很大,但雷诺数很小外,其他大多数减速装置雷诺数大多达到 10^6 左右,均处于紊流工作区域,在这段区域,雷诺数变化对气动系数影响并不显著,如图 2.20 所示。

表 2.1　昆虫与几种飞行体稳定飞行时的雷诺数

昆虫	滑翔机	B-747 飞机	引导伞	主伞	伞风洞试验
$\sim 6\times10^3$	$\sim 2.5\times10^6$	$\sim 100\times10^6$	$\sim 50\times10^6$	$\sim 20\times10^6$	$\sim 2\times10^6$

　　虽然雷诺数对柔性减速装置的阻力系数的影响比较小,但如果速度减到很低时,由于动压不足会使柔性结构气动外形发生改变,从而对阻力系数产生较大的影响。如弹道式降落伞,若下降速度降至 10 m/s 以下时,阻力系数增加显著,如图 2.21 所示。这是因为,速度减小,伞形变平,投影直径增加;另一方面,降落伞低速时侧滑角增加,产生一定的升力,综合影响使有效阻力系数增加。但是对于有围幅和稳定性好的伞衣来说,由于受围幅的限制,投影面积变化不大,阻力系数变化不显著。

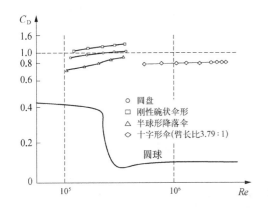

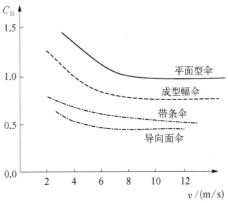

图 2.20 雷诺数对阻力系数的影响   图 2.21 阻力系数随速度的变化

马赫数表征了流体的可压缩性质,当马赫数大于 1,物体前方会出现激波。激波的位置和角度会随马赫数变化而发生变化,最终改变物体表面的压力分布,图 2.22 为亚音速、超音速两种状态下机翼上的压强分布情况,可以看出它们之间明显的差别。亚、超音速下巨大的流场压力差别,会影响到柔性结构的气动外形。图 2.23 为锥形带条伞分别在亚音速和超音速情况下的伞衣外形,超音速状态下,锥形带条伞伞衣收缩,气动阻力性能变差,阻力系数降低。

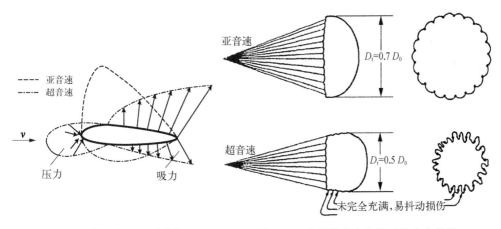

图 2.22 翼型表面压强分布   图 2.23 锥形带条伞充满时的伞衣外形

图 2.24 为锥形带条伞在不同的试验环境下阻力系数随马赫数的变化情况,从中可以看出,在亚音速工况下,带条伞阻力系数基本不变;随着马赫数增加,伞衣收缩,气动阻力性能均有比较大的下降,尤其在跨音速区,阻力系数下降明显;当 $Ma > 2.0$ 时,阻力系数下降趋势减缓,基本趋于稳定。其他织物型气动减速装置

也有这样的变化趋势,只是变化率不同而已。对于充气式或有围幅结构的减速装置,外形变化较小,气动系数变化相对也较小。这也是采用充气式结构作为超音速气动减速装置的原因之一。

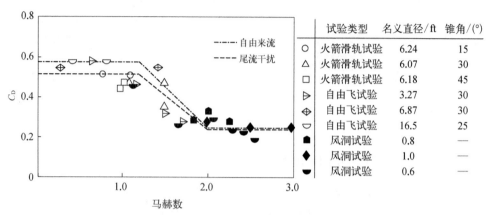

图 2.24　不同类型锥形带条伞阻力系数随马赫数的变化

　　影响气动系数的另一个重要参数是气动角。气动角改变意味着沿气流方向的气动外形及与之对应的投影面积发生了变化,气动性能也随之发生改变。图 2.25 分别为典型降落伞在不同迎角下的气动系数变化情况。一般情况下,弹道式轴对称降落伞很快从开伞时的非零迎角状态随风摆动到 0° 迎角状态;对于翼伞及其他充气式减速装置,常常会以一定的迎角进行减速飞行。

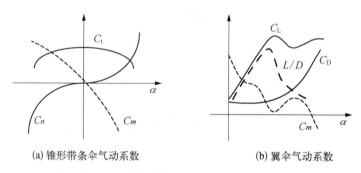

(a) 锥形带条伞气动系数　　　　　　　(b) 翼伞气动系数

图 2.25　降落伞气动系数随迎角变化情况

　　飞行器可以通过结构设计,使质心偏移或转动惯量不对称,从而产生附加迎角。当附加迎角产生的力矩和其他干扰力矩相平衡时,该附加迎角即为配平迎角。在无外界推力的情况下,飞行器将以配平迎角飞行。图 2.26 为飞行器质心改变后配平迎角的情况。当飞行器以一定的迎角飞行时,将产生一定的升力,有利于滑翔飞行,这对轨迹控制有一定的好处。

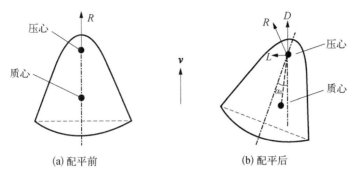

(a) 配平前   (b) 配平后

图 2.26 质心改变前后飞行器的姿态变化

2.6 附 加 质 量

2.6.1 附加质量的概念

附加质量的概念提出迄今大约有 200 年历史,当物体在真空中作加速运动时,只有物体的动能发生变化。当物体在流体中做加速运动时,不仅物体的动能要发生变化,它所带动的流体的动能也随着改变,这一部分用来改变流体动能的力和力矩就用附加质量来表示。

实际物体在流体中不仅仅只是线运动,往往还存在旋转运动。图 2.27 为物体在理想流体中的运动情况,则物体周围流体的动量及动量矩可以表示为

$$\begin{cases} Q_f = \rho \int_\Omega \mathrm{grad}(\phi)\,\mathrm{d}\Omega = -\rho \int_S \phi \boldsymbol{n}\,\mathrm{d}S \\ H_f = \rho \int_\Omega \boldsymbol{r} \times \mathrm{grad}(\phi)\,\mathrm{d}\Omega = -\rho \int_S (\boldsymbol{r} \times \boldsymbol{n}) \phi\,\mathrm{d}S \end{cases} \tag{2.37}$$

式中,ρ 为流体密度;$\boldsymbol{n}$ 为物体表面上任意点外法线方向上的单位矢量;$\boldsymbol{r}$ 代表从坐标原点到流体微团的矢径;ϕ 为速度势函数;Ω, S 分别代表流体的体积及其表面积。

如果记

$$a_{ij} = -\rho \int_S \phi_j \frac{\partial \phi_i}{\partial \boldsymbol{n}}\,\mathrm{d}S,$$

$$i, j = 1, 2, \cdots, 6 \tag{2.38}$$

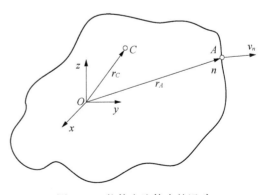

图 2.27 物体在流体中的运动

(2.37)式的动量及动量矩方程又可以表示为

$$
\begin{bmatrix}
Q_{f.x} \\
Q_{f.y} \\
Q_{f.z} \\
\hline
H_{f.x} \\
H_{f.y} \\
H_{f.z}
\end{bmatrix}
=
\begin{bmatrix}
a_{11} & a_{12} & a_{13} & a_{14} & a_{15} & a_{16} \\
a_{21} & a_{22} & a_{23} & a_{24} & a_{25} & a_{26} \\
a_{31} & a_{32} & a_{33} & a_{34} & a_{35} & a_{36} \\
\hline
a_{41} & a_{42} & a_{43} & a_{44} & a_{45} & a_{46} \\
a_{51} & a_{52} & a_{53} & a_{54} & a_{55} & a_{56} \\
a_{61} & a_{62} & a_{63} & a_{64} & a_{65} & a_{66}
\end{bmatrix}
\begin{bmatrix}
v_x \\
v_y \\
v_z \\
\hline
\omega_x \\
\omega_y \\
\omega_z
\end{bmatrix}
\tag{2.39}
$$

式中,$[a_{ij}]$ 为附加质量矩阵,i 表示非定常运动时力或力矩的方向,j 表示线加速度或角加速度引起的附加质量方向;数字 1,2,3 分别代表在轴 ox, oy, oz 上的线运动,4,5,6 则代表绕 ox, oy, oz 轴的角转动。因此,$a_{ij}(i, j = 1, 2, 3)$ 代表的是线速度的影响,它们与坐标方向有关,具有质量量纲 $[M]$,称为附加质量;$a_{ij}(i, j = 4, 5, 6)$ 代表的是角速度的影响,具有二次矩量纲 $[M \cdot L^2]$,称为附加惯性矩;余下的代表转动项和平动项的耦合影响,具有静矩量纲 $[M \cdot L]$,称为附加静矩。其中 $a_{ij}(j = 4, 5, 6)$ 与坐标方向和坐标原点在物体上的位置有关。

可见,附加质量是质量到广义坐标概念的推广,它产生于物体作不稳定运动时,克服流体惯性所附加的阻力或力矩,又称惯性阻力(矩)。这个增加的流体质量(或惯量)称为附加质量,有时也称为虚假质量或惯性质量。为了论述问题的方便,我们将附加质量、附加静矩、附加惯性矩统称为附加质量。

为了进一步理解附加质量的概念,我们以物体在气流中作减速运动为例进行说明。系统的运动方程可以写成如下形式:

$$
F = m_w a + m_f a + F_D \tag{2.40}
$$

式中,F_D 为物体稳定运动时的气动阻力;$m_f a$ 为附加质量惯性阻力。如果将二者合在一起,可用总阻力(虚假阻力)表示,写成阻力的一般表达式 $\frac{1}{2}\rho v^2 CA$(A 为特征面积),则

$$
F = m_w a + \frac{1}{2}\rho v^2 CA \tag{2.41}
$$

所以,

$$
C = \frac{F - m_w a}{0.5\rho v^2 A} \tag{2.42}
$$

这里的总阻力系数不等于稳定运动时的气动阻力系数。对于实心球体，其附加质量为球体体积大小的流体质量的一半，所以，

$$F = m_w a + m_f a = m_w a + \frac{1}{2}\rho \frac{1}{6}\pi d^3 a \qquad (2.43)$$

将(2.43)式代入(2.42)式，得

$$C = \frac{\frac{1}{2}\rho \frac{1}{6}\pi d^3 a}{\frac{1}{2}\rho v^2 \frac{\pi}{4}d^2} = \frac{2}{3}\frac{ad}{v^2} \qquad (2.44)$$

图 2.28 为直径为 d 的实心球体在实际流体中作变速运动时总阻力系数 C 的变化情况。从中可以看出，当 ad/v^2 较小时，阻力系数接近于匀速运动时的阻力系数，即总阻力主要由流场的气动阻力构成。当 ad/v^2 较大时，即加速度和物体的尺寸较大时，阻力系数接近于势流理论分析中所得到的理论值，即此时运动的阻力主要来自克服流体惯性的阻力，和流体的黏性没有关系。

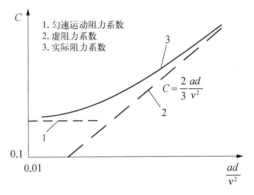

图 2.28　C 与无因次加速度的关系

上述例子为物体仅做一维减速运动的特殊情况，附加质量反映的仅是非定常运动的气动力与定常运动的气动力的差别。实际物体不仅存在线位移，还存在角位移，换句话说，广义附加质量反映的是非定常运动的气动力、气动力矩与定常运动的气动力及气动力矩的差别，这些差别是否明显，取决于加速度和物体平均密度两个因素。若加速度越大，非定常性越强，流体虚拟质量的影响越强；若物体密度越小，和流体密度相当，也必须考虑附加质量的影响。对于柔性气动减速装置，展开后气动面积很大，减速很快；减速装置的平均密度和周围流体密度处于同一数量级，因此气动减速装置性能分析时必须考虑附加质量的影响。

根据附加质量的定义，广义的牛顿第二定律又可以写成如下公式：

$$F = A\dot{x} \qquad (2.45)$$

式中，F 为广义力矩阵，$F = [F_x, F_y, F_z, M_x, M_y, M_z]^T$；$A$ 代表六自由度下的广义质量矩阵，由真实质量和附加质量两部分构成；x 代表广义速度矩阵，$x = [v_x, v_y,$

v_z, ω_x, ω_y, ω_z]^{T}。

2.6.2　附加质量的确定

由于速度势满足拉普拉斯方程 $\Delta\phi = 0$，据(2.38)式，附加质量满足对称性，即 $a_{ij} = a_{ji}$，附加质量矩阵只剩 21 个独立分量。运动方程中出现大量的附加质量分量，给计算带来很大的麻烦，为进一步减少运动方程中附加质量分量的个数，还可以将坐标原点选取在压力中心，坐标轴选取在物体对称面上。假设流场也对称，则对称面两侧的动能相等，附加质量分量的个数可以进一步减少。

当物体具有一个对称面时，例如翼伞和滑翔伞，则非零独立的附加质量分量为 12 个。如果对称面为 oxz 面，依据附加质量各项所代表的运动特性，附加质量矩阵为

$$
A_{\mathrm{f}} = \begin{bmatrix}
a_{11} & 0 & a_{13} & 0 & a_{15} & 0 \\
 & a_{22} & 0 & a_{24} & 0 & a_{26} \\
 & & a_{33} & 0 & a_{35} & 0 \\
 & & & a_{44} & 0 & a_{46} \\
 & & & & a_{55} & 0 \\
 & & & & & a_{66}
\end{bmatrix}
\tag{2.46}
$$

当物体具有两个对称面时，例如方形伞和十字形伞，则非零且独立的附加质量分量为 8 个。如果对称面为 oxy 和 oxz 面，其附加质量矩阵为

$$
A_{\mathrm{f}} = \begin{bmatrix}
a_{11} & 0 & 0 & 0 & 0 & 0 \\
 & a_{22} & 0 & 0 & 0 & a_{26} \\
 & & a_{33} & 0 & a_{35} & 0 \\
 & & & a_{44} & 0 & 0 \\
 & & & & a_{55} & 0 \\
 & & & & & a_{66}
\end{bmatrix}
\tag{2.47}
$$

同理，当物体是轴对称体，ox 为对称轴时，弹道型降落伞一般均属于这种伞型，其非零且独立的附加质量分量只有 4 个，即在(2.46)式的基础上，a_{11}，$a_{22} = a_{33}$，$a_{55} = a_{66}$，$a_{26} = -a_{35}$。

如果坐标原点取在质心上并和压心重合，当 $i \neq j$ 时，a_{ij} 均为零，其附加质量分量将进一步减少。工程上，对于一些特殊的外形，附加质量各分量可以通过计算得到。

例如，有三个对称面的椭圆体，可将坐标选取在椭圆体长短三轴上(半轴长度分别为 a，b，c)，由理论计算可得该椭圆体的附加质量和附加质量惯性矩为

$$
\begin{cases}
a_{11} = \dfrac{4}{3}\rho\pi abc\,\dfrac{A_0}{2-A_0} \\[3mm]
a_{22} = \dfrac{4}{3}\rho\pi abc\,\dfrac{B_0}{2-B_0} \\[3mm]
a_{33} = \dfrac{4}{3}\rho\pi abc\,\dfrac{C_0}{2-C_0} \\[3mm]
a_{44} = \dfrac{4}{15}\,\dfrac{\pi\rho abc(b^2-c^2)^2(C_0-B_0)}{2(b^2-c^2)-(C_0-B_0)(b^2+c^2)} \\[3mm]
a_{55} = \dfrac{4}{15}\,\dfrac{\pi\rho abc(c^2-a^2)^2(A_0-C_0)}{2(c^2-a^2)-(A_0-C_0)(c^2+a^2)} \\[3mm]
a_{66} = \dfrac{4}{15}\,\dfrac{\pi\rho abc(a^2-b^2)^2(B_0-A_0)}{2(a^2-b^2)-(B_0-A_0)(a^2+b^2)}
\end{cases}
\tag{2.48}
$$

式中,

$$
A_0 = abc\int_0^\infty \frac{\mathrm{d}\lambda}{(a^2+\lambda)\sqrt{(a^2+\lambda)(b^2+\lambda)(c^2+\lambda)}}
$$

$$
B_0 = abc\int_0^\infty \frac{\mathrm{d}\lambda}{(b^2+\lambda)\sqrt{(a^2+\lambda)(b^2+\lambda)(c^2+\lambda)}}
$$

$$
C_0 = abc\int_0^\infty \frac{\mathrm{d}\lambda}{(c^2+\lambda)\sqrt{(a^2+\lambda)(b^2+\lambda)(c^2+\lambda)}}
\tag{2.49}
$$

对于轴对称降落伞,存在两个对称面,充满外形可以假设为扁回转椭圆体(对称轴为 x 轴, $b=c$),若降落伞体坐标系原点与压心重合,附加质量分量独立项只有 3 项:

$$
\begin{cases}
a_{11} = \dfrac{4}{3}\rho\pi b^3\,\dfrac{e\sqrt{1-e^2}-(1-e^2)\arcsin e}{e^3-e+\sqrt{1-e^2}\arcsin e} \\[3mm]
a_{22} = a_{33} = \dfrac{4}{3}\rho\pi b^3\,\dfrac{(1-e^2)\arcsin e-e(1-e^2)^{1.5}}{2e^3-\sqrt{1-e^2}\arcsin e+e(1-e^2)} \\[3mm]
a_{55} = a_{66} = \dfrac{4}{15}\rho\pi b^3\,\dfrac{e^4\sqrt{1-e^2}(C_0-A_0)}{2e^2-(2-e^2)(C_0-A_0)}
\end{cases}
\tag{2.50}
$$

对于实心球体 $(a = b = c)$，积分 (2.46) 式可得 $A_0 = B_0 = C_0 = 2/3$，所以有

$$\begin{cases} a_{11} = a_{22} = a_{33} = 0.5 \times \dfrac{4}{3}\rho\pi a^3 \\ a_{44} = a_{55} = a_{66} = 0 \end{cases} \quad (2.51)$$

采用 (2.50) 式计算降落伞的附加质量非常复杂，为此，引入无因次附加质量系数 k_{ik}，定义为附加质量（或附加质量惯性矩）与球形体积的流体质量（或惯性矩之比），即

$$\begin{cases} k_{ii} = \dfrac{m_{ii}}{\dfrac{4}{3}\rho\pi b^3} \quad (i = 1, 2, 3) \\ k_{ii} = \dfrac{m_{ii}}{\dfrac{8}{15}\rho\pi b^5} \quad (i = 4, 5, 6) \end{cases} \quad (2.52)$$

如将伞衣模拟为一个半径为 b 的球形杯，在轴向的无因次附加质量为 m_{fx}，法向、侧向的无因次附加质量系数要小于轴向附加质量系数，工程上常取：$m_{fy} = m_{fz} = \left(\dfrac{1}{10} \sim \dfrac{1}{2}\right) m_{fx}$。伞衣越扁平，$m_{fy}$，$m_{fz}$ 与 m_{fx} 的比值越小。表 2.2 为球形杯轴向无因次附加质量系数 k_{f1} 和对应实心体的无因次附加质量系数 k_{11} 之间的关系，从中可以看出，空心球体的附加质量高于对应外形的实心球体，高出的部分为内含附加质量。也就是说，降落伞的附加质量还包含伞衣的内含流体质量。

表 2.2　球形杯的附加质量

	实心球体	空心半球体	空心深球体 $(a/b = 0.75)$	有小孔的空心球体
k_{f1}	0.5	1.07	1.33	1.5
k_{11}	0.5	0.557	0.54	0.5

柔性气动减速装置附加质量的理论计算是一个非常复杂的课题，目前还没有完全解决，工程上一般采用实验确定方法和工程估算方法。对于常规弹弹型降落伞，主要考虑轴向上的附加质量，附加质量的实验方法建立在这样假设的前提下：认为一个物体在流体中运动时所受的力包括两部分，一部分由瞬时速度产生，一部分由瞬时加速度产生。因此，非定常流中在瞬时 t 的总流体动力 $F(t)$ 可以写成含有系数 a，b 的形式：

$$F(t) = av^2(t) + b\dot{v}(t) \tag{2.53}$$

首先确定在稳定速度 $v(t)$ 时的流体动力 F，以便得出 a，然后测出非定常时的 $F(t)$，二者之差来确定 b 值，b 值即为物体质量与附加质量之和。

第3章 航天器再入减速着陆系统

3.1 概 述

3.1.1 再入航天器类型

航天器又称为空间飞行器,是按照天体力学的规律在太空完成特定任务的各类飞行器的总称,包括进入式(entry)航天器和非进入式航天器。执行完任务后要进入行星大气并在行星上着陆的航天器称为进入式航天器;反之称为非进入式航天器。从地球上发射进入太空,完成任务后再回到地球大气层并在地球上着陆的航天器为再入式(reentry)航天器,又称为返回式航天器,例如返回舱、航天飞机、弹道式导弹、行星探测器等。为了论述问题的方便,除特别注明以外,本书以再入系统为例展开论述。

为满足不同的飞行任务及减速着陆阶段对气动特性的不同需求,航天器的气动外形一般可分为旋成体、翼升组合体、升力体、乘波体四类,如图3.1所示。

旋成体是飞船等大多数飞行器的基本形体,几何外形和流场基本对称,但在结合部位常存在较大的干扰阻力。翼升组合体是由机翼与机身两个部件接合而成,为了减少干扰阻力,在机翼与机身交接处增装整流带使二者圆滑过渡,但整流带承受载荷能力有限,后来研究人员把飞行器的机翼和机身合成一体来设计,这就是升力体飞行器。升力体结构重量轻、内部容积大、气动阻力小,可使飞机的飞行性能有较大改善,但外形复杂,设计和制造比较困难。乘波体是指一种外形是流线型,其所有前缘都具有附体激波的超音速或高超音速的飞行器。乘波体前缘上表面与激波上表面重合,上下表面无流线偏转,具有低阻、速度快、高升阻比、突防力强的特点。

当前的再入航天器大多是旋成体构型。理论研究表明,航天器表面的热流密度与表面曲率半径的平方根成反比,即外形越钝的航天器,再入过程中接受的加热量越小。因此,大多数再入航天器均采用前部钝体构型。图3.2为常用的钝头再入飞行器的气动外形。

总的来说,旋成体再入器可以分成类球体外形、球锥外形及大钝头倒锥外形三大类型。球体结构制造简单,相同面积下有最大的容积,防热面积小;阻力系数随

(a) 旋成体

(b) 翼升组合体

(c) 升力体

(d) 乘波体

图 3.1　航天器类型

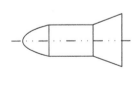

(a) 再入弹头

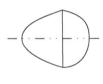

(b) 再入卫星

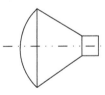

(c) 载人飞船

(d) 星际探测器

图 3.2　再入飞行器的气动外形

高度、马赫数、雷诺数变化不太大,不受飞行姿态的影响;但是易形成不对称边界层的脱体流动,造成运动不稳定,采用类球体(球台或改进的球形结构)会一定程度地改善这种稳定性。球锥形锥面气流平滑,30°迎角内,一般在锥面末端脱体,不会在顶盖再附,静稳定度和动稳定度易实现;但是阻力特征受迎角影响比较大,若再入过程中作圆锥或椭圆运动,阻力特性变化很大,易造成动不稳定问题。倒钝锥体头部曲率半径较大,阻力系数比较大,产生的气动热较小;设计合适的锥角,可保证整个倒锥体均处在脱体区内,从而降低倒锥面热流密度;但是这种外形的脱体流动十分复杂,气动力(热)计算较为困难,主要依赖于工程实验;为减小过载,再入角比较小。

3.1.2　再入系统工作环境

1. 大气参数

航天器及气动减速系统利用气动阻力实现再入、减速及回收,大气中的温度、密度、压力对再入过程工作性能有重要的影响。图3.3为地球大气环境下温度、密度、压力随海拔的变化曲线。虽然大气温度随海拔有所不同,但与高速再入产生的气动热引起的温度升高相比,占比很小。

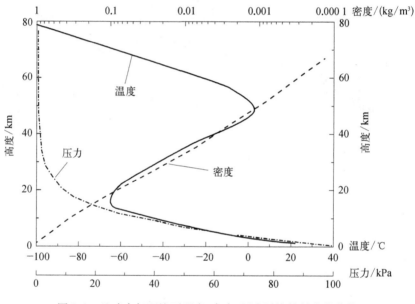

图3.3　地球大气环境下温度、密度、压力随海拔的变化曲线

根据1976年美国标准大气模型,不同高度下的地球大气模型也可以用公式表示。为此,引入重力位势高度 H 和中间变量 w,其中,位势高度 H 的计算式为

$$H = Z/(1 + Z/r_0) \tag{3.1}$$

式中,r_0 为地球半径,值为 6 356.77 km。各海拔下的大气参数如下:

$0 < Z \leqslant 11$ km,

$$
\begin{cases}
w = 1 - \dfrac{H}{44.330\,8} \\
p_H = p_0 w^{5.259\,9} \\
\rho_H = \rho_0 w^{4.255\,9} \\
T_H = 288.15 w
\end{cases}
\tag{3.2}
$$

$11\,\text{km} < Z \leqslant 20\,\text{km}$，

$$
\begin{cases}
w = \exp\left(\dfrac{14.964\,7 - H}{6.341\,6}\right) \\
p_H = 0.119\,53 p_0 w \\
\rho_H = 0.158\,98 \rho_0 w \\
T_H = 216.65
\end{cases}
\tag{3.3}
$$

$20\,\text{km} < Z \leqslant 32\,\text{km}$，

$$
\begin{cases}
w = 1 + \dfrac{H - 24.902\,1}{221.552} \\
p_H = 2.525\,8 \times 10^{-2} p_0 w^{-34.162\,9} \\
\rho_H = 3.272\,2 \times 10^{-2} \rho_0 w^{-35.162\,9} \\
T_H = 221.52 w
\end{cases}
\tag{3.4}
$$

$32\,\text{km} < Z \leqslant 47\,\text{km}$，

$$
\begin{cases}
w = 1 + \dfrac{H - 39.749\,9}{89.410\,7} \\
p_H = 2.833\,8 \times 10^{-3} p_0 w^{-12.201\,1} \\
\rho_H = 3.261\,8 \times 10^{-2} \rho_0 w^{-13.201\,1} \\
T_H = 250.35 w
\end{cases}
\tag{3.5}
$$

$47\,\text{km} < Z \leqslant 51\,\text{km}$，

$$
\begin{cases}
w = \exp\left(\dfrac{48.625\,2 - H}{7.922\,3}\right) \\
p_H = 8.915\,5 \times 10^{-4} p_0 w \\
\rho_H = 9.492\,0 \times 10^{-4} \rho_0 w \\
T_H = 270.65
\end{cases}
\tag{3.6}
$$

51 km $<$ Z $\leqslant$ 72 km,

$$\begin{cases} w = 1 - \dfrac{H - 59.439}{88.2218} \\ p_H = 2.1671 \times 10^{-4} p_0 w^{12.2011} \\ \rho_H = 2.528 \times 10^{-4} \rho_0 w^{11.2011} \\ T_H = 247.021 w \end{cases} \qquad (3.7)$$

72 km $<$ Z $\leqslant$ 86 km,

$$\begin{cases} w = 1 - \dfrac{H - 78.0303}{100.2905} \\ p_H = 1.2274 \times 10^{-5} p_0 w^{17.0816} \\ \rho_H = 1.7632 \times 10^{-5} \rho_0 w^{16.0816} \\ T_H = 200.59 w \end{cases} \qquad (3.8)$$

86 km $<$ Z $\leqslant$ 91 km,

$$\begin{cases} w = \exp\left(\dfrac{87.2848 - H}{5.47}\right) \\ p_H = (2.273 + 0.001042 H) \times 10^{-6} p_0 w \\ \rho_H = 3.6411 \times 10^{-6} \rho_0 w \\ T_H = 186.87 \end{cases} \qquad (3.9)$$

91 km $<$ Z $\leqslant$ 110 km,

$$\begin{cases} p_H = 287 \rho_H T_H \\ \rho_H = 10^{(-3.41173 \times 10^{-15} Z^3 + 1.8157 \times 10^{-9} Z^2 - 0.000337816 Z + 12.6304)} \\ T_H = 263.1905 - 76.3232 \times \left[1 - \left(\dfrac{Z - 91}{19.9429}\right)^{\sqrt{2}}\right] \end{cases} \qquad (3.10)$$

p_0、ρ_0、T_0 表示标准状态下海平面的压力、密度和温度,其值为

$$\begin{cases} p_0 = 101\,325 \text{ Pa} \\ \rho_0 = 1.225 \text{ kg/m}^3 \\ T_0 = 288.15 \text{ K} \end{cases} \qquad (3.11)$$

2. 大气特征

航天器再入飞行过程中,来流大气由高稀薄逐渐变稠密、飞行速度渐渐减小,

经历了高超音速、超音速、跨音速、亚音速几个阶段,直至以安全速度着陆。大气环境的热力学性质及航天器周围的流场呈现复杂多尺度非平衡变化特征,主要表现在如下几个方面。

1) 密度特征

反映航天器返回过程中的大气稠密程度一般用克努森数 Kn 表示:

$$Kn = \frac{\lambda}{L} \tag{3.12}$$

式中,λ 为描述大气稀薄属性的气体分子平均自由程;L 为航天器特征尺度。克努森数越大,航天器周围绕流流场中的气体越稀薄;克努森数趋于极大,为完全自由分子流;克努森数趋近于零,为连续流。

根据克努森数的定义,特征尺寸为 2.0~5.0 m 量级的航天器再入过程通常经历自由分子流($H > 100$ km)、过渡流(75 km $< H \leqslant 100$ km)、滑移流(45 km $< H \leqslant 75$ km)及连续流($H \leqslant 45$ km)四个区,如图 3.4 所示。国际航空联合会定义 100 km 高度为大气层和太空的界线,又称为卡门线。实际上大气是随着海拔增加而逐渐变薄的,太空和地球大气层并不存在明确的边界。根据上述定义,地球 100 km 以内定义为航天器的再入阶段,减速阶段主要发生在 40 km以内。

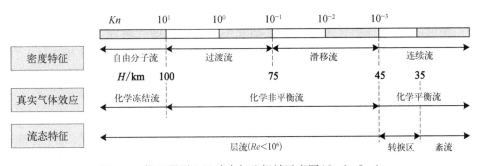

图 3.4　航天器再入地球大气流场域示意图($L = 2 \sim 5$ m)

2) 真实气体效应

在高超音速飞行器绕流中,强激波后和靠近物面的气体由于受到阻滞,温度显著升高,从而激发了气体分子的振动自由度,进一步使气体温度升高。当气体温度足够高时,激波层内的气体通过辐射放出很大一部分能量,对飞行器表面的热流产生较大的影响。与具有常比热比的完全气体不同,这种气体热力学特性发生的变化,对飞行器气动力和气动热计算都有重要的影响,这就是高超音速绕流中的真实气体效应,实际上是偏离完全气体宏观特性的一种表现。

描述宏观流动和微观过程耦合程度的特征量是第一类达姆克勒数 Da,定义为流动特征时间和化学反应时间(即特征弛豫时间)的比值。当 $Da \ll 1$ 时,分子微观自由度之间的能量传递极为缓慢,化学反应速率极为缓慢,化学反应呈现"冻结"状态,又称为化学冻结流。当 Da 接近 1 时,微观过程处于非平衡状态,这种流动也相应地被称为非平衡流动。若 $Da \gg 1$,分子微观自由度之间的能量传递极快,化学反应极快,几乎每一瞬间气体都处于与宏观状态相适应的热力学平衡状态,又称为化学平衡流,如图 3.4 所示。

3) 流态特征

流体流动存在两种最基本有流态:层流和紊流。判断流态最基本的准则数为雷诺数,定义为惯性力与黏性力的比值。

图 3.4 给出了特征尺寸为 2.0~5.0 m 量级的航天器再入过程的基本流态。当 $H > 45$ km 时,航天器周围为层流绕流,流体微团运动轨迹光滑;当 $H < 35$ km 时,航天器周围为湍流绕流,流动紊乱、不规则,流体微团产生非线性随机脉动,航天器后部出现分离,易产生失稳等问题。航天器的减速回收阶段主要处在紊流区。

3.2　再入系统工作过程

3.2.1　再入过程

据统计,航天探测任务的失败大都发生在发射及回收阶段。1986 年 1 月 28 日,"挑战者号"航天飞机发射失败,机上 7 名宇航员全部罹难。2003 年 2 月 1 日,"哥伦比亚号"航天飞机在返回过程中,飞机解体,7 名航天员全部罹难。因此航天器的发射与返回往往是航天飞行任务的关键阶段。

航天器发射是通过运载火箭推力航天器起飞、加速、进入预定轨道的过程,有地面发射和空间发射两种方式。航天器的返回为发射过程的逆过程,为节省推进剂,减轻火箭重量,使返回地面变得更加现实,航天器返回主要借助气动力使航天器减速至安全速度实现软着陆。图 3.5 为航天器的发射与返回示意图。

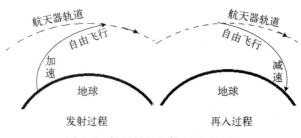

图 3.5　航天器的发射和返回过程

航天器返回地球的主要任务：

（1）选取制动点，实现运行轨道到着陆点的瞄准；

（2）大气层前分离回收舱；

（3）回收舱在大气环境作用下进行气动减速；

（4）利用降落伞再次实现减速回收。

根据上述任务，航天器的返回过程分为调姿、制动、过渡、再入、回收着陆五个阶段，有时又将上述五阶段分为离轨、分离、减速、回收着陆四个阶段。图 3.6 为航天器再入返回飞行任务剖面图。

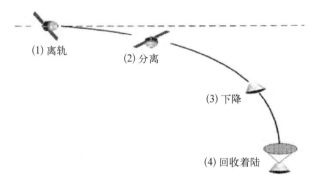

图 3.6　航天器再入返回飞行任务剖面示意图

调姿段是指航天器在原运行轨道上调整姿态，形成制动状态。制动段是指制动发动机点火工作，航天器脱离原运行轨道，进入过渡轨道。调姿制动过程又合称为离轨阶段。

过渡段是指航天器在过渡轨道上基本作无动力惯性飞行，这是进入大气层前的阶段。过渡阶段如果有其他不需要回收的舱段，航天器与其分离，不回收舱段坠入大气层自行烧毁。因此这一阶段又称为分离阶段。

再入段也称为减速下降段，是航天器进入大气层（地球约 100 km）到距地面 10~20 km 高度的一段轨道。这一阶段是航天器返回轨道的重要阶段，要经受高温和大过载的考验。航天器再入时的轨道必须保证在再入走廊范围，才能保证航天器进入地球大气并且再入时的过载及气动加热等不会超过安全值。

回收着陆段是指当返回器降落到 10~20 km 高度时具有亚音速级的速度，一般在 200 m/s 左右，此时应采取进一步的减速措施以使返回器安全地在地面着陆。返回器着陆的方式可分为垂直着陆和水平着陆两种，除航天飞机外绝大多数返回器采用垂直方式着陆，这种方式充分利用气动减速装置（如降落伞）进行减速着陆，我国的"神舟"系列飞船采用的就是这种方式。

航天器离轨进入大气至着陆的这个飞行过程，我们通常又简称为航天器的进入、减速、着陆（entry-descent-land，EDL）过程。

3.2.2 再入方式

航天器再入地球大气层,根据初始的空间轨道不同可分为地球轨道再入、月地转移轨道再入、其他星球(如火星)转移轨道再入等;根据再入任务的不同需求可分为载人返回再入、空间物品返回再入;根据再入轨迹不同又可分为一次再入和多次再入等形式;根据再入段的气动特性可分为弹道式再入、半弹道式再入、升力式再入几种方式(如图3.7所示),而再入轨迹又和气动特性密切相关,本书首先从气动特性进行介绍。

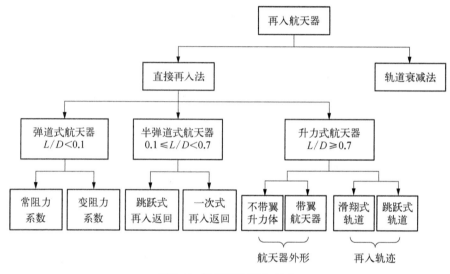

图3.7 航天器的再入方式

弹道式航天器进入大气层后,运动产生阻力,不产生升力,或虽有升力但升阻比很小($L/D < 0.1$),不控制升力的大小和方向,又称为无控再入。弹道式再入轨迹陡峭,稳定性较好,最大减速度主要由再入角、再入速度和大气特征决定。航天器进入大气层后沿着单调下降路线返回地面,这种方式技术简单、容易实现,但气动力引起的过载较大,落点精度也较差。

对弹道式航天器进行一定质心调整,可一定程度地提高其升阻特性,这种航天器为半弹道式航天器。半弹道式航天器在以配平迎角飞行时,作用在返回器上的气动力既有阻力又有升力($0.1 \leqslant L/D < 0.7$),因此又称弹道升力式再入。这种再入方式通过三轴角速率阻尼控制返回器的姿态,从而改变气动阻力和气动升力的大小,能在一定范围内控制再入轨道,调整着陆点位置,从而一定程度地降低过载峰值并提高落点精度,为当前常用的近地航天器的返回轨迹。

　　升力式再入又称为滑翔式再入。$L/D \geqslant 0.7$ 的返回器在再入地球稠密大气层时产生升力并可控制升力大小和方向的再入。不带翼面的升力体和带翼面的升力体式返回器均为滑翔式再入,前者是将返回器做成非轴对称外形,使其产生较大的升力,升阻比可达 0.7~1.2,尺寸质量大,结构较为复杂;后者是将返回器做成有翼外形,升阻比可达 1.3~3.0,从而实现水平着陆,如美国的航天飞机和 X－37B。虽然升力式再入方式可实现航天器的重复使用,落点精度很高,但是由于其控制方式复杂,再入时间比较长,总加热量大,再入过程可靠性是值得关注的问题。图 3.8 为半弹道式一次再入轨迹与滑翔式轨迹的对比图。表 3.1 给出了这三种再入方式的比较。

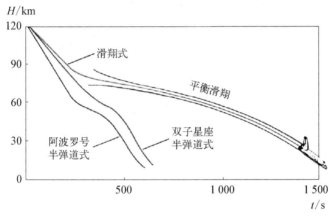

图 3.8　再入轨迹对比

表 3.1　再入方式对比

再入方式	弹道式	半弹道式	升力式
外形	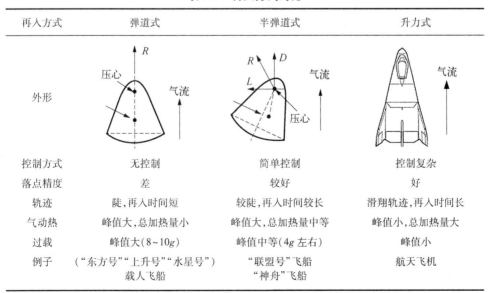		
控制方式	无控制	简单控制	控制复杂
落点精度	差	较好	好
轨迹	陡,再入时间短	较陡,再入时间较长	滑翔轨迹,再入时间长
气动热	峰值大,总加热量小	峰值大,总加热量中等	峰值小,总加热量大
过载	峰值大(8~10g)	峰值中等(4g 左右)	峰值小
例子	("东方号""上升号""水星号")载人飞船	"联盟号"飞船 "神舟"飞船	航天飞机

多次再入主要有跳跃式再入和椭圆衰减式再入两种方式。从月球或其他行星返回的航天器接近地球时速度极大,若采用一次再入式轨迹返回,则过载、热流和动压峰值都将超过航天器和航天员的承受极限;采用完全滑翔的方式返回,总热流将超过航天器和航天员的承受极限。这时常采用跳跃式返回的再入方式,如图3.9所示。

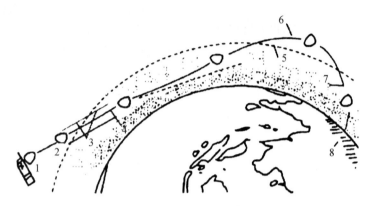

图 3.9　跳跃式再入示意图

1. 分离;2. 调姿;3. 再入走廊;4. 首次再入;5. 大气边界;6. 跳出大气层;
7. 二次再入;8. 着陆区

跳跃式再入时,航天器以较小的再入角进入大气层后减速,依靠升力再次冲出大气层,此时航天器的速度已经降低到第一宇宙速度以下,作一段弹道式飞行后再次进入大气层;也可以多次出入大气层,每进入一次大气层就利用大气进行一次减速。这种返回轨道的高度有较大起伏变化,故称作跳跃式轨道。目前,进入大气层后不再跳出大气层,但靠升力使再入轨道高度有较大起伏变化的轨道,也称作跳跃式轨道。

椭圆衰减式轨道又称为"制动椭圆"式轨道。假定没有地球大气层,以接近第二宇宙速度返回到地球附近的航天器将沿开普勒轨道运动。开普勒轨道的近地点称作虚近地点。如果虚近地点离地面太高,则航天器只受到稀薄大气层的微弱阻力,不足以使航天器向地球降落。由于减速不多,航天器又会冲出大气层,形成沿大椭圆绕地球运行的轨道。过了一圈后,再次进入大气层,进一步减速,此时第二次进入的椭圆轨道位置出现了一些改变,尺寸减小。经过多次进出,航天器最终再入地球。椭圆衰减式轨道无法预先选定着陆点,制动时间长,对载人飞船,周期性地穿过地球辐射带会损害航天员的健康。因此,载人飞船从月球或行星返回时,一般不用这种方法。图3.10为航天器的基本再入轨迹图。

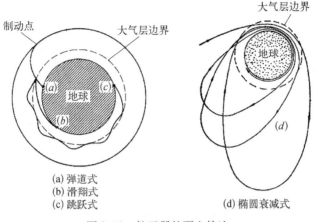

(a) 弹道式
(b) 滑翔式
(c) 跳跃式
(d) 椭圆衰减式

图 3.10 航天器的再入轨迹

3.3 航天器回收着陆系统

3.3.1 回收着陆过程

根据飞行器飞行弹道的特点,飞行器回收大致分为亚轨道飞行器回收、轨道飞行器回收、飞航式飞行器回收三大类型。亚轨道飞行器飞行高度抵达临近空间顶层,但速度不够快(一般在 5~15Ma),还无法实现在轨运行,其主要特点是垂直起飞,自由降落。轨道飞行器集火箭、卫星和飞机的技术特点于一身,速度大,飞行高度在空间轨道上。与亚轨道飞行的飞行器回收的区别在于,它需要通过外界动力使飞行器离轨进入返回再入轨道。一些海防和空防战术武器一般为飞航式飞行器,飞航式飞行器大部分是接近水平发射,飞行大都在大气层中进行,其弹道一般分飞行段和回收段。图 3.11 分别为亚轨道飞行器回收和飞航式飞行器回收的工作程序。为缩短研制周期,节省研制经费,以便更多更好地了解飞行试验中的工作性能,常常需要对完成试验后的飞行器实施整体回收,使其安全着陆。

航天器回收属于轨道飞行器回收,其任务不仅仅是着陆于地球表面,也可拓展于其他星球表面。根据航天器再入返回的飞行任务剖面(图 3.6)可知,回收着陆阶段为航天器再入飞行任务的最后一个阶段,其主要任务是对飞行中的飞行器(包括火箭、导弹、卫星、飞船、深空探测器等)的全部或局部减速到规定的速度并安全着陆于地球或其他星球表面。

着陆于不同的星球表面、应用于不同的载荷对象,回收系统的工作程序并不完全相同。图 3.12 分别为美国火星科学实验室及欧洲空间局 ExoMars2016 火星进

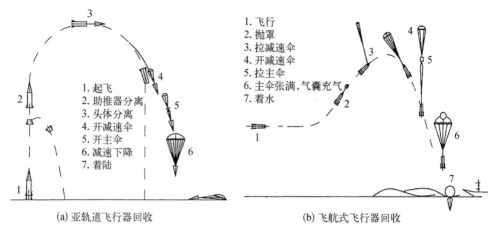

<table>
<tr><td>

1. 起飞
2. 助推器分离
3. 头体分离
4. 开减速伞
5. 开主伞
6. 减速下降
7. 着陆

</td><td>

1. 飞行
2. 抛罩
3. 拉减速伞
4. 开减速伞
5. 拉主伞
6. 主伞张满,气囊充气
7. 着水

</td></tr>
</table>

(a) 亚轨道飞行器回收　　　　　　　　(b) 飞航式飞行器回收

图 3.11　飞行器回收程序

入任务的回收着陆过程示意图。在回收着陆段,它们都经历了降落伞充满、防热大底分离、背罩分离、巡视器着陆几个阶段。但在重力及质心控制方面,火星科学实验室在降落伞开伞前进行了两次质量块的弹出,ExoMars2016 在着陆前进行重力转移控制;着陆方式上前者采用反推火箭结合着陆车技术,后者则采用反推火箭结合缓冲气囊技术。对于地球返回着陆系统,根据返回器质量大小,有时采用多级降落伞减速技术,如"神舟"飞船回收系统的工作过程。

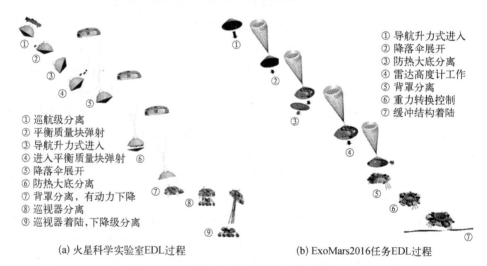

① 巡航级分离
② 平衡质量块弹射
③ 导航升力式进入
④ 进入平衡质量块弹射
⑤ 降落伞展开
⑥ 防热大底分离
⑦ 背罩分离,有动力下降
⑧ 巡视器分离
⑨ 巡视器着陆,下降级分离

① 导航升力式进入
② 降落伞展开
③ 防热大底分离
④ 雷达高度计工作
⑤ 背罩分离
⑥ 重力转换控制
⑦ 缓冲结构着陆

(a) 火星科学实验室EDL过程　　　　(b) ExoMars2016任务EDL过程

图 3.12　不同火星进入任务的回收着陆过程

无论对于哪一种进(再)入任务,回收着陆系统的工作过程主要包括伞舱盖分离、拉出各级减速装置并充气、主伞充满减速飞行、反推火箭制动、缓冲系统工作、着陆(着水)几个阶段。其中有的阶段工作时间长,如主伞充满后的减速飞行过程,有的阶段经历的时间非常短,如开伞过程。本章主要介绍伞舱盖的分离过程及着陆缓冲过程,减速器及降落伞的工作过程将在后续章节作详细介绍。

3.3.2 回收系统组成

回收着陆分系统为航天器减速的末级系统,主要包括降落伞子系统、回收结构子系统、着陆缓冲子系统、火工子系统、程序控制子系统和标位子系统六大子系统构成,如图 3.13 所示。其中降落伞子系统承担主要的气动减速作用,是整个回收着陆系统的核心,一般由多具降落伞来完成。首先由面积较小的伞将速度降至每秒数十米,之后再由主伞降至安全着陆速度。回收系统降落伞除了减速外,还起着姿态稳定的作用。

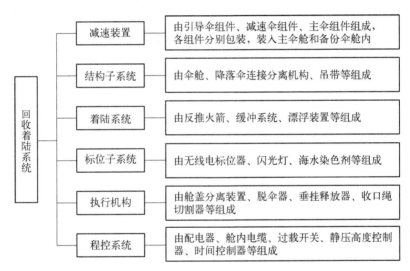

图 3.13 回收子系统结构组成

结构子系统由伞舱、降落伞连接分离机构、吊带等组成,用于降落伞的安装固定,降落伞与飞行载荷的连接分离,并具有传递载荷的作用。降落伞一般安放在伞舱内,伞舱安放在返回器(或进入器)的后端。伞舱的位置及与降落伞的连接方式对降落伞能否安全可靠开伞影响很大。如果伞舱与返回器之间还有其他设备,开伞前,应使开伞通道畅通无阻。伞舱盖是壳体表面的一部分,涂有防热层。

利用降落伞进行减速时,着陆速度往往无法降低到理想的范围,和地面接触会带来较大的冲击性过载,这种过载对于精密仪器、人体等会带来一定的伤害,因此还需要有着陆缓冲机构,以吸收着陆时部分能量。着陆缓冲机构可以是缓冲火箭、缓冲气囊、液压缓冲器或其他吸收能量的易损结构等。

标位系统又称助寻装置,在返回器下降过程和着陆后,向地面搜索人员提供返回舱的位置或方位信息,以期尽早发现目标,开展回收作业。标位系统有无线电信标机、海水染色剂、闪光灯、发烟罐等。

为保证降落伞正常工作,有一系列程序动作需要完成,这些动作通过执行机构(通常是火工装置)来实现。例如,降落伞开伞前,要由弹伞筒(或弹伞器)将舱盖弹出,减速伞的分离需要脱离机构(如脱离锁)来完成,收口绳切断需要切割器械,这些都是执行机构。执行机构的动作需要服从控制装置指挥。当返回器下降到某高度时,控制装置发出指令,通过供配电系统传递给相应的执行机构,根据控制方式的不同,有时间控制方法、过载时间控制方法、压力高度控制方法等。

降落伞是回收着陆系统最为重要的气动减速部件。结构子系统、程序控制子系统以及火工子系统为降落伞安全可靠工作提供保障。着陆缓冲子系统及标位子系统为着陆安全部件,为最终安全着陆并快速提供定位信息提供技术保障。航天器回收着陆技术是一门综合性工程应用技术,除了可以对飞行器进行减速,该技术还可以扩展至其他航空类飞行器或各类物资等。

3.3.3　伞舱盖分离过程

在再(进)入飞行器飞行过程中,一旦外部条件满足回收系统启动要求,控制装置将发出弹伞舱盖指令,从返回器上把伞舱盖弹出,并通过伞舱盖与航天器之间的相对运动拉出第一级降落伞伞包。

根据动量守恒原理,伞舱盖分离瞬间质心运动方程为

$$(m_v + m_g)v_0 = m_g(v_0 + v_g) + m_v v \tag{3.13}$$

式中,m_v、m_g分别为分离后返回器的质量和舱盖质量;v_0、v_g、v分别代表分离前返回器的速度,舱盖相对于返回器的分离速度以及分离后返回器的速度。

保证伞舱盖与返回器分离,并逃逸出尾流区,是回收系统工作的第一步及关键动作之一。如果伞舱盖弹射后,受尾流作用,重新与返回器会合,则降落伞的出伞通道被堵塞,降落伞从伞舱内出不来,结构也可能受损,导致回收任务失败。即使在正常分离条件下,由于伞舱盖与降落伞伞包的气动特性、质量特性不一致,拉出后的伞包会出现追赶伞舱盖的现象,从而可能导致伞包碰撞、超越伞舱盖或者伞包连接绳缠绕。

从伞舱盖弹盖分离开始至伞包碰撞或者超越伞舱盖为止,伞舱盖与伞包的运动大致可以分为分离初始阶段、拉伞包阶段和伞包完全拉出三个阶段,如图3.14所示。

伞舱盖弹射分离初期,由于与航天器之间距离较小,伞舱盖与伞包之间的连接绳处于松弛状态,此时,伞舱盖可视为自由运动刚体,运动过程主要受重力及气动

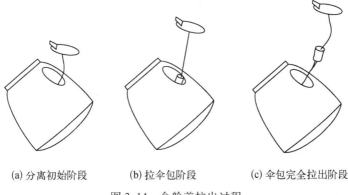

(a) 分离初始阶段　　　　　　(b) 拉伞包阶段　　　　　　(c) 伞包完全拉出阶段

图 3.14　伞舱盖拉出过程

力影响。如图 3.14(a)所示。返回器、伞舱盖的质心动力学方程可为如下形式：

$$m_i \frac{\mathrm{d}\boldsymbol{v}_i}{\mathrm{d}t} = \boldsymbol{C}_t^d \boldsymbol{C}_q^t \boldsymbol{F}_{a,i} + \boldsymbol{G}_i \tag{3.14}$$

式中，下标 i 分别代表分离后返回器和伞舱盖；$\boldsymbol{C}_t^d$、$\boldsymbol{C}_q^t$ 代表坐标转换矩阵式；$\boldsymbol{F}_a$、$\boldsymbol{G}$ 分别代表气动力和重力。

　　随着伞舱盖与返回器之间距离的增大，伞包连接绳逐渐绷直并产生拉力，在拉力的作用下，伞舱盖分离速度逐渐减小，伞包则沿拉力方向逐渐加速并脱离航天器，当伞包与伞舱盖之间的距离小于连接绳原长时，连接绳再度松弛。拉伞包过程结束。在此过程中，伞舱盖与伞包均受到重力、气动力以及伞包连接绳拉力的作用，如图 3.14(b)所示。由于拉伞包过程时间非常短，忽略伞舱盖、伞包的转动；并假设伞舱盖和伞包在每一瞬时的运动遵循同一条直线轨迹，则伞舱盖、伞包的运动方程为

$$\begin{cases} m_g \dfrac{\mathrm{d}\boldsymbol{v}_g}{\mathrm{d}t} = \boldsymbol{C}_{t,g}^d \boldsymbol{C}_{q,g}^{t,g} \boldsymbol{F}_{a,g} + \boldsymbol{G}_g + \boldsymbol{C}_{t,g}^d \boldsymbol{F}_{L,g} \\ m_b \dfrac{\mathrm{d}\boldsymbol{v}_b}{\mathrm{d}t} = \boldsymbol{C}_{t,b}^d \boldsymbol{C}_{q,b}^{t,b} \boldsymbol{F}_{a,b} + \boldsymbol{G}_b + \boldsymbol{C}_{t,b}^d \boldsymbol{F}_{L,b} \end{cases} \tag{3.15}$$

式中，下标 g、b 分别代表伞舱盖和伞包；$\boldsymbol{F}_L$ 代表拉力，在连接绳为刚性的情况下，舱盖和伞包的拉力相等，方向相反，可以采用下式估算：

$$F_{L,g} = -F_{L,b} = m'(v_g - v_b)^2 \tag{3.16}$$

式中，m' 为伞包及连接绳沿拉出方向的平均线质量密度。

　　伞包脱离航天器后，通过与返回器之间的相对运动逐渐将伞包中的降落伞拉

出,质量不断发生变化,在这一阶段,由于伞包连接绳已经松弛,伞包、伞舱盖主要受重力及气动力作用,碰撞及超越现象也发生在这一阶段中,如图 3.14(c)所示。舱盖的运动方程满足(3.15)式。随着降落伞的拉出,伞包的质量有所减少。降落伞的开伞过程将在第 6 章作详细介绍,在此不再赘述。

3.3.4　着陆缓冲过程

　　降落伞是一种很有效的气动减速装置,飞行载荷通过气动减速装置减速后,还难以达到理想的安全速度,否则降落伞系统的质量将大到不合理的程度。返回器以一定的设计着陆速度着陆,在着陆(着水)时,会产生相当大的着陆冲击过载。为减小着陆过载,需要辅以着陆缓冲技术。

　　着陆缓冲可以是局部缓冲,也就是对某些特别精密易损的仪器或装置采取减振缓冲措施,也可以对整个飞行系统进行缓冲。缓冲方法有触地前缓冲和触地后缓冲两种主要方式。触地前缓冲为有动力缓冲方式,如缓冲火箭;触地后缓冲一般常采用可压缩材料、缓冲气囊、机械式缓冲装置等进行缓冲。图 3.15 分别为各类缓冲装置结构。

(a) 气囊缓冲装置　　　　　　　(b) 制动火箭缓冲　　　　　　　(c) 机械入地式缓冲

图 3.15　各类缓冲装置结构

　　缓冲火箭又称为制动火箭,是目前唯一实用的触地前减速装置。采用制动火箭减速的优点如下:① 火箭推力可根据要求选定,原则是在满足着陆速度的前提下,不使载荷受过高的冲击力;② 与降落伞比较,在较短时间内就能达到所需的减速力;③ 可以降低降落伞对减速目标的设计压力,大大减小降落伞面积;④ 体积小、效能高、能实现零速着陆。缺点主要是技术复杂、成本高,特别是火箭推力与飞行器重力之间的匹配,火箭点火高度的控制与火箭工作时间的匹配,都有比较高的难度。

　　制动火箭触地前工作过程满足能量守恒原理:

$$F \cdot H = \frac{1}{2} m (v_0^2 - v_1^2) + G \cdot H \tag{3.17}$$

式中,F 为制动火箭作用力;H 为缓冲运动距离;v_0,v_1 分别为火箭工作前速度和触地瞬间速度(着陆速度)。由此可知,增加反推力 F 或增加缓冲运动距离 H 可最终减小飞行器着陆速度。

弹簧、板簧、液压减震器等是一种机械式触地后缓冲装置。机械式减速器安装在仪器设备或座椅下面,以吸收物体的冲击能量。如飞行员座椅的杆柱上,便套有紧配合的锥套和圆筒衬套。衬套是套有不同弹性的、能自由活动的金属胀环。在着陆冲击作用下,座椅连同支承套筒一起向下运动,胀环在锥套上胀开变形,从而消耗冲击能量。

缓冲气囊、纸蜂窝结构等是最常见、最简单的着陆缓冲方法,在受冲击时产生变形,以吸收着陆冲击能量。根据能量守恒原理,触地后的着陆冲击力的大小可按下式计算:

$$F = \frac{m_w v_1^2}{2s} + G \tag{3.18}$$

式中,s 为缓冲距离。因此,要减小着陆冲击力,除受飞行体质量、着陆速度影响外,还受缓冲距离影响。缓冲距离主要受如下两个因素影响:

(1) 地面地质条件影响。在坚硬地面上着陆,缓冲距离短,速度消失快,则冲击力大。在松软地面或沙滩上着陆,缓冲距离长,速度消失慢,冲击力小。入地减震器缓冲为触地缓冲的一种特殊形式,这种缓冲方式一般在飞行器前面装上减震锥,利用减震锥入地过程中地面介质的变形吸收能量,使其着陆冲击载荷减少,“嫦娥 3 号”着陆器就采用这种着陆缓冲方式。

(2) 缓冲装备结构的影响。若缓冲装备缓冲行程长,吸收能量多,冲击载荷就小;反之,则较大。缓冲结构的高(厚)度受最大允许过载值影响。假定着陆缓冲过程中,平均冲击力为 $\bar{F}$,最大冲击力为 F_{max},二者之比称为缓冲效率 η,则缓冲结构的高度可以采用下式计算:

$$h \geqslant \frac{v^2}{2g(\eta n_{max} - 1)} \tag{3.19}$$

对于缓冲气囊,η 一般取为 $0.3 \sim 0.6$;自然进排气的气囊,效率偏低,η 取小值,气瓶饱压式气囊,η 则取大值。对于飞行人员,则受着陆姿势的影响,在相同的垂直着陆速度下,不同的着陆姿态可使身体各部受的冲击力相差悬殊。各个国家都规定了各自的着陆姿态。如我国跳伞员在着陆过程中采用下蹲动作,因而使身体各部位发生相对位移,巧妙地形成一个自缓冲系统;英国和美国则采取侧滚式和前滚翻式。

3.4　再入返回设计基本问题

3.4.1　技术体系

设计航天器在无动力条件下再入过程的气动性能,利用(地球)大气环境、航天器与周围空气的相互作用,完成再(进)入飞行任务,保证成功着陆。航天器再入返回进入大气层后先后经历了进(再)入、减速、着陆几个基本过程,涉及离轨、分离、再入控制、气动作用、热防护、回收和着陆七方面的技术内容,如图 3.16 所示。

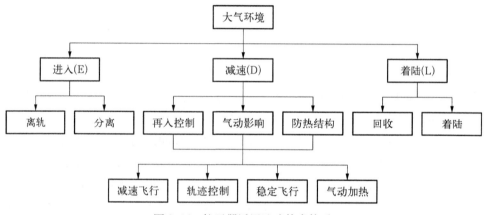

图 3.16　航天器返回地球技术体系

进入段——虽然宇宙飞行速度极大,但由于航天器处于高稀薄自由分子流环境中,气动力及气动热效应微弱,该阶段需要依靠发动机实现离轨及分离。

减速段——经历从高稀薄自由分子流区到稠密大气层连续介质流区,大气的各种物性参数变化很大,航天器的飞行性能参数也在变化,导致再入过程的气动力和气动热性能变化复杂。首先,流场结构复杂,易受飞行环境和随机干扰的影响;其次,航天器高速再入大气层时产生巨大的气动热,出现热障和黑障现象;另外,大速度动压及减速下降过程中的巨大过载都对再入减速段的飞行安全造成很大的风险。因此该阶段需综合考虑航天器的气动力与返回轨迹和返回控制、气动热效应与防热结构之间的耦合和传递。

回收着陆段——航天器的飞行速度已经减小到满足回收系统开伞的动压条件,降落伞系统开始工作并进一步减速到落地速度,实现着陆。这一阶段除了需要关注开伞及着陆时的可靠性及安全性以外,轨迹控制及飞行稳定也是应该考虑的技术问题。

3.4.2　音障、热障和黑障

音障也叫"声障",是一种物理现象。当飞行器以接近音速飞行时,将会逐渐追上自己发出的声波,声波叠合累积的结果,形成激波,进而对飞行器的加速产生障碍,这种因为音速造成提升速度的障碍称为音障。此时,还会出现其他一系列不正常现象,如飞机阻力剧增,升力减小,螺旋桨效率下降,机体强烈振动,操纵失灵等。一般 $1.0Ma$ 为音障的界限,通过改进飞行器气动外形及发展大推力发动机,可以克服飞行器的音障问题。

热障是飞行器作超音速飞行时,受激波与机体间高温压缩气体的加热和机体表面与空气强烈摩擦的影响,飞行器表面温度会随马赫数的提高而急剧上升,从而引起的一系列不利现象。主要包括:因飞行器本体温度升高导致材料性能下降,使结构强度和刚度降低;在结构中产生热应力,使结构应力、反应力和应变增大;过高的升温会使材料熔化或烧毁;环境温度升高,使乘员和飞行器内设备不能正常工作等。一般 $2.5Ma$ 为热障的界限,我们可以通过飞行器防热隔热设计,尽可能使飞行器能在更高的马赫数下飞行。

航天器在高温、高速飞行($Ma>3.0$)条件下,空气不再是完全气体,航天器周围的气体产生化学反应。一般来说,当温度达到 2 500 K 时就会发生离解和化学反应等过程,温度上升到 5 000~6 000 K 时,则会出现电离,产生自由电子和离子。自由电子的密度随温度的升高而继续增大,使物体周围的气体变成导电介质,直接影响到飞行器的通讯性能,这个区域又称为黑障区,一般出现在地球上空 35~80 km 的大气区域。黑障区范围取决于再入大气层物体的外形、材料、再入速度、无线电频率和功率。黑障现象对航天器再入大气层时影响很大。在黑障区内通信会中断,所以在这段时间里返回舱无法与指挥台联系,载人返回舱穿越黑障是有一定危险性的,目前只能通过外形或材料的设计削弱黑障的影响,彻底解决黑障问题还有待时日。

3.4.3　再入走廊

当航天器以零迎角或零升力时再入称为弹道再入,在再入点处速度方向与地平面之间的夹角称为再入角,轨迹的切向速度称为再入速度。

再入角过小,阻力太低,无法进入大气轨道;再入角过大,气动力(热)峰值过大,可能导致航天器烧毁,回收着陆失败。这之间形成的区域为再入走廊。换句话说,再入走廊是保证航天器安全着陆的再入空间范围,由纵向走廊和侧向走廊包络而成。

纵向走廊由上、下边界构成。上边界是指航天器在各种约束条件下最平缓的飞行轨迹,它对应着最长的航程与最大的总加热量;下边界是指航天器在各种约束条件下最陡的飞行轨迹,它对应着最短的航程与最大的气动加热峰值。航天器纵向再入窗口角度范围并不大,通常在 3°~8°,1965 年,首次实现太空行走的列昂诺夫返航,就差点错过最佳再入角。图 3.17 为航天器的纵向再入走廊及其受力情况示意图。

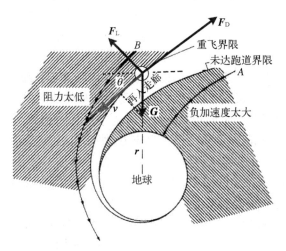

图 3.17　航天器的纵向再入走廊及其受力情况

保证航天器在水平面内飞行轨迹收敛到着陆点的包络线为侧向边界。由于侧向速度相对较小,着陆点一旦确定,侧向走廊剖面就基本确定,因此纵向走廊的上下边界设计是设计者们特别要关注的问题。

纵向再入走廊设计必须满足如下最基本的技术要求:

(1) 一定的落点精度;

(2) 能承受再入大气层的气动热要求;

(3) 能满足人体设备的再入过载要求。

假设再入过程中航天器无外界推力作用,则航天器仅受重力及气动力的作用,据图 3.17,可以列出航天器在航迹坐标系下的运动方程:

$$\begin{cases} m\dfrac{\mathrm{d}v}{\mathrm{d}t} = mg\sin\theta - F_\mathrm{D} \\[2mm] mv\dfrac{\mathrm{d}\theta}{\mathrm{d}t} = F_\mathrm{L} + m\left(\dfrac{v^2}{r} - g\right)\cos\theta \end{cases} \tag{3.20}$$

根据再入设计的基本要求,必须满足气动加热率、过载、动压小于其允许峰值,升阻比小于航天器的最大设计滑翔比(受航天器气动外形及再入最大时间的影

响)。因此再入走廊必须满足如下约束条件:

$$
\begin{cases}
\dot{Q} \leqslant \dot{Q}_{max} = \dot{Q}_m \\
n \leqslant n_{max} = n_m \\
q \leqslant q_{max} = q_m \\
\left(\dfrac{F_L}{F_D}\right) \leqslant \left(\dfrac{F_L}{F_D}\right)_{max} = \left(\dfrac{F_L}{F_D}\right)_m
\end{cases}
\tag{3.21}
$$

根据落点的精度要求及(3.21)式约束条件限制,可以得到(3.20)式中 (v, θ) 的解值范围,其中再入减速段的范围在再入点 $(H = 80 \sim 100\,\mathrm{km})$ 至开伞点之间 $(H = 10 \sim 20\,\mathrm{km})$。再入减速过程计算的初始高度为大气层边界。当已知再入速度及再入角度的情况下,由(3.22)式也可以得到各时刻的轨迹情况:

$$
\begin{cases}
\dfrac{\mathrm{d}x}{\mathrm{d}t} = v\cos\theta \\[2mm]
\dfrac{\mathrm{d}r}{\mathrm{d}t} = v\sin\theta
\end{cases}
\tag{3.22}
$$

由于再入过程中航天器速度很大,相对于气动力,重力的影响可以忽略。(3.20)式又可以简写成

$$
\begin{cases}
m\dfrac{\mathrm{d}v}{\mathrm{d}t} = -F_D \\[2mm]
mv\dfrac{\mathrm{d}\theta}{\mathrm{d}t} = F_L + M(v)
\end{cases}
\tag{3.23}
$$

式中,$M(v) = m\left(\dfrac{v^2}{r} - g\right)\cos\theta$。根据纵向走廊定义,上边界为最缓的飞行边界,其轨迹前 1/3 部分由刚好不弹出大气层的临界初始参数确定。工程上,临界初始参数一般由气动加速度和引力加速度的比值 f 确定,f 通常为 $0.005 \sim 0.05$。后 2/3 部分由平衡滑翔条件确定,即轨迹法线方向合力为 0 来保证。据平衡滑翔条件 $\dfrac{\mathrm{d}\theta}{\mathrm{d}t} = 0$,(3.23)式中第二式可以写成

$$
F_D = -\frac{M(v)}{F_L / F_D}
\tag{3.24}
$$

由航程公式及(3.23)式可得

$$\frac{\partial x_h}{\partial v} = \frac{\partial x_h}{\partial t} \frac{\partial t}{\partial v} = v\left(-\frac{m}{F_D}\right) = \frac{mv}{\left(\dfrac{M(v)}{F_L/F_D}\right)} \tag{3.25}$$

则

$$x_{h,\ \max} = \left(\frac{F_L}{F_D}\right)_{\max} \int_{v_i}^{v_f} \frac{mv\mathrm{d}v}{M(v)} \tag{3.26}$$

由(3.26)式可知,为获得最缓的飞行边界,得到最大射程,应该采用最大的升阻比。

纵向走廊下边界为最陡峭边界,此时将经历严苛的气动热、减速度过载及气动力过载。根据飞行过程外界环境及飞行速度特点,下边界由三段轨迹组成。

(1) 初始阶段,气动加热最为严重,采用恒温进行设计控制;

(2) 中间阶段,气动力很大,加速度过载较大,进行过载飞行设计控制;

(3) 最后阶段,大气密度增加,空气动压较大,采用动压约束进行飞行设计。

当航天器鼻锥驻点区总加热率达到平衡时,鼻锥驻点处的温度为

$$T_w = (\dot{Q}/\varepsilon\sigma)^{1/4} \tag{3.27}$$

在初始恒温段,表面温度 T_w 为常数,气动加热率 $\dot{Q}$ 也为恒定值,可以采用如下工程公式估算:

$$\dot{Q} = \frac{17\ 600}{\sqrt{R_0}}\sqrt{\frac{\rho}{\rho_0}}\left(\frac{v}{v_c}\right)^{3.15} = \dot{Q}_m \tag{3.28}$$

式中,R_0 为鼻锥驻点处曲率半径,$\rho_0 = 1.225\ \mathrm{kg/m^3}$, $v_c = 7\ 900\ \mathrm{m/s}$。由上式解出 ρ,并代入气动阻力计算公式,得

$$F_D = \frac{1}{2}\rho v^2 (C_D A) = K_1/v^{4.3} \tag{3.29}$$

式中,$K_1 = v_c^{6.3}\rho_0(C_D A)\dot{Q}_m^2 R_0/(2 \times 17\ 600^2)$。对于特定的航天器,$K_1$ 为常数,因此在再入飞行的初期,航天器以特定的阻力系数飞行。

在中间段,过载为常数,即

$$\frac{\sqrt{F_L^2 + F_D^2}}{G} \leqslant n_m \tag{3.30}$$

为了尽可能减小过载,此时 $\dfrac{\mathrm{d}\theta}{\mathrm{d}t} \to 0$,则 $F_\mathrm{L} \approx -M(v)$,则

$$M^2(v) + F_\mathrm{D}^2 \leqslant n_m^2 G^2 \qquad (3.31)$$

在最后动压控制飞行段,满足如下公式:

$$q = \frac{1}{2}\rho v^2 \leqslant q_m \qquad (3.32)$$

由于此时密度增加较大,为保证安全动压,此时航天器减速较快,阻力系数随高度降低而增加。

3.5　再入过程气动特性及飞行性能

3.5.1　概述

航天器再入飞行中的任务主要包括减速、稳定及轨迹控制几方面的要求。为满足飞行任务要求,航天器的气动性能须具备一定的指标要求,因此需要进行再入航天器的气动力设计。再入器气动力设计主要指气动外形设计,大致按以下步骤进行:

(1) 根据再入器飞行任务要求,确定气动力的设计指标;

(2) 根据气动力设计指标,综合各方面的因素,确定再入器的气动外形;

(3) 利用理论分析、数值模拟或风洞试验预测进入器在各种马赫数及不同飞行姿态下的气动力参数,并进行一定的外形改进和修正;

(4) 进行飞行试验,并对理论预测方法和进入器外形进一步改进和修正。

图 3.18 为美国"阿波罗号"飞船与苏联"联盟号"飞船在 $Ma = 2.0$ 情况下气动性能的比较。从对比曲线可以看出,"联盟号"飞船的升力明显低于"阿波罗号",在大迎角下阻力系数偏高,升阻比低于"阿波罗号"飞船。两种飞船的静稳定性均比较好,"阿波罗号"返回舱平衡迎角在 30° 左右,而"联盟号"在 20° 附近。

不同的气动特性对飞行器的轨迹、姿态均有不同程度的影响,其中气动阻力沿速度切线方向,对减速性能有重大影响;气动升力(或升阻比)则会影响航迹角度,从而实现一定的轨迹控制;气动力矩对飞行器姿态稳定有重要作用。

下面将从航天器的减速性能、轨迹控制及稳定性能三个方面论述再入航天器气动特性与飞行性能的关系。

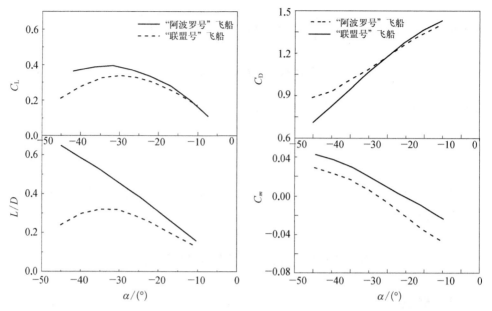

图 3.18 "阿波罗号"飞船与"联盟号"飞船返回舱气动特性比较($Ma=2.0$)

3.5.2 气动阻力与减速性能

通过航天器外形在飞行速度方向产生的气动阻力实现气动减速。根据气动阻力的定义式 $F_D = \dfrac{1}{2}\rho v^2(C_D A)$ 可知,气动减速作用除了与阻力系数 C_D 成正比,还与大气密度 ρ、飞行速度 v 的平方以及航天器特征面积 A 成正比。

图 3.19 和图 3.20 分别为典型的半弹道式返回航天器飞行时马赫数、阻力系数以及速度随高度变化的曲线。根据气动特性变化规律可将再入过程($10\ \text{km} < H \le 100\ \text{km}$)分为三个飞行阶段:

(1)高空飞行段($H > 80\ \text{km}$,$Ma > 27$)。该阶段阻力系数虽然较大、飞行速度也很高,但大气密度稀薄、气动减速微弱,速度变化并不明显,气动热效果显著。

(2)中空飞行段($40\ \text{km} < H \le 80\ \text{km}$,$8 < Ma \le 27$)。航天器阻力系数基本不变;飞行速度随飞行高度降低,速度减小加快,特别是在高度 40~60 km 区段飞行速度减小一半以上,气动减速效果明显,过载很大。

(3)低空飞行区段($10\ \text{km} < H \le 40\ \text{km}$,$1 < Ma \le 8$)。这一时期的阻力系数呈两阶段变化:前期,高度在 20~40 km(Ma 在 2.0~8.0)时,阻力系数随高度降低而增大,依然维持快速减速的趋势;后期,高度在 10~20 km($Ma < 2.0$)时,阻力系数随高度降低而急速减小,此时虽然大气密度有所增加,但速度及阻力系数均大大

降低,气动阻力有所下降,减速趋势变缓。

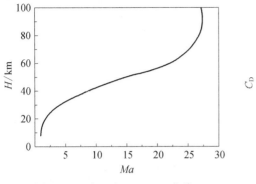

图 3.19　再入过程 H-Ma 曲线

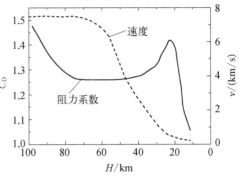

图 3.20　再入过程阻力系数及减速特性

3.5.3　气动升力与轨迹控制

航天器再入过程中需要有一定的升力,才能保证再入轨迹可控,使返回过载和落点精度控制能够满足要求。气动升力的定义式为 $F_{\mathrm{L}} = \dfrac{1}{2}\rho v^2 (C_{\mathrm{L}} A)$,升力系数及升阻比对轨迹控制有比较大的影响。图 3.21 和图 3.22 分别为最大升力无控返回 $(C_{\mathrm{L}}/C_{\mathrm{D}} = 0.23)$ 、升力控制返回 $(C_{\mathrm{L}}/C_{\mathrm{D}} = 0.15)$ 、自旋再入 $(C_{\mathrm{L}}/C_{\mathrm{D}} = 0.38)$ 三种典型情况下航天器再入过程中的高度-速度曲线和高度-航程曲线。

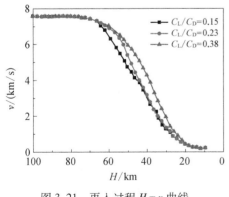

图 3.21　再入过程 H-v 曲线

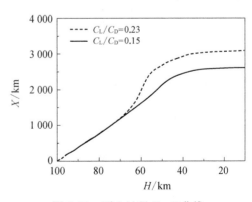

图 3.22　再入过程 H-X 曲线

高空飞行段 $(H > 70\ \mathrm{km})$,由于气动作用微弱,不同再入控制方式的下降减速性能一致;在中低空飞行段,不同再入方式的下降减速性能各异。最大升力无控 $(C_{\mathrm{L}}/C_{\mathrm{D}} = 0.23)$ 和升力控制 $(C_{\mathrm{L}}/C_{\mathrm{D}} = 0.15)$ 两类返回弹道的减速性能只在中空飞行段（40 km < H ≤ 70 km）有区别：从再入高度 70 km 开始，航程长而平缓的最大升力弹道比升力控制弹道减速快，高度下降少；到大约 50 km 之后，升力控制弹道因高度下降快，周围空气密度大，相同高度速度更大，则减速作用增加，在 40 km 高度附近达到一致，此后两种弹道下降速度一致。自旋再入（$C_L/C_D = 0.38$）式弹道，在相同高度比其他弹道速度值大，气动热消耗的动能更多，最终在低空飞行段达到要求速度。

为实现升力控制，最常用的是调整姿态以获得较佳的气动角度，改变升力在弹道平面上的投影分量，最终达到控制再入轨迹的目的。目前，半弹道式再入一般通过控制航天器的滚转角度来实现轨迹控制。图 3.23 和图 3.24 分别为某航天器滚转角控制曲线和气动系数变化曲线。可以看出升力控制的规律为：

（1）高空飞行段，升力系数及升阻比随高度降低而减小；由于大气密度稀薄、滚转角控制需要达到 60° 以上。

（2）中空飞行段，航天器升力系数随高度降低基本不变，升阻比维持在 0.2 左右；随着飞行高度的降低，气动作用增强，可控制滚转减小到 40° 以下。

（3）低空飞行段，高度在 20 km 左右（$Ma<2.0$）时，升力系数随高度降低先增加后减小，航天器经过两个周期的滚转控制后以 0° 滚转角继续下降。

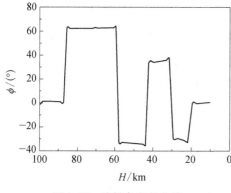 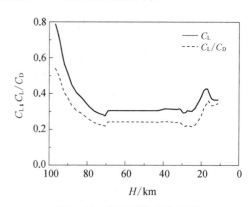

图 3.23　滚转角变化曲线　　　　图 3.24　气动系数变化曲线

3.5.4　配平迎角与稳定性能

航天器飞行过程中，应满足静稳定性和动稳定性条件，即

$$\begin{cases} C_m = 0 \\ C_m^{\alpha} < 0 \\ C_m^{\dot{\alpha}} < 0 \end{cases} \tag{3.33}$$

式中,C_m、C_m^{α}、$C_m^{\dot{\alpha}}$ 分别为力矩系数、力矩系数静导数和力矩系数动导数。

再入过程中,作用在航天器上的气动力和重力相等(合力为 0)的状态为平衡状态,又称配平状态,此时对应的迎角为配平迎角,配平迎角决定了飞行过程的升阻特性,也决定了气动力矩的工作特性。上一章我们已经知道,将质心偏离几何轴线可实现配平迎角飞行,即惯性配平飞行。

图 3.25 和图 3.26 分别为大钝头倒锥体航天器配平迎角和俯仰力矩系数的变化情况。可以看出:高空飞行段,配平迎角随高度降低而减小;中空飞行段,配平迎角随高度降低基本不变;低空飞行区段,高度在 20 km 附近,配平迎角随高度降低而减小。再入全过程,半弹道航天器均具有较好的俯仰静稳定性和动稳定性。

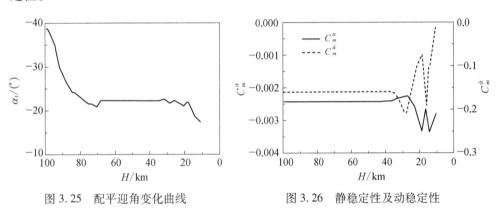

图 3.25　配平迎角变化曲线　　　　图 3.26　静稳定性及动稳定性

3.6　再入过程气动热

3.6.1　气动热产生原因及影响

航天器再入过程中绝大部分时间都处于高超音速($Ma > 5.0$)飞行阶段。随着马赫数的增加,强激波离飞行体表面越来越近,附面层厚度迅速增加。因此,在高马赫数环境下,外层非黏性气流、激波和附面层之间的黏性作用影响更加显著。同时,由于显著的来流压缩和黏性损耗,激波后的非黏性气流和附面层出现高温,气动加热严重。另一方面,空气振动被激发,产生离解和电离,出现高温真实气体效应。因此,相比于超音速流动,再入过程中的高超音速流动具有以下几个显著特征:① 薄激波层;② 熵层;③ 黏性干扰效应;④ 高温效应;⑤ 低密度流动效应。如图 3.27 所示。

高超音速飞行时飞行器周围空气因受剧烈压缩而出现高温,是气动加热的主要热源。当飞行器在稠密大气中作超音速飞行时,受激波与机体间高温压缩气体

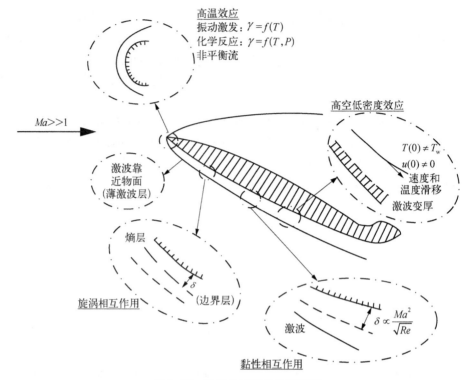

图 3.27　高超音速流动典型特征

的加热和机体表面与空气强烈摩擦的影响,飞行器表面温度会随马赫数增加而急剧上升,从而产生如下四个方面的影响:

（1）温度升高,结构出现热变形产生热应力;

（2）随着温度升高,材料弹性模量、屈服强度、拉伸强度均降低,导致材料总体性能降低;

（3）由于材料熔点有限,材料熔化;

（4）高温作用下,流-固-热相互耦合作用加强,产生振动造成结构破坏。

上述影响严重威胁着会飞行器的结构安全。另一方面,气动加热也会引起飞行器内部温度升高,使舱内工作环境恶化。因此,气动加热是超音速流动和高超音速流动研究以及飞行器热防护设计中必须考虑的问题。

高超音速流动过程中的气动热问题可以用强制对流准则数 St 数描述,其计算公式为

$$St = \frac{Nu}{Re \cdot Pr} = \frac{\alpha}{\rho_\infty v_\infty C_p} = \frac{q_w}{\rho_\infty v_\infty (h_{aw} - h_w)} \tag{3.34}$$

式中,h_{aw}、h_w 分别为绝热壁温及实际壁温下的比焓,在高超音速时,(3.33)式又可

以化为

$$q_{w} = \rho_{\infty} v_{\infty} (h_{aw} - h_{w}) St \approx \frac{1}{2} \rho_{\infty} v_{\infty}^{3} St \qquad (3.35)$$

与气动阻力公式 $F_{D} = \frac{1}{2} \rho_{\infty} v_{\infty}^{2} (C_{D} A)$ 相比,当速度增加,气动热增加得更加明显。假设飞行器进入大气层的速度为 7.6 km/s,这一速度下每千克动能为 28 880 kJ,这些动能若全部转化为热能,足以将 30 kg 的钢(熔点为 1 500℃)加热到 2 000℃,整个飞行器将全部化为灰烬。2003 年 2 月 1 日,"哥伦比亚号"航天飞机在返回过程中,由于外部燃料箱表面泡沫材料安装过程中存在缺陷,产生剧烈摩擦使温度高达 1 400℃ 的空气在冲入左机翼后融化了内部结构,致使机翼和机体融化,导致航天飞机解体,7 名航天员全部罹难。因此气动热及防热设计是再入过程特别要关注的问题。

3.6.2　热流密度工程估算方法

再入过程中的高超音速流动具有显著的强非线性特征,这些特点使得超音速流动的气动热问题较之低速大为复杂:首先,空气发生离解与电离,不再是完全气体,必须是由分子、原子、离子和电子组成的真实气体;其次,原子和离子的扩散和复合又会伴随大量的能量释放;另外,由于材料与高温气体的相互作用,烧蚀产物不仅改变了边界层的结构,而且与来流空气发生化学反应。

由于复杂的非线性效应,当前对高超音速气动热计算还通常采用工程方法。工程方法是通过一定的理论推导,再结合实验数据拟合出能应用于工程设计的计算公式。工程方法对简单外形的气动热求解具有很高的效率及可靠的精度,但对复杂外形的气动热问题适应性较差。

目前,高速再入体的气动外形通常是球锥形和大钝头倒锥形。对于球锥外形,球头和锥体表面均会受到一定的气动热影响;而大钝头倒锥形,气动热主要出现在钝头部分和肩部。由于关于气动热方面的书籍比较多,本书对气动热公式不做推导,仅给出再入器气动热的计算公式。

1. 驻点处热流密度

无论是哪种气动外形,驻点处的热流密度相对都较大,是重点要关注的内容,这方面的研究比较完善。目前工程上常用到的驻点公式有:Fay - Riddell 公式,Kemp - Riddell 公式,修正的 Kemp - Riddell 公式,Lees 公式,Romig 公式,Scala 公式等。Fay - Riddell 公式的计算精度最高,但是使用起来比较复杂,表 3.2 为一些常见的空气驻点热流密度计算公式。

表 3.2　空气驻点热流密度公式　　　　　　（单位：kW/m²）

Fay - Riddell 公式　$q_{ws} = 0.763 Pr^{-2/3} \left(\dfrac{\rho_w \mu_w}{\rho_e \mu_e} \right)^{0.1} \left[\rho_s \mu_s \left(\dfrac{dv_e}{dx} \right)_s \right]^{0.5} \left[1 + (Le_f^{0.52} - 1) \dfrac{h_D}{h_s} \right] (h_s - h_w)$

Kemp - Riddell 公式　$q_{ws} = \dfrac{131\,884.2}{\sqrt{R_0}} \sqrt{\dfrac{\rho}{\rho_0}} \left(\dfrac{v}{v_c} \right)^{3.25} \left(\dfrac{h_s - h_w}{h_s - h_{300K}} \right)$

Scala 公式

$q_{ws} = \dfrac{12.488}{\sqrt{R_0}} (10.0)^a (3.281 \times 10^{-3} v)^b$

$a = - (0.968\,9 + 6.998\,4 \times 10^{-5} T_w)(5.626 + 3.228\,5 \times 10^{-5} h)$

$b = (0.979\,3 + 4.671\,5 \times 10^{-5} T_w)(2.838 + 9.843 \times 10^{-7} h)$

修正的 Kemp - Riddell 公式　$q_{ws} = \dfrac{110\,311.7}{\sqrt{R_0}} \sqrt{\dfrac{\rho}{\rho_0}} \left(\dfrac{v}{v_c} \right)^{3.15} \left(\dfrac{h_s - h_w}{h_s - h_{300K}} \right)$

Lees 公式

$q_{ws} = 0.71 Pr_f^{-2/3} h_s \sqrt{\rho_s v_s \left(\dfrac{dv_e}{dx} \right)_s}$　（平衡流）

$q_{ws} = 0.71 Pr_f^{-2/3} h_s \sqrt{\rho_s v_s \left(\dfrac{dv_e}{dx} \right)_s} \left[1 + (Le_f^{2/3} - 1) \dfrac{h_D}{h_s} \right]$　（冻结流）

修正的 Lees 公式　$q_{ws} = 2.373 \times 10^{-7} \left(\dfrac{\gamma_0 - 1}{\gamma_0} \right)^{0.25} \left(\dfrac{\gamma + 1}{\gamma - 1} \right)^{0.25} \sqrt{\dfrac{\rho}{R_0}} v^3$

（高温气体 $\gamma = 1.2$；完全气体 $\gamma = 1.4$）

Romig 公式　$q_{ws} = 133.27 \times Ma^{3.1} \sqrt{\dfrac{p}{R_0}}$

注：下标 w、e、s 分别表示壁面、边界层外缘及驻点；h_D 为空气平均离解焓；h 为飞行高度；R_0 为驻点处的曲率半径

工程上，驻点处的热流密度有时采用下面的简易公式计算：

$$q_{ws} = C\rho^N v^M = 1.83 \times 10^{-8} \frac{1 - h_w/h_0}{\sqrt{R_0}} \rho^{0.5} v^3 \qquad (3.36)$$

2. 球锥体非驻点处热流密度

球锥体为高速再入体的常见外形，前半部分迎气流面受到气动热载荷比较大，需要进行气动热安全性评估，工程上常见的充气式再入减速器也为典型的球锥式外形，如图 3.28 所示。

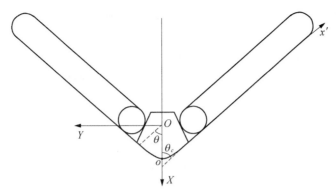

图 3.28　充气式减速锥几何参数定义

对于钝头体非驻点处表面热流密度,可以根据等熵外流条件和修正的牛顿压力分布理论获得。本书基于 Lees 公式给出钝体层流热流密度分布公式。

半球表面:

$$\frac{q_{\mathrm{wb}}}{q_{\mathrm{ws}}} = \frac{2\theta\sin\theta\left[\left(1 - \dfrac{1}{\gamma Ma^2}\right)\cos^2\theta + \dfrac{1}{\gamma Ma^2}\right]}{\sqrt{D(\theta)}} \tag{3.37}$$

其中,

$$\begin{aligned} D(\theta) &= \left(1 - \frac{1}{\gamma Ma^2}\right)\left(\theta^2 - \frac{\theta\sin 4\theta}{2} + \frac{1 - \cos 4\theta}{8}\right) \\ &\quad + \frac{4}{\gamma Ma^2}\left(\theta^2 - \theta\sin 2\theta + \frac{1 - \cos 2\theta}{2}\right) \end{aligned} \tag{3.38}$$

式中, q_{ws} 为球体头部驻点处热流; θ 为锥体轴线测起的半球圆心角。

球锥锥体表面:

$$\frac{q_{\mathrm{wc}}}{q_{\mathrm{ws}}} = A(\theta_{\mathrm{c}}) \frac{x'/R_0}{\left[B(\theta_{\mathrm{c}}) + (x'/R_0)^3\right]^{0.5}} \tag{3.39}$$

式中, θ_{c} , x' 分别为半锥角及从锥点起沿表面的坐标; $A(\theta_{\mathrm{c}})$, $B(\theta_{\mathrm{c}})$ 函数由下式表示:

$$\begin{cases} A(\theta_{\mathrm{c}}) = \dfrac{\sqrt{3}}{2}\left[\left(1 - \dfrac{1}{\gamma Ma^2}\right)\sin^2\theta_{\mathrm{c}} + \dfrac{1}{\gamma Ma^2}\right]^{0.5}\sqrt{\dfrac{\pi}{2} - \theta_{\mathrm{c}}} \\[4mm] B(\theta_{\mathrm{c}}) = \dfrac{3/16}{\sin^2\theta_{\mathrm{c}}\left[\left(1 - \dfrac{1}{\gamma Ma^2}\right)\sin^2\theta_{\mathrm{c}} + \dfrac{1}{\gamma Ma^2}\right]} \times \left[\dfrac{D(\theta)}{\theta}\right]_{\theta = \frac{\pi}{2} - \theta_{\mathrm{c}}} - \cot^3\theta_{\mathrm{c}} \end{cases}$$

$$\tag{3.40}$$

式中，θ_c 是半锥角；x' 是自半锥角顶点起沿表面的距离。

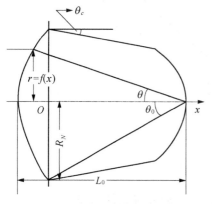

3. 大钝头倒锥体非驻点处热流密度

载人飞船为典型的大钝头倒锥体外形，其几何参数如图 3.29 所示。

对于大钝头迎风表面，根据有关实验数据和 N‑S 方程及边界层方程的数值计算结果，归一化以后得出热流密度计算公式：

$$\frac{q_{\mathrm{pk}}}{q_{\mathrm{ws}}} = 1 + 0.08\left(\frac{\alpha}{\theta_0}\right)^3\left(\frac{\theta}{\alpha}\right)^3 \Bigg/ \left(\frac{r}{R_N}\right)^{4/5}$$

图 3.29　大钝头倒锥体几何参数定义

$$(3.41)$$

对于倒锥体后表面，根据有关实验数据和 N‑S 方程及边界层方程的数值计算结果，利用修正的后掠圆柱理论：

$$\frac{q_{\mathrm{cyl}}}{q_{\mathrm{ws}}} = \frac{0.25}{\sqrt{2}}\sqrt{\frac{R_N/D}{r/D}}\cos^n\Lambda\left[1 + m\left(1 - \frac{x}{L_0}\right)^8\right] \qquad (3.42)$$

上两式中，r 为肩部半径；R_N 为大底球冠曲率半径；D 为大底投影直径；x 为从肩部开始向后量起的轴向距离；L_0 为倒锥的轴向全长；α 为迎角；θ、θ_0 分别为从大底球冠对称点量起的中心角，大底球冠半中心角；Λ 为倒锥有效后掠角，受后体倒锥角 θ_c 的影响，其计算公式为

$$\Lambda = 90° - (\alpha - \theta_c) \qquad (3.43)$$

(3.41)式中，参数 m，n 的计算公式为

$$\begin{cases} m = 23\left(\dfrac{r/R_N}{\alpha/\theta_0}\right)^{0.5} \\ n = 1.25 - 0.0077\Lambda \end{cases} \qquad (3.44)$$

3.6.3　参考焓方法

除了工程方法以外，超音速气动热的计算方法还有数值方法以及工程数值相结合方法。数值方法是对反映物理问题本质的数学模型通过计算机进行数值求解。这种方法可以获得丰富的数值计算结果，但由于高超音速气动热模型耦合程

度高(热模型、化学反应模型、复杂流动物理模型等),准确的气动热数学描述还存在一些不足;加之数值计算受离散格式、网格分布、收敛过程甚至是热流的后处理计算等各方面因素的影响。这些因素导致气动热的数值模拟十分困难,同时需要巨大的计算资源,目前工程上应用还比较少。

工程数值相结合方法通过工程方法获得边界层外缘参数分布,通过对气体性能参数的各种假定来对热流密度公式进行修正,如等价锥法、轴对称比拟法、参考焓法等。与纯数值解法相比,该方法对计算机要求并不是很苛刻,可节省大量计算时间和计算资源,同时又能提供比较准确的气动热解。

由于边界层方程是抛物型方程,沿着物面法向的信息传播速度要快得多,因此上游信息的影响很快就衰减了。这样,决定某个位置的边界层特性主要是该处的壁面条件和边界层外缘条件。工程实践证明,对不可压流的摩阻公式进行修正适用于绝大多数可压缩流,其中应用最广的是参考焓方法。

参考焓 h^* 的计算公式为

$$h^* = h_e + 0.5(h_w - h_e) + 0.22(h_{aw} - h_e) \tag{3.45}$$

式中,下标 e、w、aw 分别表示边界层外缘、壁面和绝热壁面。绝热壁面焓计算公式为

$$\begin{cases} h_{aw} = r(h_0 - h_e) + h_e \\ h_0 = h_e + \dfrac{v_e^2}{2} \end{cases} \tag{3.46}$$

式中,层流时, $r = Pr^{1/2}$;紊流时, $r = Pr^{1/3}$ 。

将(3.34)式中热流密度的计算公式采用参考焓处的物性参数表示,则目标点处热流密度为

$$q_w = St^* \rho^* v_e (h_{aw} - h_w) \tag{3.47}$$

式中,带“ $*$ ”号的量表示由参考焓确定, St^* 由如下补充方程确定:

$$\begin{cases} St^* = \dfrac{C_f^*}{2} \dfrac{1}{Pr^{2/3}} \\ C_f^* = \dfrac{0.664}{\sqrt{Re^*}} \\ Re = \displaystyle\int_{x_0}^{x'} \dfrac{\rho^* v_e x}{\mu^*} \mathrm{d}x \end{cases} \tag{3.48}$$

式中, Re 为目标点处的雷诺数; x_0、x' 分别表示驻点坐标和目标点坐标。

3.6.4 表面温度估算

根据表面热交换模型,假定在再入返回过程中,壁面由非稳态向稳态过渡时间非常短,忽略非稳态传热项,可以建立如下热平衡方程:

$$q_0 + q_t + q_d = q_k' + q_d' \tag{3.49}$$

式中, q_0 表示高速飞行时对流引起的气动热; q_t、q_d 分别表示由太阳和地球辐射所吸收的热量; q_k'、q_d' 则分别是向空间辐射和向地面辐射损失的热量。上式各项的具体计算公式为

$$\begin{cases} q_0 = \alpha(T_r - T_w) \\ q_t = R_t \beta_t A_t \\ q_d = R_d \beta_d A_d \\ q_k' = \sigma \varepsilon (T_w^4 - T_k^4) \\ q_d' = \sigma \varepsilon (T_w^4 - T_d^4) \end{cases} \tag{3.50}$$

式中, T_r、T_w、T_k、T_d 分别代表边界层温度、表面温度、环境温度以及地面温度; α、ε、σ 分别为对流换热系数、表面发射率及 Stefan - Boltzmann 常数; R_t、R_d 分别表示太阳和地球的辐射系数,和高度、纬度、季节、气候有关; β_t、β_d 分别表示材料对太阳辐射和地球辐射的吸收系数; A_t、A_d 则分别代表再入器在太阳和地球射线内的投影面积与表面散热面积的比值。

再入过程中,气动热远远大于太阳和地球的辐射热;同样,向空间辐射的热量也要远远高于向地面辐射损失的热量。忽略小项,稳态情况下再入器表面的热平衡方程可以写成如下形式:

$$q_0 = q_k' \tag{3.51}$$

将(3.50)式中的 q_0、q_k' 代入上式,热平衡方程也可以写成如下形式:

$$q_0 = \alpha(T_r - T_w) = \sigma \varepsilon (T_w^4 - T_k^4) \tag{3.52}$$

一般来说,高速飞行时,再入器表面的温度远远高于周围环境温度,因此再入器表面温度也可以采用如下公式估算:

$$T_{\text{w}} = \left(\frac{q_0}{\sigma \varepsilon} \right)^{0.25} \tag{3.53}$$

因此,根据再入器不同位置的热流密度,便可以估算得出该处的表面温度。同理,根据附面层温度,也可以由(3.41)式推算出气动加热的对流换热系数。其中,附面层温度可以采用如下公式化计算:

$$\begin{cases} T_{\text{r, L}} = T_\infty (1 + 0.17 Ma_\infty^2) \\ T_{\text{r, T}} = T_\infty (1 + 0.18 Ma_\infty^2) \end{cases} \tag{3.54}$$

式中,$T_{\text{r, L}}$、$T_{\text{r, T}}$分别代表代表层流附面层和紊流附面层。

3.7　再入航天器防热设计

3.7.1　气动热设计

解决再入防热的途径有两个:一是减少来流的气动加热;二是设法吸收或耗散这种热量。前者一般通过气动外形设计来实现,后者主要通过防热设计来达到目的。

航天器再入过程中,驻点处温度最高,是气动热结构设计的最重要部分。由驻点处气动热的经验公式可以看出,对飞行器气动热影响主要有如下因素:

(1) 飞行器外形。飞行器外形尤其是前缘驻点处曲率半径将会影响绕飞行器的激波形状和流动特征,对气动热的影响很大。一般来说,R_0越大,气动阻力越大,驻点热流密度越小。

(2) 飞行弹道特性。飞行器弹道系数直接影响到飞行器的减速性能,若弹道系数大,减速慢,下降至低空时,由于密度大,速度相对也比较大,此时最大热流密度出现在低空。对于再入减速飞行器,弹道系数比较小,减速很快。由于表面热流密度接近于速度的 3 次方关系,高空飞行器速度很大,气动加热现象越显著,最大热流密度出现的时间往往早于最大动压及减速过载出现的时间。另外,姿态的变化也会导致激波位置及流场结构发生变化,从而造成飞行器驻点位置及温度分布发生变化。

(3) 飞行器表面材料特性。材料粗糙度、热特性(熔点、导热系数、烧蚀性能等)对边界层厚度、表面温度、热增量效应等都会产生影响,从而对表面温度及热流分布产生较大的影响。一般对于弹道式、半弹道式再入航天器,热防护系统设计冗余较大,对气动热预测精度要求不是很高,可以采用烧蚀防热技术。但升力式(如航天飞机、战术类导弹等)飞行器,热防护系统冗余有限,气动热的预测及设计精度要求越来越高。

3.7.2　防热方法

再入航天器的防热设计就是要给航天器穿上能隔热或能散热的"外衣",保证航天器在高温再入时的飞行安全,目前常用的方法有:热沉式防热、隔热式防热、辐射防热、烧蚀式防热、发汗冷却防热等。

1）热沉式防热

热沉式防热又称为吸热式防热,利用材料温度升高吸收热量的一种方法。只有在加热时间短、热流密度不太高的情况下使用,否则防热层太笨重。为减轻防热层质量,常采用比热容大和热导率大的材料。受防热材料熔点或氧化破坏的限制,热沉式防热使用温度不高,约为 $600 \sim 700℃$。"水星号"飞船回收舱就采用了热沉式防热措施。

2）隔热式防热

利用材料热物理性能减少传入到结构内部的热量,因此常采用导热系数小的材料。为减小传递给内部的热量,隔热材料常常厚度较大,或者采用多层隔热措施。一般由表面防热瓦、表面涂层系统、连接层及本体结构组成。由于防热瓦是后贴上去的,飞行时防热瓦的脱落需要及时补上,否则有可能造成重大的安全事故。

3）辐射防热

当蒙皮受热并温度升高时,以辐射形式向周围散发大量的热能,这种方式为辐射防热方式。辐射式防热效果取决于防热材料的性能,不受气动加热时间限制。加热时间越长,总加热量越大,防热效率越高。但是受热流密度限制,目前一般不超过 $460 \ kW/m^2$。辐射式防热飞行器再入过程中气动外形不变,可满足重复使用的要求。

4）烧蚀式防热

烧蚀式防热是利用材料的分解、熔化、相变吸热和质量交换来达到防热目的,是当前应用最广的一种防热方式。根据烧蚀材料类型可分成三类:① 升华类,靠升华吸热和气体产物的对流阻塞效应防热,如聚四氟乙烯、石墨等;② 熔化类,通常是酚醛树脂基复合材料,受热后除了树脂的裂解和碳化外,其中的二氧化硅等成分熔化成液体后渗透过碳层,在表面形成一层黏性液体保护膜,使附面层气体无法直接对材料加热,同时本身蒸发与流失又吸收和带走大量的热量;③ 碳化类,在较低的温度下(250~300℃)热解和相变,吸收部分热量并在表面形成一层厚厚的碳层,可耐很高的温度,起到有效的辐射散热作用和高温隔热作用,如图3.30所示。碳化类材料一般为多孔结构,质量较轻,隔热性能好,是当前星际进入和弹道再入最理想的材料,图3.31为"阿波罗"飞船返回舱的碳化烧蚀材料结构。

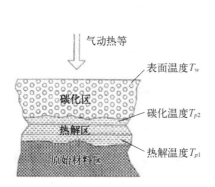

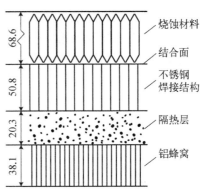

图 3.30　碳化烧蚀工作原理　　　　　图 3.31　"阿波罗"飞船返回舱防热结构

5）发汗冷却防热

利用发汗剂在气动加热作用下气化吸收热量来达到防热目的,有自发汗、强迫发汗及自适应发汗三种方式(图 3.32)。自发汗系统无复杂的调控系统,能随加热量情况自行调节发汗量;强迫发汗需要发汗剂,利用压力源在压力作用下将发汗剂挤到多孔骨架发汗,发汗速率不随加热条件变化,可靠性较低。自适应发汗则是随着再入的进行,冷却剂、驱动剂逐渐熔化,冷却剂在驱动剂压力的作用下,进入多孔骨架散热。

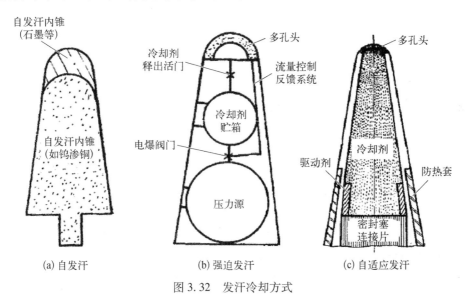

图 3.32　发汗冷却方式

3.7.3　防热材料

为保证超音速减速器的防热、隔热性能,通常需要采用混杂纤维复合材料。超音速气动减速器常用的纤维材料主要有碳纤维和凯夫拉(Kevlar)纤维。

碳纤维是由有机物经固相反应转化为三维碳化合物的过程。转化过程中,原料不同,碳化历程不同,形成的产物结构也不同。碳纤维强重比较大,有很好的耐腐蚀及高温蠕变性能。一般碳纤维在1 900℃以上才呈现永久塑性变形。碳纤维的品种分为普通型、高强度型、高模量型、超高强度型和超高断裂伸长型。当前,碳纤维主要运用于航空航天工业,其次,汽车工业、体育用品与一般民用工业也用到碳纤维。表3.3列出了国内外生产的部分碳纤维品种及力学性能。

表 3.3　碳纤维品种及主要性能

商品牌号	产品名称	强度/MPa	模量/GPa	断裂伸长/%	纤度/(g/1 000 m)
Torayca (日本)	T300(1K)	3 528	235	1.5	68
	T300(6K)	3 528	235	1.5	396
	M40(6K)	2 640	392	0.6	364
	T700(6K)	4 509	254	1.8	320
Magnamite (美国)	AS－1(10K)	3 087	314	1.3	800
	AS－4(12K)	2 548	235	1.53	1 140
	HMu(1K)	2 744	372	0.7	74
	HMu(12K)	2 744	372	0.7	892
Courtaulds (英国)	AS	2 646	225	1.2	3 581
	XAS－HK(3K)	3 234	235	1.4	200
	HMS(10K)	2 548	343	0.7	884
SCHT－1 (中国)	1K	2 646	235	1.2	54
	3K	2 842	216	1.3	194

碳纤维耐热性能好,热稳定性非常突出。在氮气中加热到1 000℃几乎不发生反应,在2 000℃以上长时间亦无变化,某些力学性能还有所提高。碳纤维的比热一般为0.63~0.71 kJ/(kg·℃),类似石墨,且比热有随温度升高而增加的特性。碳纤维的导热性能比较低,并有各向异性的特点。室温下,其轴向导热率为0.84~20.9 W/(m·℃)。和一般材料不同的是:碳纤维的热膨胀系数在常温下为负值,往往要到400℃以上才会出现热膨胀现象。

凯夫拉纤维是美国杜邦公司于1968年推出的一种高强度、高模量的新型芳纶纤维复合材料品种。由于这种新型材料密度低、强度高、韧性好、耐高温、易于加工和成型,其强度为同等质量钢铁的5倍,但密度约为钢铁的1/5,自诞生之日起就受到人们的高度重视。由于凯夫拉品牌产品材料坚韧耐磨、刚柔相济,具有刀枪不入的特殊本领,在军事上被称为"装甲卫士"。目前,凯夫拉纤维主要有三类:凯夫拉、凯夫拉29及凯夫拉49。三种凯夫拉纤维的性能特点及应用情况如表3.4所示。

表 3.4　凯夫拉纤维的性能特点及应用情况

名　称	性　能　特　点	应　用　情　况
凯夫拉	重量轻、拉伸强度高、耐温、抗伸长性好	橡胶增强用：轮胎、胶管、运输带、传动带等
凯夫拉 29	重量轻、拉伸强度高、抗伸长性好；耐切割、耐冲击	工业制品用：坚硬柔韧的防弹装甲材料、绳、织物、电缆等
凯夫拉 49	重量轻、拉伸强度高、刚性好	复合材料增强用：飞行器、舰船、运动器械、汽车等

凯夫拉材料具有极高的强重比及抗拉性能,力学性能非常优越,表 3.5 为凯夫拉纤维与其他纤维的性能比较。同时凯夫拉纤维也具有优异的耐温性能。试验表明,尼龙材料熔点为 482℉,当温度达到 200℉时,强度将降低 5%~7%;当马赫数达到 3.3 时,涤纶材料盘缝带伞会受到热损伤,而凯夫拉的熔点可达到 600℃。表 3.6 为几种常用纺织材料的热性能。

表 3.5　凯夫拉纤维与其他纤维的力学性能比较

	强度/MPa	模量/GPa	断裂伸长/%
凯夫拉 29	3 275	69	3.6
凯夫拉 49	3 034	124	2.4
芳纶	2 554	72	5.2
尼龙 66	986	6	18.3
聚酯纤维	1 158	14	14.5
高韧碳纤维	3 103	220	1.4

表 3.6　几种常用纺织材料的热性能

材料	导热系数 /[kcal/(m·h·℃)]	比热 /[kcal/(kg·℃)]	密度 /(kg/m³)	熔点 /℃	碳化点 /℃
棉	0.197	0.319	1 503	—	390
天然丝	0.139	0.331	1 315	—	—
人造丝	0.226	0.324	1 524	—	420
锦纶	0.205~0.217	0.4~0.6	1 142	250	—
腈纶	—	0.36	1 142	254	—
涤纶	—	—	—	248	—
凯夫拉 29	0.034 4	0.34	1 440	427~482	—
玻璃丝	0.887	0.19	2 424	838	—

由于凯夫拉材料优异的力学性能及抗温性能,是当前高性能气动减速装置采用的一种优异的合成有机纤维材料。尤其是凯夫拉 29,降落伞伞绳、加强带也常常采用这种产品。美中不足的是凯夫拉纤维的制造属于商业机密,和常规纺织材料相比,其价格相对昂贵。

第4章　超音速气动减速系统

4.1　概　　述

4.1.1　大载重任务需求

自20世纪70年代开始,人类的航天活动日益频繁,气动减速技术除了应用于传统的卫星、飞船的返回外,在星际进入、空间工业物资返回、航天活动乘员安全保障等方面都赋予了新的使命,气动减速系统因其代价低、效果显著已成为航空航天系统的重要组成部分。

我们知道,要对空中飞行对象进行减速,实现安全着陆,必须降低飞行系统的弹道系数。随着航天事业的不断发展,大尺寸、高吨位载荷的地球再入及地外星体进入将日趋常态化。传统的再/进入航天器气动构型及热防护结构都是固定式刚性结构,受运载火箭发射能力及整流罩包络的约束,极大地限制了航天器气动构型的尺寸、质量及弹道系数,从而大大降低了航天器载荷的运载能力,加之再/进入环境恶劣、研制成本较高、通用性不强等缺点,传统的固定式刚性再/进入航天器已经满足不了未来航天事业发展需求。

以火星探测为例,美国从1976年至2011年共成功地进行了7个着陆探测器的发射。这7次火星探测任务都充分继承了"海盗号"系列所开发的第一代火星进入、下降与着陆(EDL)技术,即分别通过探测器气动外形减速、降落伞超音速减速、反推火箭动力下降减速、缓冲着陆几个阶段,如图4.1所示。

在火星进入阶段,探测器利用气动阻力把速度从4~7 km/s减小到0.4 km/s左右,99%的初始动能在进入段被消耗掉,期间探测器经历峰值过载、峰值热流,其外部温度能达到1 700 K以上。2011年发射的"好奇号"进入器质量将近3.3吨,超过了以往火星探测器质量的3倍以上。为了实现大质量、高海拔、高精度的火星着陆任务,"好奇号"探测器采用了最大的气动面积、最大的超音速降落伞(盘缝带伞)、最高的升阻比和最高的开伞马赫数,如表4.1所示。这些参数几乎达到了第一代火星进入、下降与着陆技术所能支持的质量上限。

为降低大载荷的发射成本,这就要求再(进)入减速系统占据更小的质量,可以收拢成更小的体积。发展能够适应更大工作包线、具有更小质量和体积的新一代减速飞行器已经成为航天器再入系统研制的重要内容。

接近段
始：最后一次轨道机动
终：进入火星大气

— — — — — — — — — — — — — — — — — — — 约125 km

进入段
始：进入火星大气
终：降落伞打开

— — — — — — — — — — — — — — — — — — - 6~20 km

伞降减速段
始：降落伞打开
终：反推火箭点火

— — — — — — — — — — — — — — — — — - 2~5 km

动力下降段
始：火箭点火
终：触地起始点

— — — — — — — — — — — — — — — — — −4~2 km

缓冲着陆段
接触火星表面

图 4.1　典型的火星 EDL 过程

表 4.1　美国火星进入减速着陆任务技术参数

		"海盗号"-1/2	"探路者号"	"漫游者号"-A/B	"凤凰号"	"好奇号"-MSL
探测器						
进入阶段	进入质量/kg	992	584	827/832	600	3 257
	进入器直径/m	3.5	2.65	2.65	2.65	4.5
	进入速度/(km/s)	4.7	7.26	5.4/5.5	5.5	5.9
	进入迎角/(°)	−11	0	0	0	−15.5
	升阻比	0.18	0	0	0	0.24
	弹道系数	64	63	94	70	115
伞降减速段	伞名义直径/m	16	12.5	14	11.7	21.5
	开伞速度/Ma	1.1	1.57	1.77	1.65	2.1
	开伞动压/Pa	350	585	725/750	490	493.6
	开伞高度/km	5.79	9.4	7.4	12.9	7.1
	降落伞阻力系数	0.67	0.4	0.4/0.48	0.62	0.67
制动段	发动机	变推力	固体	固体	变推力	变推力
	姿态控制	是	否	否	是	是

		"海盗号"-1/2	"探路者号"	"漫游者号"-A/B	"凤凰号"	"好奇号"-MSL
探测器						
着陆段	着陆方式	着陆支架	全向气囊	全向气囊	着陆支架	空中吊车
	着陆质量/kg	590	360	539	382	1 590
	海拔/km	-3.5	-2.5	-1.9/-1.4	-4.0	2.0

4.1.2　提高包线性能要求

对于大多数飞行器软着陆系统,传统的伞降减速系统因其包装体积小、质量轻、减速效果显著等特点,成为最通用的气动减速方式。但是在气体稀薄的地球临近空间或其他地外星球,飞行器减速过程存在低动压超音速的特点,采用降落伞进行减速存在如下几方面的问题:

(1) 动压很低,降落伞很难自行充气。图 4.2 为地球环境不同高度上飞行动压随马赫数的关系,在临近空间区域,即使飞行速度很大,动压依旧很低,降落伞很难自行充气。地外行星大气稀薄,也有同样的特点。

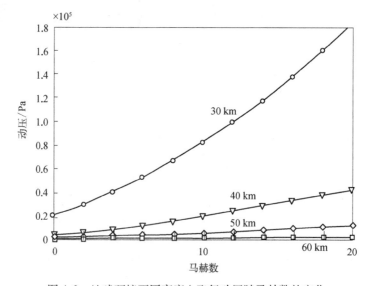

图 4.2　地球环境不同高度上飞行动压随马赫数的变化

（2）超音速度情况下，以柔性织物为主要材料的降落伞难以承受高温气体效应等造成的气动热问题。

（3）大于 $2Ma$ 的超音速度情况下，敞开式降落伞会出现高频颤振问题，不仅降落伞强度受到严酷的考验，性能也变得非常不稳定。

（4）在高空低密度情况下，降落伞及伞-载系统的稳定性变得很差。

综上所述，传统的固定式刚性再入飞行器受火箭发射成本和体积的约束，阻力面积很难增加，弹道系数无法进一步降低；而伞降减速系统受低动压影响，开伞可靠性降低，加之超音速伞衣高频颤振、超音速气动热等的影响，降落伞性能变差，很难实现对飞行器有效减速。

为进一步适应高空、高速、大载荷的减速要求，美国 GAC 公司（The Goodyear Aerospace Corporation）自 20 世纪 60 年代开始就针对大速度载荷体的气动减速问题进行了大量的理论和试验研究，总结出三种基本的减速思路：

（1）在大动压、大载重、跨超音速（$0.8 < Ma < 1.5$）情况下，一般采用大型带条伞进行减速；

（2）当 Ma 在 $1.5 \sim 5$ 时，需要采用高减速、高稳定性能的小型特殊类型的降落伞，如半流形伞、旋转伞等；

（3）若 Ma 继续升高，则需要采用充气式减速装置。一般来说，对于 $Ma < 10.0$ 的高超音速飞行器，可以采用气球伞进行减速；当 Ma 在 10 以上时，采用充气式阻力锥则更为有效。

之后，国内外诸多学者对 $Ma > 5.0$ 的高超音速气动减速装置进行了大量的探索性研究，大致可分为下面两种类型：

（1）密闭半密闭式柔性充气式气动减速装置。这种装置通过外界气瓶主动供气的方式保证柔性充气式减速装置可靠地展开充气，保证稳定的气动减速性能。

（2）刚性半刚性机械式气动减速装置。该装置通过机械驱动机构展开刚性（半刚性）气动减速面来增加系统阻力面积。相比于固定式刚性再入飞行器，该装置展开前能适应火箭包络尺寸及质量的要求；展开后能大大降低弹道系数，实现有效减速。

上述两种超音速气动减速装置又称为柔性充气式减速装置及刚性机械式气动减速装置。下面，我们主要就这两类超音速气动减速系统进行论述。

4.2　柔性充气式气动减速装置

4.2.1　发展历程

充气式气动减速器是一种主要由柔性织物构成的可提供气动阻力的可展开装

置,与常规降落伞的敞开式伞衣表面不同,充气式减速器是一种几乎闭合的三维充气装置,其发展主要源于导弹类武器的高速减速需求和星际探测计划。

　　导弹类武器一般具有自毁特性,通过控制撞击角度、撞击速度、飞行总时间或引爆点位置,可以提高武器弹药的总体效能,这往往需要改变弹道系数、增加气动阻力来实现。常规的降落伞在低密度高超音速条件下,不仅开伞性能变差,伞衣难以完全充满;同时,伴随着气动热产生的高温,伞衣还将出现高频喘振现象,不能可靠工作,这种情况下需要小心慎重使用降落伞。

　　为适应导弹类武器超音速飞行条件下的减速稳定要求,自 20 世纪 60 年代开始,冲压式减速装置就受到美国军方及工业部门的重视,并得到了工程项目支持。GAC 公司为此进行了多年系统的研究,在其所开展的风洞试验中(图 4.3)可以看出,随着马赫数的增加,半球形及球形装置比降落伞具有更为稳定的气动阻力性能。GAC 公司将这种冲压式球形减速装置定义为 ballute,即 ballon 和 parachute 的组合,又称为气球伞。由于气球伞在低密度超音速下有稳定的气动性能,且质量很轻,因而在武器装备的稳定减速飞行中得到大量应用,图 4.4 为美国 MK82 航弹气球伞系统组成及工作阶段示意图。

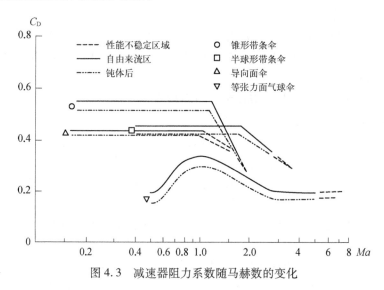

图 4.3　减速器阻力系数随马赫数的变化

　　在 20 世纪 60~70 年代,火星、金星、木星等航天探测计划也相继启动。为完成探测使命,希望通过可展开式气动减速器实现超音速探测器的减速。在进行盘缝带伞低密度超音速实验时发现:当速度达到 2Ma 时,伞衣喘振现象就非常严重,盘缝带伞性能受到很大的影响,为此提出了充气式气动减速器的一些概念设计方案,并进行了相关试验。虽然在风洞测试中充气式气动减速器显示出了良好的超音速气动性能,但当时尚无须应对超过降落伞工作包线的工况,故仍采用了较成熟的降

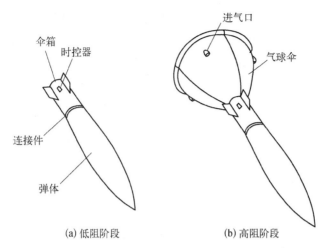

(a) 低阻阶段　　　　　　(b) 高阻阶段

图 4.4　MK82 航弹气球伞系统组成及工作阶段示意图

落伞技术。

　　虽然当时充气式减速器在航天领域并没有得到具体的工程应用,但是面临低密度高超音速的减速需求,在 20 世纪 60 年代,美国对充气翼伞、高超音速充气滑翔机、制动式助推器、球-锥-柱-裙组合体、充气式阻力锥这 5 种减速回收系统作了研究比较,发现充气式阻力锥具有最高的效费比和最简单的系统结构。

　　最初充气式减速锥方案是美国国家航空航天局(National Aeronautics and Space Administration, NASA)兰利研究中心(Langley Research Center, LaRC)为了保证航天员救生而提出的,当时称为充气式航天员返回救生装置。先后有多家公司开展了充气式航天员返回救生装置的方案设计及试验工作。图 4.5 为美国麦道公司及通用公司先后设计的充气式伞锥式救生系统,但是由于受技术水平及防热材料的限制,一直停留在方案阶段,并没有实质性进展。

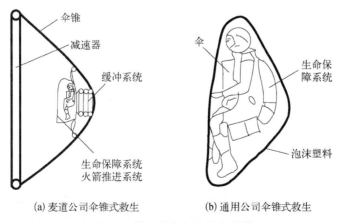

(a) 麦道公司伞锥式救生　　　　(b) 通用公司伞锥式救生

图 4.5　航天员伞锥式救生系统

之后二十年,阻力锥式充气式减速器几乎没有任何新的实质性进展。直至1995 年,美国先锋公司提出充气式进入器概念,阻力锥式充气式减速器再次被一些知名航空公司所注意。尤其是 2000 年后,降落伞的工作包线已经无法满足更大速度、更低动压的减速要求,人们对阻力锥式充气式减速器的兴趣又重新燃起,并成功地在地球环境下进行了火箭发射和分离试验,这其中比较有代表的是美国的充气式飞行器(inflatable reentry vehicle,IRV)和俄罗斯进行的充气式再入减速技术(inflation reentry decent technology,IRDT)。同时,人们通过对充气式减速器再入轨道及星际探测(如火星、泰坦星、海王星等)减速系统分析发现,在超音速情况下,充气式进入器具有更稳定、安全的减速防热性能。图 4.6 为 20 世纪 60 年代至今,有代表性的充气式减速器的工程试验情况。

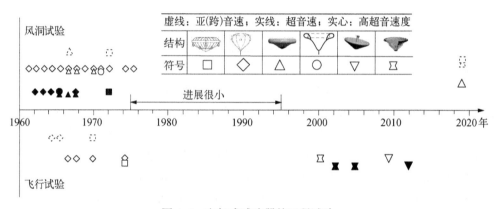

图 4.6　充气式减速器的工程试验

　　充气式减速器除了应用于武器装备及航天器的稳定减速外,充气式结构还可起着着陆缓冲的作用,即使在民用救生上也有一席之地。例如,自"9·11"事件后,研究人员就寻求更加有效的高楼救生装备。对于相对较低的楼层,降落伞装置很可能还未充气或者刚张开就高速撞击地面,无法起到应有的救生作用,而充气类救生减速系统在此场合不仅可以减速,还可以起到一定的缓冲效果,满足相应的救生要求。

　　在军事领域,充气式减速器作为机动减速装置安装在弹道导弹上,可用来回收弹道导弹的数据舱。另外,充气式减速器在空间攻防对抗也有很重要的应用前景,在试验天基作战平台时,为确保天基武器和相关技术不泄露,可以使用充气式返回系统回收那些任务被取消后的天基武器。

4.2.2　结构分类

　　根据减速器与载荷体之间的前后位置关系,充气式减速器分为前置式与后置式两种基本形式,如图 4.7 所示。前置式减速器压心位于系统质心前方,能够产生更大的气动阻力,但承受的气动热也比较大;与之对应,后置式减速器压心位于系统质心后方,可以提供更好的气动稳定性。早期由于织物抗高温能力有限,通常考虑的是后置式充气式减速方案。

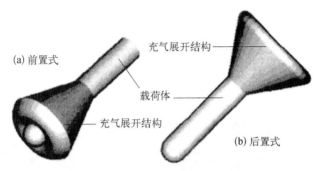

图4.7　充气式减速器的两种布置方式

　　根据减速器和载荷体的结合形式,充气式减速器又分为拖尾式和附贴式。拖尾式充气式气动减速器(trailing inflation decelerator, TID)和载荷体之间通过连接绳相连,结构组成类似于降落伞系统,但可适用于超音速范围,具有更高的减速效率,有球形、水滴状、环形,也有张力锥形及等张力面型。美国近几年根据火星着陆任务提出的超音速张力锥、气球伞等方案均属于此类。拖尾式充气式气动减速器属于后置式减速器,稳定性比较好,图4.8为典型的拖尾式气动减速装置的结构形式。

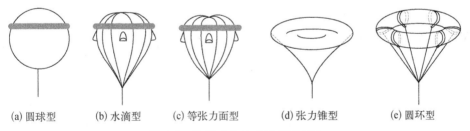

(a) 圆球型　　　(b) 水滴型　　　(c) 等张力面型　　　(d) 张力锥型　　　(e) 圆环型
图4.8　拖尾式充气式气动减速器

　　附贴式气动减速器(attached inflation decelerator, AID)常采用阻力锥气动外形,通常和载荷体进行一体化设计,多用于星际探测减速或再入返回,又称为充气式再入系统(inflation reentry system, IRS)或充气式再入减速技术(inflation reentry decent technology, IRDT)。有时也称为充气式返回航天器(inflatable recovery vehicle, IRV)或充气式热防护结构(inflatable thermal shield, ITS)等,它们均属于充气式气动减速器(inflatable aerodynamic decelerator, IAD)。充气式再入减速器在发射与在轨运行阶段,柔性再入器折叠置于载荷体底部,不占用额外空间;在进入大气层之前完成展开并保持有效的气动外形实现减速,同时还能够起到着陆缓冲或水上漂浮的功能。

附贴式气动减速器包括等张力面型、张力锥型(如单充气环薄膜型和双充气环薄膜型)、堆叠圆环型、桅杆型等多种形式(图 4.9)。堆叠圆环型可以设计成单层圆环堆叠而成(如 inflatable reentry vehicle experiment, IRVE),也可以设计为两层或多层堆叠形成(如 mars inflatable aeroshell system, MIAS)或者采用二次展开形式(如 inflation reentry decent technology, IRDT)。无论是哪一种结构形式,附贴式气动减速器都必须具有可充气的圆环、径向加强带及防热薄膜、刚性防热头锥及有效飞行载荷。

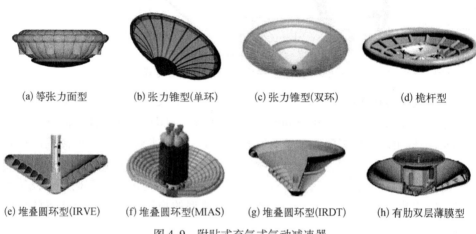

(a) 等张力面型　　　(b) 张力锥型(单环)　　　(c) 张力锥型(双环)　　　(d) 桅杆型

(e) 堆叠圆环型(IRVE)　(f) 堆叠圆环型(MIAS)　(g) 堆叠圆环型(IRDT)　(h) 有肋双层薄膜型

图 4.9　附贴式充气式气动减速器

前置型附贴式气动减速器的柔性展开结构还起着防热罩的作用;为提高系统稳定性,也可以采用后置式方案。相比拖尾型充气式减速器,附贴型充气式气动减速器质量更小,但可以提供更大的阻力,是理想的低动压超音速环境下航天器气动减速方案。

由于充气式再入器弹道系数小,减速快,因此这种类型减速器的热流密度峰值比较低。表 4.2 是在相同净回收载荷的前提下,用传统回收系统的"水星号"返回舱与 IRDT 充气式再入器进行对比的结果:IRDT 充气式减速系统质量只有"水星号"的 15%,而它的再入面积却达到"水星号"的 6 倍多。峰值温度的差距也非常明显,IRDT 充气式减速器再入最高温度比"水星号"低 40%。

表 4.2　附贴式减速技术与传统再入系统的比较

	载荷质量 /kg	总质量 /kg	再入名义面积 /m²	阻力系数 C_D	再入最高温度/℃
"水星号"返回舱	90.7	1 354.6	2.97	0.65	1 649
IRDT 再入器	90.7	204.1	18.7	1.0	964.5

充气式再入器与其他类型的返回器相比,发射时呈折叠包装状态,具有体积小、重量轻、成本低的特点。如果发射时安装多个充气式再入器,可以实现一次发射、多次返回的工作任务,承担空间站人员及物品返回运输的重要任务。另一方面,充气式结构可以减小着陆过载,简化着陆系统,提高着陆成功率。

4.2.3　气球伞

1. 结构形式

气球伞首先由 GAC 公司提出,来源于英文单词 ballute,即 ballon 和 parachute 的组合。气球伞的最初构型为水滴状球型减速器,通过绳索和载荷体相连。后来,人们将高速充气式减速装置都统称为气球伞,我们可以称之为广义上的气球伞。广义气球伞包括前置型和后置型,但人们依然习惯将后置式充气式减速器称为气球伞,将前置式减速器称为充气式阻力锥。本书所提的气球伞即为传统意义上的后置式充气减速器。

气球伞的充气囊和载荷体之间通过连接绳相连为拖尾式,气囊外形有环形和球形两大类。根据气动性能的要求,环形充气囊通常为普通圆环,有时也设计成异型环,如采用翼型结构的环形囊可以获得一定的侧向力,为载荷体提供更优的气动力。球形充气囊包括基本球形囊、水滴形囊、等张力面型囊等形式,如图 4.8、图 4.10 所示。等张力面型气球伞的显著特点在于织物应力在各个方向均相等,是一种良好的气球伞外形结构,美国空军的 M‐117、M‐118 和 MK‐80 航弹系列稳定减速器外形采用的都是等张力面型结构。

图 4.10　拖尾式气球伞

若充气囊和载荷体之间通过薄膜相连,称为附贴式气球伞(图 4.9)。附贴式气球伞由环型气球伞演变而来,有单充气环薄膜型和双充气环薄膜型如果薄膜不对称设计,飞行时配平迎角不为 0,附贴式气球伞具有一定的滑翔性能(图 4.11)。

图 4.11　附贴式气球伞

根据气源情况,气球伞有带气源系统的气球伞和冲压式气球伞两大类。自带充气系统的减速器保形能力更强,但系统复杂、重量增加,一般较少采用,只有在低动压条件或进气口流场环境非常复杂的情况下才使用。大多数气球伞都采用自充气进气方式,又称为冲压式气球伞。圆环形式的气球伞自行充气能力差于球形伞,一般用于低动压带气源的场合。本节主要以最传统的冲压式球形伞为例介绍气球伞的结构形式和性能特点。

图 4.12 为典型冲压式气球伞基本结构形式,主要由气球伞衣薄膜、加强带、进气口、绕流环组成。冲压式气球伞有四周进气和前端进气两种方式。前端进气结构简单,但进气口总面积较小,充气较慢。另外,如果拖曳比(伞-载系统相对距离和载荷体投影面积的比值)小,气球伞前方处于载荷体尾流环境中,不利于气球伞的充气,通常也采用四周进气方式以改善气球伞的充气性能。超音速情况下,进气口处的局部受热要大于其他部位的热量,为避免受过大的气动热影响,大气层外充气更适合高超音速充气气动减速器。

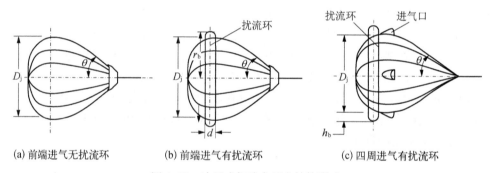

(a) 前端进气无扰流环   (b) 前端进气有扰流环   (c) 四周进气有扰流环

图 4.12　冲压式气球伞基本结构形式

2. 气动性能

气球伞通常应用于 $10Ma$ 以下的超音速场合,典型气球伞-载荷系统的流场结构如图 4.13 所示。载荷体后的尾流包括无黏区和黏性尾流区两部分,黏性尾流区对气球伞的气动性能会产生重要的影响。随着减速器和载荷体相对位置的增加,尾流的影响渐渐减弱。减速器和载荷体的相对位置用拖曳比描述,定义为二者相对距离和前置载荷投影直径的比值,用 L/D 表示(图 4.13)。为减小尾流影响,拖曳比一般要大于 8。在无尾流影响下,超音速气球伞典型流场如图 4.14 所示,超音速来流经过马赫线后参数发生变化,速度偏转并依次经历减速至加速的过程,其中的音速线和气球伞表面的交点称为音速点。

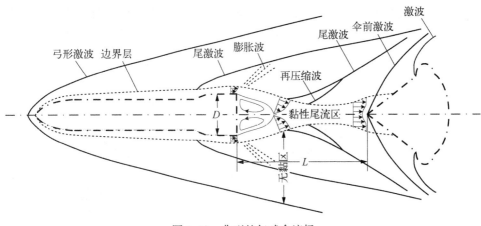

图 4.13　典型的气球伞流场

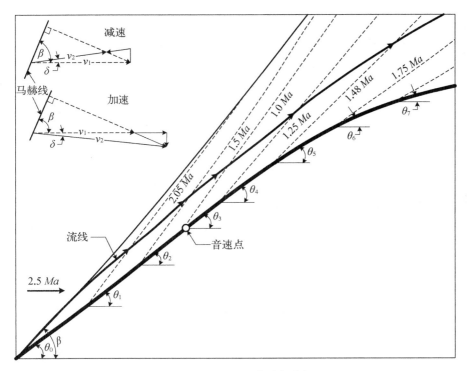

图 4.14　典型气球伞前部流场

　　拖曳式气球伞和载荷体联合系统存在开式流动和闭式流动两种流场类型，图 4.15 为采用数值方法得到的等张力面型气球伞-飞船系统的绕流流场。当流动为开式时，前体尾部和气动减速器前端的滞止区连通，气动减速器前端无激波；反之为闭式流动。研究表明，闭式流动中气球伞阻力系数是开式流动中气球伞阻力系数的 1.5 倍以上。因此,连接绳长度应使气球伞和载荷体系统处于闭式流动中。如果是亚音速度流动,则应该使气球伞处于尾流区外,拖曳比通常在10 左右。

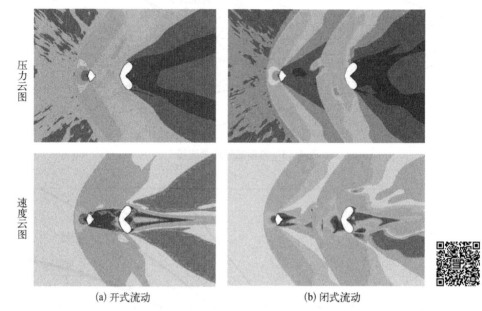

压力云图

速度云图

(a) 开式流动　　　　　　　　　　　　　　(b) 闭式流动

图 4.15　气球伞-飞船返回系统流场图

气球伞的气动阻力主要来源于压差阻力,外形对阻力系数的影响很大。影响气球伞气动性能的几何参数主要有结构当量直径 (D_j)、半锥角 (θ) 和扰流环尺寸,参考图 4.12。对于完全几何相似的气球伞,投影直径的变化对阻力系数影响不大,但由于增加了阻力面积,必然会导致气动阻力增加。半锥角越小,气球伞越接近于流线型,阻力系数越小,稳定性也越好,但气动热也会随之增加。根据风洞试验结果,气球伞半锥角在 30°~45°效果较好。

早期,气球伞并无扰流环结构,但是在亚音速风洞试验时,由于出现非对称尾涡,气球伞极不稳定。为改善周围流场的均匀性,后来人们在气球伞分离点前添加扰流环,气球伞稳定性得到增强。图 4.16 为亚音速情况下有无扰流环两种情况涡量图的对比,增加扰流环后,流场更加对称。此外,扰流环还能一定程度地增加气球伞的阻力特征面积,从而提高总的气动阻力。决定扰流环外形的尺寸有环外径 r_b 及内切圆直径 d。一般地,扰流圆环中心圆直径和气球伞结构当量直径一致,因此扰流环外形尺寸由扰流环高度 h_b 唯一确定,如图 4.12所示。

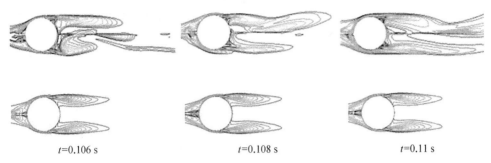

$t=0.106$ s　　　　　　$t=0.108$ s　　　　　　$t=0.11$ s

图 4.16　$0.6Ma$ 下涡量图(上,无扰流环;下,有扰流环)

　　超音速情况下,扰流环对气动性能的影响比较复杂,和气球伞、扰流环的结构尺寸有很大的关系。美国兰利研究中心曾经对此进行了专门试验,图 4.17 为两种基本构型气球伞配置不同尺寸扰流环下的结构外形,测量得到阻力系数如表 4.3 所示。可以看出,雷诺数对阻力系数影响不大,雷诺数变化接近一个数量级时阻力系数变化仅为 1%。对于外形 A,增加扰流环反而降低了气球伞的阻力系数,但对于外形 B,结果却正好相反。

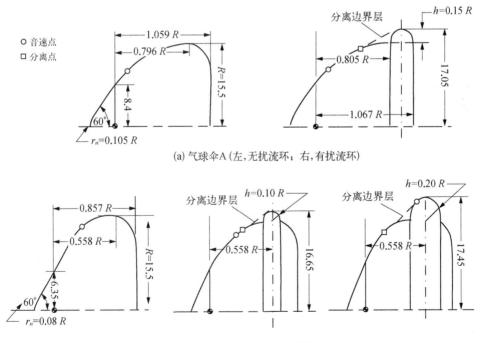

图 4.17　气球伞外形(单位:mm)

表 4.3 气球伞阻力系数($Ma=3$)

模型类别	扰流环大小 h/r_b	$C_D(\alpha = 0°)$		
		刚体模型		柔性模型
		$Re \approx 1.1 \times 10^6$	$Re \approx 3.0 \times 10^6$	$Re \approx 9.8 \times 10^6$
A(无扰流环)	0.00	0.871	0.856	0.873
A(有扰流环)	0.15	0.811	0.792	0.790
B(无扰流环)	0.00	1.136	1.123	1.121
B(扰流环1)	0.10	1.230	1.210	1.172
B(扰流环2)	0.20	1.330	1.300	1.319

造成上述现象的原因是超音速情况下,气球伞表面的压力分布、音速点、流动分离点等都和气动外形密切相关。增加扰流环后,扰流环前端均会出现压力跃升,但压力跃升的大小并不一致(图 4.18)。虽然气球伞 A 的扰流环比气球伞 B 的扰流环 1 大,但是扰流环布置在最后缘,整个外形更接近于流线型。因此增加扰流环对气动力影响并不大,反而由于名义面积有所增加,因而导致阻力系数反而小于无扰流环情况。气球伞 B 扰流环布置在后体前端,分离边界层再附角度大于气球伞 A,沿表面的逆压梯度增加更为明显,气动阻力增加,因此阻力系数有比较明显的增加,如图 4.17 和图 4.18 所示。

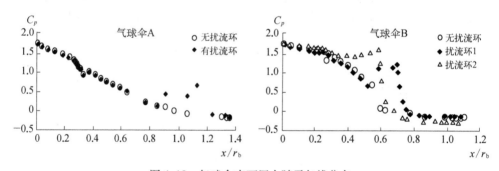

图 4.18 气球伞表面压力随子午线分布

另一方面,扰流环迎风处气动加热量比较大,一般达到无扰流环减速器表面的 5 倍左右。因此,扰流环在超音速工作环境下使用并不多。

3. 开伞性能

气球伞折叠包装在飞行器的伞舱中,通过吊带和飞行器相连。执行正常飞行任务时,伞舱不打开,气球伞和飞行器紧密连接。当执行减速任务时,伞舱盖和飞行器分离,它们之间通过吊带连接。由于伞舱的气动阻力大于飞行器,运动速度小于飞行器,二者的速度差将吊带拉直,在拉力的作用下将伞包封包绳拉出,伞包被打开。之后,相继拉出伞绳和伞衣,当气球伞伞衣被完全拉出后,开始充气直至充满,如图 4.19 所示。

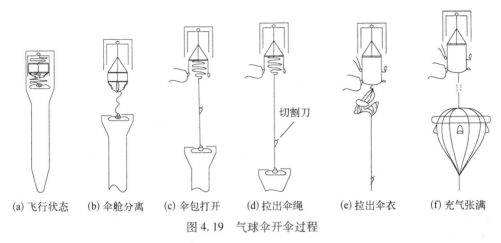

| (a) 飞行状态 | (b) 伞舱分离 | (c) 伞包打开 | (d) 拉出伞绳 | (e) 拉出伞衣 | (f) 充气张满 |

图 4.19 气球伞开伞过程

相对于常规降落伞,气球伞面积要小得多,质量轻,拉出力不大。充气过程很快,受力均匀,开伞动载小,且不会出现大的波动。图 4.20 为风洞试验中气球伞和半流形降落伞开伞过程载荷的比较。二者充满后产生的平均气动力相差不大,分别为 3.25 kN 和 3.2 kN,开伞动载系数分别为 1.37 和 1.93,气球伞的开伞动载系数远远小于半流形降落伞。

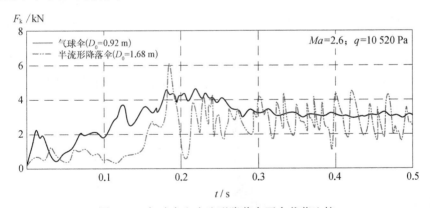

图 4.20 气球伞和半流形降落伞开伞载荷比较

4.2.4 充气式阻力锥

附贴式气动减速器具有较大的阻力系数和较好的热防护性能,在高超音速再入减速领域有很好的应用前景。和气球伞不同,附贴式气动减速器基本上都在高空超高音速下工作,稀薄的大气条件难以实现自行展开充气,因此需要携带气瓶充气。由于大多为圆锥外形,又称为充气式阻力锥。其中堆叠圆环型充气式阻力锥能承受比较大的飞行动压,本书以此为例进行介绍。

1. IRV 飞行器

充气式返回航天器(IRV)最早是美国航天回收系统公司于 1989 年提出,其样机于 1990 年成功进行了空投试验。2004 年,美国国家航空航天局兰利研究中心和沃洛普斯飞行试验场(Wallops Flight Facility, WFF)合作开展用于"猎犬"(Terrier/Orion)探空火箭的充气防热罩系统,开启了充气式再入器飞行实验(inflatable reentry vehicle experiment, IRVE)项目。2007 年开展了首次 IRVE－1 发射试验,可惜由于火箭分离遭遇了严重的飞行事故,助推器失效,试验失败。2009 年,美国又采用黑雁－8 火箭进行了 IRVE－2 发射分离试验。试验器在预定的高度顺利展开,并减速坠落到大西洋,这次试验初步验证了飞行器的充气过程和再入能力。2012 年,美国国家航空航天局采用黑雁－11 型火箭进行了第三次 IRVE－3 飞行试验,试验器最终溅落在大西洋。这次试验获得了丰富的数据和影像资料,取得了空前成功。之后,美国计划进一步进行充气式返回航天器试验,以提高充气式减速器的大载重能力及姿态响应能力。

美国 IRV(inflatable reentry vehicle)试验飞行器由充气系统、充气展开结构、刚性头锥及有效载荷四大部件组成。其中充气展开结构由一系列通过绑带连接的不同直径的堆叠圆环组成,形成倒锥形结构,如图 4.21 所示。为了适应亚、跨音速下飞行系统的稳定性要求,尾部最后一环半径往往会大于其他各环的直径。堆叠圆环型减速器和气球伞相比,结构刚度比较大,火箭发射时收拢折叠包装在分离回收舱内,展开后面积可以增加 20 倍以上,且受到气动力载荷作用时不易变形。

(a) 堆叠式圆环

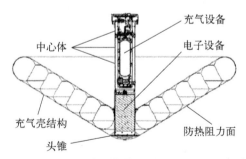
(b) 减速器截面图

图 4.21　堆叠圆环型充气式减速器

图 4.22 和图 4.23 分别是 IRVE－4 的飞行程序及飞行轨迹规划图,减速器空中飞行试验依次经历发射、分离、充气、调姿、再入减速、海中坠落几个过程,轨迹最

高点在地球卡门线外。为保证充气过程可靠性,充气时间比较长,在最高点附近的爬升下降阶段完成,此时的轨迹角比较小。充气结束自旋调姿后再入大气层。充气式再入减速器飞行试验段高度在 $35\sim 80$ km,速度大约从 $8Ma$ 减速至 $1.2Ma$,是飞行过程中最重要的减速阶段。

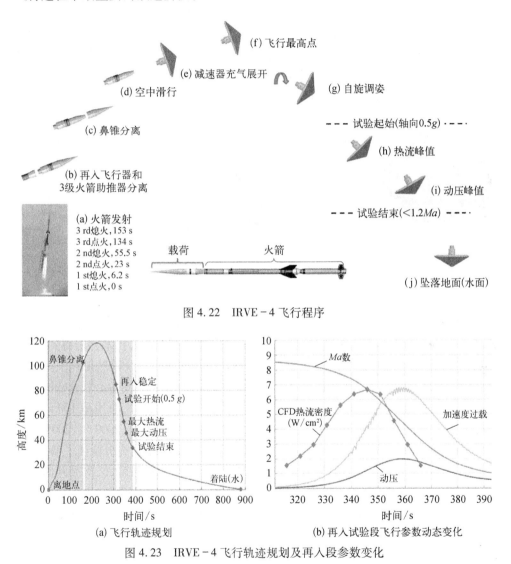

图 4.22　IRVE-4 飞行程序

图 4.23　IRVE-4 飞行轨迹规划及再入段参数变化

2. IRDT 充气式减速器

为解决探测火星时有效载荷的再入减速和载人空间站的应急返回问题,20 世纪 90 年代,俄罗斯开始验证充气再入减速技术,提出了二次展开的双层锥型充气式减速器(inflation reentry decent technology，IRDT)的设计方案,其功能特点是通过两次展开对有效载荷进行减速,减速过程稳定可靠。

双层锥型充气式减速器是一种附贴式阻力锥型减速器,由充气系统、充气展开结构、头锥(整流罩)及有效载荷四大部件组成(图4.24)。其中充气展开结构是由上下两层倒锥形的充气囊组成。下层由堆叠圆环组成,在进入大气前第一次充气,形成倒锥外形,可承受再入时超高速气流产生的气动热载荷与气动力载荷,保护返回舱并有效地进行气动减速;当下降到一定高度时,减速器的上层折叠织物进行第二次展开,二次展开面取代降落伞功能,最终安全着陆。为增加稳定性,二次展开面尾部通常设计有稳定的扰流环结构。

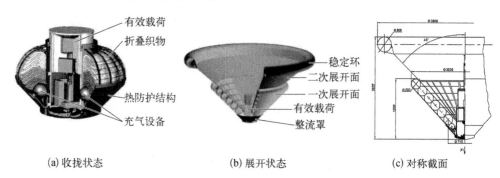

(a) 收拢状态　　　　　　(b) 展开状态　　　　　　(c) 对称截面

图4.24　双层锥型充气再入减速器

1996年,俄罗斯在"Mars 96"火星着陆任务中对双层充气式阻力锥进行试验,然而探测器由于火箭故障而未能脱离地球轨道飞向深空,充气再入技术并未得到验证。虽然实验计划落空,但由于该技术显著的优点和广阔的应用前景依然得到国际科学与技术中心和欧洲空间局的资金支持,1998年,俄罗斯巴巴金空间中心联合欧洲空间局成功设计并制造了IRDT验证飞行器,该飞行器外形呈伞锥体,总质量100 kg。在欧洲空间局和德国宇航局的协作下,俄罗斯的IRDT技术分别于2000年、2001年和2005年进行了3次飞行试验。第一次试验(IRDT-1)较为成功,充分验证了IRDT技术减速再入方案的可行性;但第2次试验(IRDT-2)由于机械故障,二次展开面未能正常充气,试验失败;第3次试验(IRDT-2R)增加了通信天线等设备,再入时偏离正常轨道,试验依然没有成功。虽然后两次试验没有成功,但依然验证了在气动载荷下充气结构的保形能力和材料的耐热性能,并且积累了大量数据和经验。

图4.25为IRDT-2的飞行程序。IRDT试验飞行器经过火箭三级点火后送入大气层,并在距地面100 km高度之上一级气动减速面充气展开,可使再入速度从7 km/s减小到约4 km/s。当高度下降到约32 km,速度减小到65 m/s时展开二级充气阻力面,飞行中的最大过载小于16g,囊内气体温升在200℃以上,最终着陆时速度为13~17 m/s。

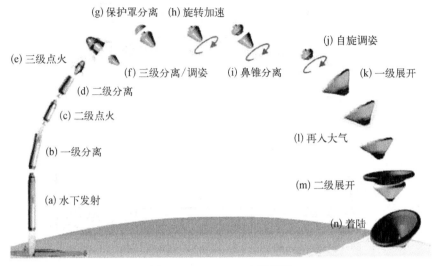

图 4.25　IRDT-2 飞行程序

3. 气动性能

充气式阻力锥常常和载荷体一体化设计,国内外学者对充气式阻力锥式气动减速器开展了一系列风洞试验和数值模拟工作,发现在内压比较高的情况下,充气式减速锥的静力学气动特性参数和相同外形的刚性再入器相差不大。如:美国亚特兰大Guggenheim 航空航天工程学院在不考虑薄膜变形的情况下,对等张力面充气式阻力锥开展了风洞试验;并在假设薄膜不发生结构变形的情况下进行了数值模拟。从流场纹影图(图 4.26)和压强系数分布图(图4.27)上都可以看出,无结构变形的数值诸结果和风洞试验结果非常接近。

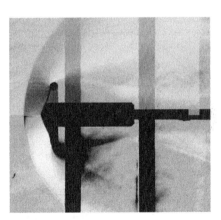

图 4.26　数值结果和风洞试验结果比较
($Ma = 2.0$, $Re = 10^6$)

充气式阻力锥的气动特性和外形、马赫数、迎角有很大的关系。充气式阻力锥为倒锥体外形,半锥角是改变几何相似性的重要参数,气动外形的影响主要在于半锥角对阻力系数的影响。图 4.28 和图 4.29 分别为等张力面型充气式阻力锥和堆叠圆环型阻力锥阻力系数随半锥角及马赫数的变化情况,从中有如下规律:

(1)阻力系数一般随锥角增加而增加,但当半锥角 $\theta > 30°$ 时,阻力锥前方出现脱体激波,半锥角影响减弱,阻力系数可近似为常数。

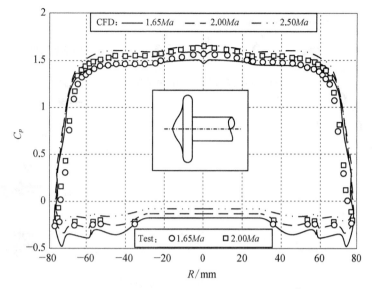

图 4.27　压强系数沿子午线上的分布($Re = 10^6$)

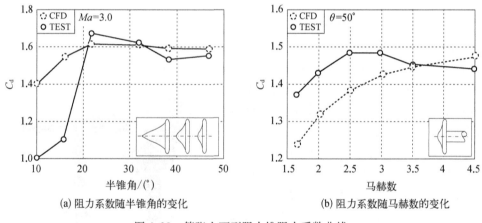

(a) 阻力系数随半锥角的变化　　　　　　　　(b) 阻力系数随马赫数的变化

图 4.28　等张力面型阻力锥阻力系数曲线

（2）在超音速状态,半锥角改变会引起激波位置、激波强度、激波角发生改变,对阻力系数的影响较大;在亚音速区域,半锥角对流场压力分布并没有太大影响,对阻力系数的影响小于超音速状态。

（3）无论是等张力面型阻力锥还是堆叠圆满环型阻力锥,在 $Ma < 2.0$ 的亚音速、超音速区,阻力系数随马赫数增加而增加;在 $2.5Ma$ 附近达到阻力系数最大值;当 $Ma > 5.0$（高超音速区）时,阻力系数随马赫数变化不大。

（4）对于一些特殊外形、特殊工况,锥角增加导致气流沿子午线上压缩之后再次膨胀（参考图 4.14）,反而导致阻力系数减小。如图 4.28(a) 中的 $22° < \theta < 38°$ 的区域。

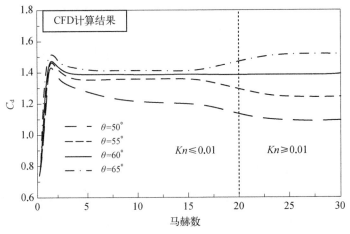

图4.29　堆叠圆环型阻力锥(IRV)阻力系数曲线

迎角对阻力系数的影响并不大,但是对升力系数、力矩系数会有比较大的影响。反映在体轴坐标系上,则是迎角对轴向气动力系数影响较小,但对法向气动力系数及俯仰力矩系数影响比较大。图4.30为等张力面型气动减速锥在不同马赫

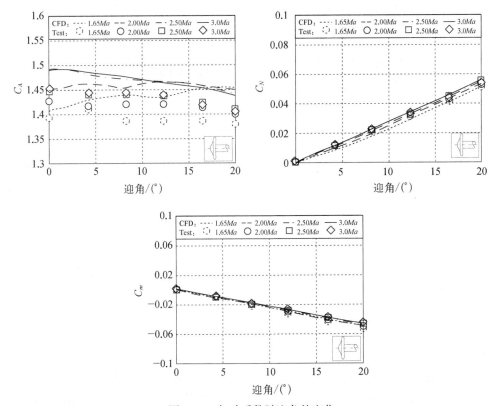

图4.30　气动系数随迎角的变化

数下轴向力系数、法向力系数及俯仰力矩系数随迎角的变化情况。对该型减速器，随迎角的增加，法向力系数增加，俯仰力矩系数减小，有比较好的静稳定性能。一般来说，马赫数对轴向气动力系数影响要远远高于对法向气动系数及俯仰力矩系数的影响。在 1.65~3.0*Ma* 区域，等张力面型减速器轴向气动系数相差在 5% 左右；而此时的法向气动系数和俯仰力矩系数差别很小，尤其在小迎角状态，马赫数的影响几乎可以忽略。

4. 折叠展开性能

充气式阻力锥发射时折叠包装于火箭中，一般用于高空低密度高超音速场合，需要自带气瓶充气，工作过程包括折叠展开、充气张满、减速稳定几个阶段。其折叠展开过程的工作性能和折叠方式有很大的关系。目前，充气式阻力锥通常有径向压缩式折叠和 Z 型折叠两种方式，如图 4.31 所示。

(a) 径向压缩式折叠　　　　　　(b) Z型折叠

图 4.31　充气式减速锥的折叠方式

径向压缩式能达在很小的折叠半径，充气很快，但轴向高度较大；反之，Z 型折叠则高度较低、径向半径较大，充气稍慢。此外，也可以采用圆环径向多次对折等方式，选择何种折叠方式主要根据火箭所能提供的空间尺寸决定。

充气式减速锥的折叠展开阶段和张满阶段并没有明显的界限，也可以分别称为充气初期和充满期。正常飞行时，充气减速器折叠包装在飞行器的尾部，减速再入过程中通过充气机构快速展开，体积可以增加 100 倍以上，阻力面积扩大 7~10 倍。图 4.32 为名义直径为 2.05 m 的堆叠圆环型充气式减速锥在地球 120 km 高空折叠展开过程的数值仿真结果。在充气初期，阻力锥外形变化很大，会产生较大的冲击载荷；之后，充气动载逐渐减小直至接近于 0；充气流量越小，充满时间越长，冲击载荷越小。如图 4.33 所示。

充气式减速器大都是三维曲面，折痕和褶皱难以避免，且外表面涂有热防护涂层，曲率半径和施加的外力大小与包装体积和涂层裂纹有直接关系。同时，折叠方

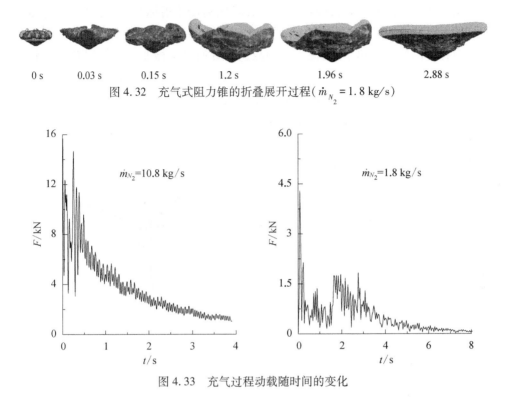

0 s   0.03 s   0.15 s   1.2 s   1.96 s   2.88 s

图 4.32 充气式阻力锥的折叠展开过程($\dot{m}_{N_2} = 1.8$ kg/s)

图 4.33 充气过程动载随时间的变化

式也会对结构的展开次序、展开速度,以及充气环内的气体流通路径产生明显影响。另外,柔性织物受外界环境影响大,柔性充气式减速锥实际的折叠展开过程比较复杂。因此,充气式减速器折叠充气展开过程中应该特别注意如下问题:

(1)折叠时避免应力集中,造成涂层裂纹;

(2)堆叠圆环型各充气管约束绑带是否可靠,防止柔性管相互干扰,甚至反转;

(3)避免高速充气,保证充气式进入器有较稳定的气动性能,避免局部应力过大。

为了保证展开充气过程的可靠性,充气式阻力锥通常在地球大气层外开始充气,动压很低,充气流量较小,和气球伞和常规降落伞相比,充气时间较长。

4.3 机械式气动减速装置

4.3.1 结构类型及特点

近年来,大载荷的地球再入及地外星体进入是航天发展的重要规划,固定式刚性结构受质量、体积的约束,弹道系数很难降低到设计指标要求,充气式减速器和机械展开式减速器方案相继被重新提出。充气式减速器目前所采用的材料只能支持一定程度的气动加热率;机械式气动减速装置通过机械驱动机构展开折叠状态的刚性(半刚性)气动减速面来增加系统阻力面积,降低系统的弹道系数,能承受更大的气动力载荷和气动热载荷,实现有效减速的目标。

根据展开面的材料特点,机械式气动减速装置分为刚性减速装置和半刚性减速装置;根据展开面的气动特性,可分为伞状结构气动减速装置及旋翼结构气动减速装置两大类型,如图 4.34 所示。

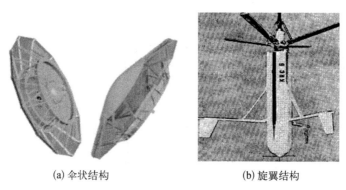

　　　　(a) 伞状结构　　　　　　　　　　(b) 旋翼结构

图 4.34　机械式气动减速装置

美国针对未来大载荷着陆的金星探测、火星探测等深空探测需求,于 21 世纪初分别提出了自适应可展开进入和投放技术(adaptive deployable entry and placement technology, ADEPT)及可展开防热结构减速器(deployable hot structure decelerator, DHSD)。这两类机械展开式进入器均为伞状结构,主要依靠展开面的气动阻力实现有效减速。伞状结构机械式气动减速器是一种前置型减速装置,因此具有较好的热防护能力。ADEPT 是一种半刚性的展开结构,DHSD 展开面则采用复合陶瓷材料,是一种完全刚性的气动减速装置。

20 世纪 60 年代初,卡曼飞机公司为了提高弹体回收的准确性、安全性和经济性,提出了旋翼式气动减速方案[图 4.34(b)]。旋翼式气动减速依据机械装置将几片折叠旋翼展开,利用直升机式的转子提供气动减速及自旋下降的控制。这种减速器适用的速度、动压范围很宽,下降过程中有很好的机动性能,可以实现零速度雀降着陆。

机械式刚性减速器必须和飞行载荷进行一体化设计。本书将主要针对半刚性可展开伞状减速器、折叠板刚性减速装置、旋翼式减速装置,对其结构特点及工作情况进行介绍。

4.3.2　半刚性可展开伞状减速器

半刚性可展开伞状减速器是一种机械驱动式减速器,发射时处于收拢状态,可以节省火箭的空间,进入时依靠机械结构将柔性热防护层展开,形成较大的气动面进行热防护和减速。美国的 ADEPT 减速装置是这种减速器的典型代表,其外形是一个被支撑环主体支撑的雨伞状结构,主要由承载结构、防热结构及姿态控制结构组成,如图 4.35 所示。

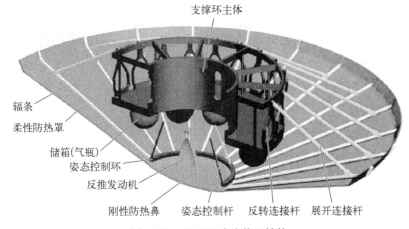

图 4.35　ADEPT 减速装置结构

承载结构主要包括支撑环主体、辐条、展开/反转连接杆三大部分。支撑环主体主要为载荷提供一个标准接口,用来连接载荷及展开结构;飞行器受到的气动力通过辐条和连接杆传递到主体结构上。辐条采用铰链形式一端与刚性防热鼻相连,另一端通过展开连接杆与支撑环主体相连。连接杆是运动驱动部件,连接杆向外旋转带动辐条转动,使减速面张开。

防热结构主要包括刚性防热鼻(头锥)和柔性防热罩。防热鼻是由传统的刚性硬质防热材料构成,主要起热防护的作用,再入过程中同时具备可抛、分离的功能。柔性防热罩与辐条连接,随辐条展开后与刚性防热鼻形成球锥形气动外形,起到减速与防热作用。

姿态控制结构主要包括姿态控制环和姿态控制杆,姿态控制环通过姿态控制杆与支撑环主体相连。气动面展开后,刚性防热鼻与姿态控制环压紧接触,对气动面尺寸、角度控制起到限位作用。

ADEPT 主要有收拢、展开、着陆三种工作状态,如图 4.36 所示。火箭发射时呈收拢状态,防热头锥与主体之间通过铰链相连。进入大气后,铰链将防热头锥下拉,收纳约束释放,连接杆绕轴向外旋转,引起辐条上部绕转轴转动,辐条往外延伸,带动柔性防热罩展开,主体部分与防热头锥贴合,展开过程完成。ADEPT 同时配置有贮箱气瓶和反推发动机。着陆前,抛掉刚性防热鼻,反推发动机点火工作,反转连接杆反向旋转到和展开连接杆处于一条直线上,驱动辐条反向重构,形成着陆腿,实现缓冲着陆。

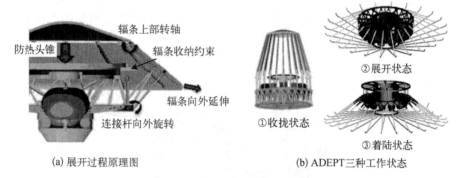

(a) 展开过程原理图　　　　　　　　　　(b) ADEPT三种工作状态

图 4.36　展开着陆工作过程工作原理

与传统的刚性进入航天器相比,半刚性可展开伞状结构减速进入器有如下优点:

(1)气动外形受整流罩包络约束小。传统再/进入航天器的气动减速面均为固定式刚性结构,气动外形尺寸受到火箭整流罩包络限制。半刚性可展开伞状结构减速进入器在发射时气动面处于不工作状态,柔性防热材料可随辐条、连接杆一起收拢折叠在整流罩内冯·卡门曲线段,再/进入之前气动面展开工作,展开后的气动面直径可达到几十米,远大于整流罩直径。

(2)过载及热流密度峰值低:半刚性可展开伞状结构减速气动面尺寸大,弹道系数小,能在高空大气稀薄区域飞行更长时间,充分减速,这样使得进入稠密大气区域后受到的动压小,航天器过载及热流密度峰值显著降低。

(3)具备调整质心位置。气动面在姿态控制结构驱动下绕支撑环主体转动产生偏移角,从而改变质心与气动面对称轴的相对位置,达到控制配平迎角及升力的目的,其原理如图 4.37 所示。该特点可以保证再/进入过程中飞行姿态、稳定性及落点精度,某种程度上可以简化制导控制系统、降低系统复杂程度。

此外,刚性主体结构能为搭载的有效载荷提供一个标准化接口,可以实现平台化、通用化、系列化的技术要求,可适应不同载荷的运输需求,极大地降低了研制成本。着陆前,展开结构可以以受控的方式反向倒置,抛掉挡热板,启动反推发动机进行动力下降;着陆时,伞状结构辐条反转形成着陆腿,提供有效的着陆缓冲,可帮助探测器在不平坦的地形实施安全着陆。

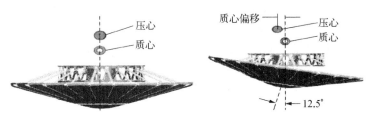

图 4.37 控制配平迎角功能

4.3.3 折叠板刚性减速装置

我们知道,阻力锥形式的附贴式再(进)入器结构简单,阻力性能极佳。充气式阻力锥、半刚性阻力锥抗气动热能力有限,为进一步提高抗气动热能力,折叠面也可以采用全刚性结构,这就是折叠板式刚性进入器。

折叠板式刚性再入器主要由中心防热大底、锥状外形的金属板、展开驱动机构组成(图 4.38 和图 4.39)。由于折叠板式进入器所有组件均为固定式刚性结构,因而和半刚性进入器相比,质量更大,在抵抗气动力、气动热方面能力更强。

图 4.38 星际探测中的刚性进入器

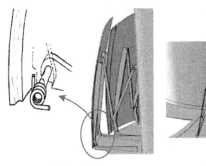

(a) 收拢状态   (b) 展开状态

图 4.39 刚性折叠板的收拢及展开状态

中心防热大底由防热结构和烧蚀结构组成。烧蚀结构在气动热作用下燃烧消耗部分气动热,防热结构具有很强的耐高温能力,二者相结合达到了较好的放热效果。减速面为可折叠的锥状外形刚性叶片,为展开形成气动面之后无缝隙,各折叠面重合放置,由弹簧驱动杆驱动展开,由于为刚性结构,所以材料重很多。可折叠的刚性叶片可以设计成不同的形状,展开后的非对称结构可实现一定的配平迎角,使飞行器具有一定的滑翔能力,实现更好的导航飞行控制能力,增加飞行稳定性。如图4.40所示。

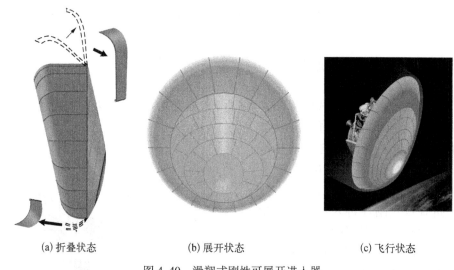

(a) 折叠状态　　　　　(b) 展开状态　　　　　(c) 飞行状态

图4.40　滑翔式刚性可展开进入器

折叠板式刚性进入器有很好的气动结构稳定性和更高的可靠性,适用于更大体积、更高质量及更快速度,可实现一定的滑翔控制,增加飞行稳定性;但是相比于柔性材料,质量较大,这是限制其工程应用的主要因素。

对于一些高性能回收弹,可以采用刚性折叠板进行稳定减速,图4.41为弹体拖尾式折叠板的几种布置方式。折叠翼式能产生一定的气动升力,有一定的滑翔性能;阻力锥方式相对于倒拖锥阻力系数较小,但折叠部位所受载荷也小,较易满足强度要求,应用得较多。图4.42为刚性折叠板式阻力锥的折叠、展开两种状态。

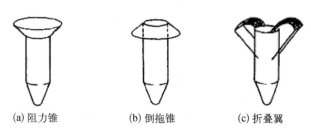

(a) 阻力锥　　　　　(b) 倒拖锥　　　　　(c) 折叠翼

图4.41　回收弹折叠板刚性减速器布置方案

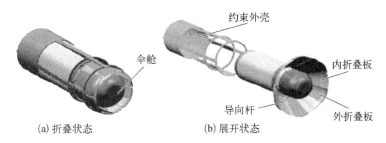

（a）折叠状态　　　　　（b）展开状态

图 4.42　刚性阻力锥的折叠和展开状态

　　折叠板刚性减速装置应用非常广泛,航空中飞机减速板(图 4.43)、弹射座椅稳定板(图 4.44)等都属于折叠板可展式刚性减速装置。飞机减速板可分布在飞机机腹、对称布置在机身两侧、飞机尾部等,不用时收入机身内,需用时打开,飞行员在空中打开减速板可使飞机骤然减速,在着陆滑跑时打开减速板,能有效地缩短飞机的滑跑距离。高速弹射出舱座椅依靠稳定板的气动力实现快速减速,同时改善座椅系统侧向及俯仰方向的稳定性。

图 4.43　飞机上的减速板

图 4.44　座椅上的稳定板

4.3.4　旋翼式气动减速装置

　　为了更精确、更安全、更经济地对飞行器实现减速回收,卡曼飞机公司于 20 世纪60年代提出了旋翼式气动减速装置,该类减速器通常安装在有效载荷尾部,减速系统主要由折叠式旋翼、桨毂、支撑主轴、启动控制机构等组成,如图4.45所示。可展开式旋翼为主要的气动力装置,利用叶片旋转产生升力进行减速,能够控制下降速度并能以接近于零速度安全着陆;桨毂上一般包含旋转轴承、轴颈、阻尼器、倾斜器等,能允许旋转叶片具有一定的上下挥舞自由度;主轴主要用于连接有效载荷及减速系统;控制机构主要用于对折叠叶片进行解锁、展开控制。

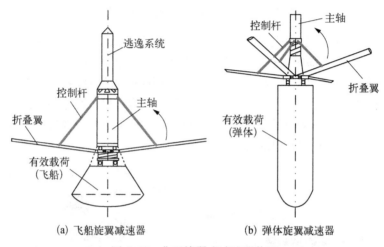

(a) 飞船旋翼减速器　　　　　(b) 弹体旋翼减速器

图4.45　典型旋翼式减速器装置

气动减速装置的旋翼工作原理和直升机旋翼动力学原理类似。叶片旋转产生气动阻力和气动升力,对于弹道式旋翼式减速器,系统的阻力(F_D)大部分是由叶片旋转产生的升力($F_{L,1}$)造成,另外还包含减速器飞行时的气动阻力($F_{D,2}$),其计算公式展开后为

$$F_D = \frac{1}{2}\rho v^2 C_{D,R} A_R = \frac{1}{2}\rho(wr)^2 C_L A_R + \frac{1}{2}\rho v^2 C_D A_R \tag{4.1}$$

式中,A_R为叶片旋转的投影面积;r为与之对应的旋转半径;w为旋转速度;$C_{D,R}$、C_L、C_D分别为旋翼式减速器在参考面积A_R下对应的各类气动系数,其中$C_{D,R}$为总阻力系数,C_D为减速器叶片不旋转时的阻力系数,C_L为叶片旋转下的升力系数。

叶片的形状、数量对气动力有比较大的影响,这种影响用旋翼实度(σ)来表示。旋翼实度为全部桨叶实占面积与整个桨盘面积之比。旋翼实度越大,气动力越大,旋翼式减速器的阻力系数也越大,但同时也会带来重量的增加,一般旋翼实度不超过20%。

在有控制的情况下,旋翼式减速器可以像直升机一样进行滑翔运动,此时会有一定的前进速度,相对来流速度在旋翼桨盘上的投影($v_{\infty,r}$)与桨尖的旋转线速度

$(v_{\text{R, tip}})$ 之比称为旋翼前进比(λ)。 前进比不为 0 时,不同桨叶在不同位置上的运动速度均不相同:前行桨叶运动速度增加,气动力大于后行桨叶,出现侧翻力矩;后行桨叶则会出现气流从后缘吹向前缘的反流区。为了使力平衡,桨毂允许桨叶有一定自由度的运动,使迎角、锥角发生变化,气动力相应发生了改变,从而维持力平衡,如图 4.46 所示。

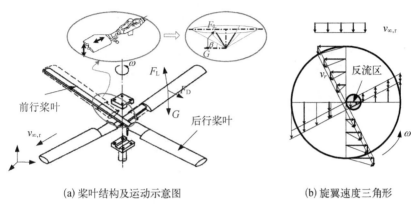

(a) 桨叶结构及运动示意图　　　　　　　　(b) 旋翼速度三角形

图 4.46　旋翼运动示意图

　　旋翼式减速器的阻力系数受锥角、迎角、运动速度、前进比、旋翼实度等因素的影响。旋翼式减速器在跨音速风洞的典型阻力系数曲线如图 4.47(a) 所示。增大翼尖速度会降低前进比,从而产生较大的阻力系数;同样,实度增加,阻力系数也有所增加,如图 4.47(b) 所示。在弹道式减速的情况下,前进比很小,阻力系数可以达到 1.15 左右。旋翼式减速器有较高的升阻比,因此相比于其他减速系统,其着陆精度也比较高。图 4.48 为美国 KRC - 6 旋翼式减速试验器空中试验的飞行轨迹。

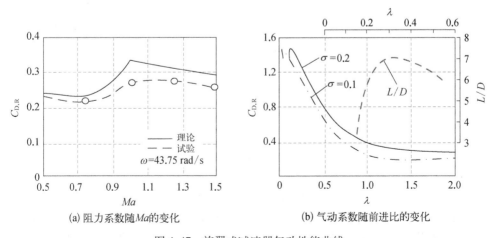

(a) 阻力系数随 Ma 的变化　　　　　　　(b) 气动系数随前进比的变化

图 4.47　旋翼式减速器气动性能曲线

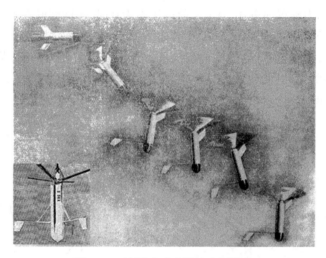

图 4.48　旋翼式减速器的飞行轨迹

4.4　飞 行 性 能

4.4.1　轨迹设计及控制

超音速气动减速装置在大气层飞行时要承受巨大的气动力、气动热及减速过载的作用。减速过快,过载很大;减速太慢,气动热很大。再入轨道的分析是防热系统设计的前提,也是结构设计是否合理的主要检验步骤。由于载荷质量和飞行中的高度、速度,以及由此产生的过载、动压和热流峰值有直接关系,因此不同的大气环境,其弹道规律也不一致。

轨道姿态的分析通常采用六自由度动力学分析方法,如果仅对轨迹、气动热进行快速预估,可以将减速器简化为质点,采用二维平面分析方法。轨迹姿态分析要实现的目的有以下几个方面:① 分析速度与载荷质量、飞行高度等之间的关系,提出合理的再入工况及载荷质量;② 轨迹设计必须同时满足动压、过载、热流密度等的多目标约束要求;③ 研究姿态控制与弹道系数、轨迹速度之间的关系,将尖峰的大过载转变为平峰的小过载,保证减速器的飞行安全。要实现上述目的,需要依赖轨迹及姿态控制技术。

我们知道,提供一定的外力可以改变运动物体的轨迹。除此以外,对于空中飞行体还可以通过姿态控制来实现,姿态的变化改变了物体的气动阻力和升力,只需要较小的能量就能达到轨迹控制的目的。不同的飞行阶段有不同的轨迹设计要求,在再入开始,需要进行再入器分离姿态控制;在机动飞行过程中,针对减速过程各阶段承受的气动热、减速过载、气动力的具体情况开展不同的机动姿态控制;着陆阶段,为减小着陆过载,有时候还需要进行姿态控制。提高模型精度,减小控制误差,提高控制系统的鲁棒性,开展控制系统评估和确认的系统性研究都是当前以至今后较长一段时间内要重点关注的内容。本书从飞行器六自由度运动方程入手介绍超音速气动减速系统的飞行性能。

4.4.2　刚体运动方程

由理论力学中可知,刚体质心动力学方程矢量形式为

$$m\frac{\mathrm{d}\boldsymbol{v}}{\mathrm{d}t} = m\left(\frac{\delta\boldsymbol{v}}{\delta t} + \boldsymbol{\omega} \times \boldsymbol{v}\right) = \boldsymbol{F} \tag{4.2}$$

在笛卡儿坐标系下,可展开为如下形式:

$$\begin{cases} m\left(\dfrac{\mathrm{d}v_x}{\mathrm{d}t} + \omega_y v_z - \omega_z v_y\right) = F_x \\[2mm] m\left(\dfrac{\mathrm{d}v_y}{\mathrm{d}t} + \omega_z v_x - \omega_x v_z\right) = F_y \\[2mm] m\left(\dfrac{\mathrm{d}v_z}{\mathrm{d}t} + \omega_x v_y - \omega_y v_x\right) = F_z \end{cases} \tag{4.3}$$

式(4.3)就是质心运动动力学方程的一般形式。针对不同的活动坐标系,就得到不同形式的运动方程。例如,在航迹坐标系下,转动角速度 ω_h 有两个分量:沿 y_d 轴的 $\dot{\psi}_s$ 和沿 z_h 轴的 $\dot{\theta}$,因此,在航迹坐标系中的三个分量为

$$\begin{bmatrix} \dot{\psi}_x \\ \dot{\psi}_y \\ \dot{\psi}_z \end{bmatrix}_h = \boldsymbol{C}_d^h \begin{bmatrix} 0 \\ \dot{\psi} \\ 0 \end{bmatrix} + \begin{bmatrix} 0 \\ 0 \\ \dot{\theta} \end{bmatrix} = \begin{bmatrix} \dot{\psi}\sin\theta \\ \dot{\psi}\cos\theta \\ \dot{\theta} \end{bmatrix} \tag{4.4}$$

对于气动减速装置,所受到的力主要有气动力和重力,将(4.4)式代入(4.3)式,则(4.2)式在航迹坐标系下的轨迹运动方程可以写成如下形式:

$$m\left(\frac{\mathrm{d}}{\mathrm{d}t}\begin{bmatrix} v \\ 0 \\ 0 \end{bmatrix} + \begin{bmatrix} 0 & -\dot{\theta} & \dot{\psi}\cos\theta \\ \dot{\theta} & 0 & -\dot{\psi}\sin\theta \\ -\dot{\psi}\cos\theta & \dot{\psi}\sin\theta & 0 \end{bmatrix}\begin{bmatrix} v \\ 0 \\ 0 \end{bmatrix}\right) = \boldsymbol{C}_q^h\begin{bmatrix} -F_D \\ F_L \\ 0 \end{bmatrix} + \boldsymbol{C}_d^h\begin{bmatrix} 0 \\ -G \\ 0 \end{bmatrix} \tag{4.5}$$

体轴系下,刚体绕质心转动的动力学方程的矢量形式为

$$\frac{\mathrm{d}\boldsymbol{H}}{\mathrm{d}t} = \frac{\delta \boldsymbol{H}}{\delta t} + \boldsymbol{\omega} \times \boldsymbol{H} = \boldsymbol{M} \tag{4.6}$$

式中，$\boldsymbol{M}$ 是作用在刚体上的力矩矢量，$\boldsymbol{H}$ 是刚体对质心的动量矩，$\boldsymbol{\omega}$ 为刚体的转动角速度。

若以质心为原点，建立一个与刚体固连的坐标系 $Oxyz$，则动量矩 $\boldsymbol{H}$ 的分量与角速度 $\boldsymbol{\omega}$ 的分量有如下关系：

$$\begin{bmatrix} H_x \\ H_y \\ H_z \end{bmatrix} = \begin{bmatrix} I_x & -I_{xy} & -I_{zx} \\ -I_{xy} & I_y & -I_{yz} \\ -I_{zx} & -I_{yz} & I_z \end{bmatrix} \begin{bmatrix} \omega_x \\ \omega_y \\ \omega_z \end{bmatrix} \tag{4.7}$$

其中，

$$\begin{cases} I_x = \int (y^2 + z^2)\,\mathrm{d}m, \ I_{xy} = \int xy\,\mathrm{d}m \\ I_y = \int (x^2 + z^2)\,\mathrm{d}m, \ I_{yz} = \int yz\,\mathrm{d}m \\ I_z = \int (x^2 + y^2)\,\mathrm{d}m, \ I_{xz} = \int xz\,\mathrm{d}m \end{cases} \tag{4.8}$$

由(4.7)式和(4.8)式，(4.6)式可展开写成标量形式：

$$\begin{cases} I_x \dfrac{\mathrm{d}\omega_x}{\mathrm{d}t} - (I_y - I_z)\omega_y\omega_z - I_{yz}(\omega_y^2 - \omega_z^2) - I_{zx}\left(\dfrac{\mathrm{d}\omega_z}{\mathrm{d}t} + \omega_x\omega_y\right) - I_{xy}\left(\dfrac{\mathrm{d}\omega_y}{\mathrm{d}t} - \omega_z\omega_x\right) = \displaystyle\sum M_x \\[3mm] I_y \dfrac{\mathrm{d}\omega_y}{\mathrm{d}t} - (I_z - I_x)\omega_z\omega_x - I_{zx}(\omega_z^2 - \omega_x^2) - I_{xy}\left(\dfrac{\mathrm{d}\omega_x}{\mathrm{d}t} + \omega_y\omega_z\right) - I_{yz}\left(\dfrac{\mathrm{d}\omega_z}{\mathrm{d}t} - \omega_x\omega_y\right) = \displaystyle\sum M_y \\[3mm] I_z \dfrac{\mathrm{d}\omega_z}{\mathrm{d}t} - (I_x - I_y)\omega_x\omega_y - I_{xy}(\omega_x^2 - \omega_y^2) - I_{yz}\left(\dfrac{\mathrm{d}\omega_y}{\mathrm{d}t} + \omega_z\omega_x\right) - I_{zx}\left(\dfrac{\mathrm{d}\omega_x}{\mathrm{d}t} - \omega_y\omega_z\right) = \displaystyle\sum M_z \end{cases}$$

$$\tag{4.9}$$

绝大多数再入器具有纵向对称面，假设对称平面为 Ox_ty_t，则惯性积 $I_{yz} = I_{zx} = 0$，上式转动动力学方程可以写成如下形式：

$$\begin{cases} I_x \dfrac{\mathrm{d}\omega_x}{\mathrm{d}t} + (I_z - I_y)\omega_y\omega_z + I_{xy}\left(\omega_z\omega_x - \dfrac{\mathrm{d}\omega_y}{\mathrm{d}t}\right) = \displaystyle\sum M_x \\[3mm] I_y \dfrac{\mathrm{d}\omega_y}{\mathrm{d}t} + (I_x - I_z)\omega_z\omega_x - I_{xy}\left(\dfrac{\mathrm{d}\omega_x}{\mathrm{d}t} + \omega_y\omega_z\right) = \displaystyle\sum M_y \\[3mm] I_z \dfrac{\mathrm{d}\omega_z}{\mathrm{d}t} + (I_y - I_x)\omega_x\omega_y - I_{xy}(\omega_x^2 - \omega_y^2) = \displaystyle\sum M_z \end{cases} \tag{4.10}$$

体轴坐标系下求得的角速度可以依照 2.1 节坐标系的关系转换至地面坐标

系,从而得到再入器的姿态角。

4.4.3 超音速减速系统轨迹计算

超音速再入减速器在星际空间运动方程的矢量形式为

$$m\frac{\mathrm{d}\boldsymbol{v}}{\mathrm{d}t} = \boldsymbol{R} + \boldsymbol{F}_c + \boldsymbol{G} - \boldsymbol{F}_e - \boldsymbol{F}_k \tag{4.11}$$

式中,等号右边各分项力依次为气动力、控制力、重力、离心惯性力和科氏惯性力。离心惯性力和科氏惯性力的计算公式分别为

$$\begin{cases} \boldsymbol{F}_e = m\boldsymbol{a}_e = m\boldsymbol{v}^2/\boldsymbol{r} \\ \boldsymbol{F}_k = m\boldsymbol{a}_k = 2m\boldsymbol{\omega} \times \boldsymbol{v} \end{cases} \tag{4.12}$$

再入减速器进入大气层后,我们需要获得其在地球经向、纬向的位置,可引入地心坐标系。为简化再入器返回过程中运动轨迹的计算,作如下假设:

(1) 再入减速器为质量为 m 的点质量飞行器;

(2) 忽略地球自转的影响;

(3) 减速器仅受空气动力和重力(地球引力)的作用;

(4) 忽略外界环境气象风的影响。

超音速情况下,如果我们以航迹坐标系为参考系,则航迹系相对于地心系的转动角速度 $\boldsymbol{\omega}_{h-c}$ 可以表示成两部分之和:

$$\boldsymbol{\omega}_{h-c} = \boldsymbol{\omega}_{h-d} + \boldsymbol{\omega}_{d-c} \tag{4.13}$$

据(4.4)式,航迹系对于地面系角速度的三个分量为

$$\boldsymbol{\omega}_{h-d} = \dot{\psi}\sin\theta\boldsymbol{i}_h + \dot{\psi}\cos\theta\boldsymbol{j}_h + \dot{\theta}\boldsymbol{k}_h \tag{4.14}$$

据 2.1 节图 2.2(b),可以写出地面系对于地心系角速度的分量:

$$\boldsymbol{\omega}_{d-c} = -\dot{\phi}\boldsymbol{i}_d - \dot{\lambda}\boldsymbol{k}_c \tag{4.15}$$

则(4.13)式为

$$\begin{aligned}
\boldsymbol{\omega}_{h-c} &= \begin{bmatrix} \dot{\psi}\sin\theta \\ \dot{\psi}\cos\theta \\ \dot{\theta} \end{bmatrix} + \boldsymbol{C}_d^h \begin{bmatrix} -\dot{\phi} \\ 0 \\ 0 \end{bmatrix} + \boldsymbol{C}_d^h \boldsymbol{C}_c^d \begin{bmatrix} 0 \\ 0 \\ -\dot{\lambda} \end{bmatrix} \\
&= \begin{bmatrix} \dot{\psi}\sin\theta + \dot{\lambda}(\sin\theta\sin\phi + \cos\theta\sin\psi\cos\phi) - \dot{\phi}\cos\theta\cos\psi \\ \dot{\psi}\cos\theta + \dot{\lambda}(\cos\theta\sin\phi - \sin\theta\sin\psi\cos\phi) + \dot{\phi}\sin\theta\cos\psi \\ \dot{\theta} - \dot{\lambda}\cos\psi\cos\phi - \dot{\phi}\sin\psi \end{bmatrix}
\end{aligned} \tag{4.16}$$

据图(2.2),地心系与地面系、航迹系之间的关系,可建立如下运动关系:

$$
\begin{cases}
\dfrac{\mathrm{d}r}{\mathrm{d}t} = v_{y,\,\mathrm{d}} = v\sin\theta \\[2mm]
r\dfrac{\mathrm{d}\phi}{\mathrm{d}t} = -v_{z,\,\mathrm{d}} = v\cos\theta\sin\psi \\[2mm]
r\cos\phi\,\dfrac{\mathrm{d}\lambda}{\mathrm{d}t} = v_{x,\,\mathrm{d}} = v\cos\theta\cos\psi
\end{cases}
\tag{4.17}
$$

因此,变量 $\dot\lambda$, $\dot\phi$ 可以写成如下形式:

$$
\begin{cases}
\dot\lambda = v\cos\theta\cos\psi/r\cos\phi \\[2mm]
\dot\phi = -v\cos\theta\sin\psi/r
\end{cases}
\tag{4.18}
$$

航迹坐标系下减速器的质心动力学方程为

$$
m\left(\frac{\mathrm{d}}{\mathrm{d}t}\begin{bmatrix} v \\ 0 \\ 0 \end{bmatrix} + \boldsymbol{\omega}_{\mathrm{h-c}}\begin{bmatrix} v \\ 0 \\ 0 \end{bmatrix}\right) = \boldsymbol{C}_{\mathrm{q}}^{\mathrm{h}}\begin{bmatrix} -F_{\mathrm{D}} \\ F_{\mathrm{L}} \\ 0 \end{bmatrix} + \boldsymbol{C}_{\mathrm{d}}^{\mathrm{h}}\begin{bmatrix} 0 \\ -G \\ 0 \end{bmatrix}
\tag{4.19}
$$

将(4.18)式代入(4.16)式之后代入(4.19)式,并将转换矩阵代入,得到航迹坐标系下的轨迹运动方程:

$$
m\begin{bmatrix}
\dfrac{\mathrm{d}v}{\mathrm{d}t} \\[4mm]
v\dfrac{\mathrm{d}\theta}{\mathrm{d}t} - \dfrac{v^{2}\cos\theta}{r} \\[4mm]
-v\cos\theta\dfrac{\mathrm{d}\psi}{\mathrm{d}t} - \dfrac{(v\cos\theta)^{2}}{r}\cos\psi\tan\phi
\end{bmatrix} =
$$

$$
\begin{bmatrix} 1 & 0 & 0 \\ 0 & \cos\gamma_{s} & -\sin\gamma_{s} \\ 0 & \sin\gamma_{s} & \cos\gamma_{s} \end{bmatrix}\begin{bmatrix} -F_{\mathrm{D}} \\ F_{\mathrm{L}} \\ 0 \end{bmatrix} + \begin{bmatrix} \cos\theta\cos\psi & \sin\theta & -\cos\theta\sin\psi \\ -\sin\theta\cos\psi & \cos\theta & \sin\theta\sin\psi \\ \sin\psi & 0 & \cos\psi \end{bmatrix}\begin{bmatrix} 0 \\ -G \\ 0 \end{bmatrix}
$$

$$
\tag{4.20}
$$

对上式展开,得到超音速减速器无推力运动的普遍方程:

$$
\begin{cases}
m\dfrac{\mathrm{d}v}{\mathrm{d}t} = -G\sin\theta - F_{\mathrm{D}} \\[3mm]
mv\dfrac{\mathrm{d}\theta}{\mathrm{d}t} = F_{\mathrm{L}}\cos\gamma_{s} - \left(G - m\dfrac{v^{2}}{r}\right)\cos\theta \\[3mm]
mv\cos\theta\dfrac{\mathrm{d}\psi}{\mathrm{d}t} = F_{\mathrm{L}}\sin\gamma_{s} - m\dfrac{(v\cos\theta)^{2}}{r}\cos\psi\tan\phi
\end{cases}
\tag{4.21}
$$

获得航迹坐标系的运动参数后,我们可以通过坐标之间的运动关系(4.17)式,获得地面系或地心系下的运动参数。转动方程一般基于体轴坐标系建立,依照上小节(4.10)式可以求出再入器的转动情况。

对于弹道式减速器,气动升力很小,可以忽略。如果减速飞行器姿态稳定,侧滑角假设为0,则速度滚转角为0,则可以认为是二维平面运动,运动方程简化为

$$\begin{cases} m\dfrac{\mathrm{d}v}{\mathrm{d}t} = -G\sin\theta - F_D \\ mv\dfrac{\mathrm{d}\theta}{\mathrm{d}t} = \left(m\dfrac{v^2}{r} - G\right)\cos\theta \end{cases} \tag{4.22}$$

若速度进一步降低 $(Ma < 3)$,运动方程可以基于地面坐标系建立。在地面坐标下,弹道式减速器的航迹运动方程为

$$\begin{cases} m\dfrac{\mathrm{d}v}{\mathrm{d}t} = -G\sin\theta - F_D \\ mv\dfrac{\mathrm{d}\theta}{\mathrm{d}t} = -G\cos\theta \end{cases} \tag{4.23}$$

地面坐标系下的运动轨迹为

$$\begin{cases} \dfrac{\mathrm{d}x}{\mathrm{d}t} = v\cos\theta \\ \dfrac{\mathrm{d}y}{\mathrm{d}t} = v\sin\theta \end{cases} \tag{4.24}$$

第5章 降落伞基础及气动性能

5.1 概　　述

5.1.1 发展历程

著名英国学者李约瑟指出:降落伞是中国和西方科技"交流路线可探查的并不多的明显的例子之一"。1306 年,在中国武宗登基大典上,艺人乘纸质伞状物从高墙飞下做杂技表演,这是人类最早使用降落伞的证据。1495 年,意大利的达芬奇设计了类似降落伞的原理图样:在刚性骨架上蒙以帆布作为气动减速面,人悬挂在气动减速面下方,以达到减速下降的目的,如图 5.1(a)所示。尽管达芬奇的设计在当时没有付诸实现,但是后来英国跳伞队员采用了达芬奇设计的降落伞,成功地从 1 000 ft 高的热气球上降落。

1688 年,法国驻暹罗(今泰国)大使德·卢贝尔的《历史关系》一书中记载:清康熙年间,几名中国杂技演员到暹罗献艺,凭借系在腰上的绸布雨伞,从高耸入云的宝塔上纵身跳下,全都安全着陆。1783 年,法国人勒诺尔芒(Lenormand)偶然看到了这本书,受到启发,对绸布雨伞进行了改进并亲自试验,并取名为降落伞。1797 年,法国热气球迷加尔内兰(Garnerin)在此基础上进一步改进[图 5.1(b)],使用改进降落伞从 680 m 高的失事热气球上跳出,成功逃生,使降落伞名声大振。

(a)达芬奇设计草图　　　　　(b)加尔内兰设计草图

图 5.1　最初的降落伞设计图

最初的降落伞很不完善,最大的缺点是稳定性差。在一次热气球飞行事故中,一名英国人跳伞逃生,不料降落伞顶端被火烧了个大洞。没想到,他并没有直接摔下去,只是下降的速度快了一些,但降落伞竟变得"听话"起来,既不摇也不摆,十分平稳。科学家们从中受到启发,对伞衣乃至整个降落伞的结构进行了改进,提高了降落伞的安全性和实用性。

当时的航空器主要是气球、气艇一类,相对比较安全,因此 20 世纪初之前,降落伞的发展一直非常缓慢。直到飞机出现,由于飞行时常发生事故,迫切需要一种专用降落伞供飞机驾驶员救生使用。1911 年,俄国工程师科杰尼柯夫设计的飞行员救生伞问世。这种降落伞和过去的降落伞大不相同,已经具有现代降落伞的特征。它将伞衣装进了专用伞包,便于携带和保管,使用时,伞包固定在跳伞者身上,保证从任何位置跳伞,伞衣均能及时打开。同年,意大利人皮诺对降落伞的结构作了重大改进,他设计了引导伞作为主伞的引导装置,加快了开伞并提高了开伞的可靠性。

1914 年 7 月,第一次世界大战的爆发刺激了军事制造技术的发展,降落伞当然也不例外。各参战国争相致力于降落伞的研究和开发,不断进行试验。新型降落伞不断问世,并开始应用于战争。俄国的"伊利亚·穆罗梅茨"式重型轰炸机的机组人员最早配备了科杰尼柯夫设计的救生伞。第二次世界大战中,各参战国开始使用善于突击的空降兵,降落伞制造技术与空降、空投技术得到迅速提高。降落伞的种类也逐渐增多,如伞兵伞、投物伞、减速伞、航弹伞等等。正是凭借这些形形色色的降落伞,空降兵,以及航空炸弹、航空鱼雷等一些专用武器才得以在战场上施展各自的神通。

之后,降落伞的结构型式更加丰富,带条伞、环帆伞、十字形伞等不同型式的伞衣大量出现,特别是 20 世纪 70 年代后发展起来的翼伞技术及旋转伞技术,更是拓宽了降落伞的应用领域,促进了降落伞理论的发展。如今,降落伞工作包线已经扩展至超音速、低动压领域。20 世纪 90 年代以后,随着试验技术的不断进步,计算机水平的不断发展及降落伞理论水平的不断提高,多种研究分析方法已经应用到降落伞的设计、分析及制造过程中。

5.1.2　伞系统组成

图 5.2 和图 5.3 分别为弹射救生系统及飞船回收系统的降落伞系统的组成。如果载荷重量大或者开伞速度过大,为降低开伞动载,防止伞衣破损,伞系统往往由多个降落伞串联而成,如图 5.4 所示。从中可以看出,不同的载荷对象,不同的使用目的,降落伞系统的组成可能并不完全一致,但每一级降落伞均由开伞控制装置、引导动力装置、存放保护装置、连接装置、降落伞单元及金属附件构成。下面对此进行详细说明。

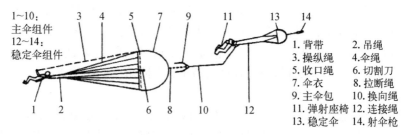

1~10：
主伞组件
12~14：
稳定伞组件
1. 背带
2. 吊绳
3. 操纵绳
4.伞绳
5. 收口绳
6. 切割刀
7. 伞衣
8. 拉断绳
9. 主伞包
10. 换向绳
11. 弹射座椅
12. 连接绳
13. 稳定伞
14. 射伞枪

图 5.2　弹射救生伞系统

返回舱
吊带
旋转接头
连接带
主伞伞绳
主伞伞衣
牵顶伞连接带
牵顶伞
主伞包
减速伞

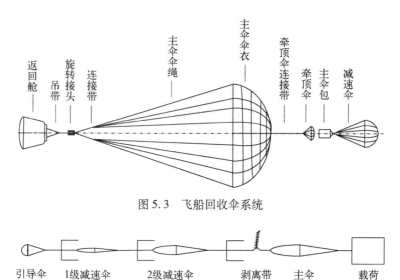

图 5.3　飞船回收伞系统

引导伞
1级减速伞
2级减速伞
剥离带
主伞
载荷

图 5.4　大型伞系统组成

1. 开伞控制装置

根据开伞控制方式的不同,又可分为手拉开伞、绳拉开伞和自动开伞三种方式。只有人用伞系统有手拉开伞方式,该方式是利用跳伞员的臂力,解除伞包封包,启动伞系统工作,有拉环和球形开伞索两类。绳拉开伞是将绳子的一端和飞机相连,另一端和伞包相连,若伞-载系统离机距离大于绳子长度,则伞包被拉开,目前空投系统大多采用绳拉开伞方式。图 5.5 为绳拉开伞及手拉开伞方式的示意图。

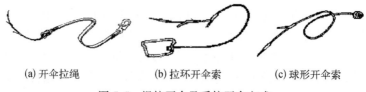

(a) 开伞拉绳　　(b) 拉环开伞索　　(c) 球形开伞索

图 5.5　绳拉开伞及手拉开伞方式

　　自动开伞装置是利用本身的状态参数控制动作机构,解除伞衣封包,实现开伞。常用的开伞控制方法有时间控制法、高度-时间组合控制法、过载-时间控制法、静压-高度控制法、动压控制法、雷达高度控制法等。其中时间控制法是以时间作为控制参数,高度-时间控制法是以高度为控制启动量,时间延迟作为控制参数,由钟表机构、高度膜盒装置和动力弹簧等组合而成。其他控制方法的控制参数仿此类推。大多数高速飞行器的减速伞采用自动开伞控制方式。

　　2. 引导动力装置

　　将降落伞从伞包中拉出并展开充气需要一定的作用力,目前引导力主要有动力引导组件和气动引导组件两大类型,有时也称动力开伞方式及气动开伞方式。动力开伞主要有射伞枪开伞、射伞炮开伞、风向开伞火箭、弹伞筒开伞等。气动力开伞则主要包括引导伞开伞、稳定伞开伞、减速伞开伞等。图 5.6 为弹射救生系统的两种典型开伞方式。

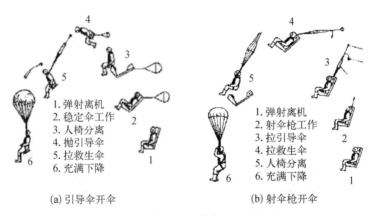

(a) 引导伞开伞　　　　　　　　　　(b) 射伞枪开伞

图 5.6　弹射救生系统典型开伞方式

　　无论是动力开伞还是气动开伞,往往需要借助上一级降落伞将下一级降落伞从伞包或伞箱中拉出,作为引导作用的第一级降落伞通常称为引导伞。引导伞是非常重要的开伞气动机构,其作用是拉直下一级降落伞的伞衣套,并将降落伞从伞衣套中拉出,使降落伞处于良好的充气状态。引导伞应具有足够的气动阻力、一定的弹跳力、开伞快、体积小、重量轻、包装方便的特点。图 5.7 为常见的几种引导伞。

　　3. 存放保护装置

　　存放保护装置通常由伞包、伞衣套、保护布、伞衣扎绳等组成,如图 5.8 所示。

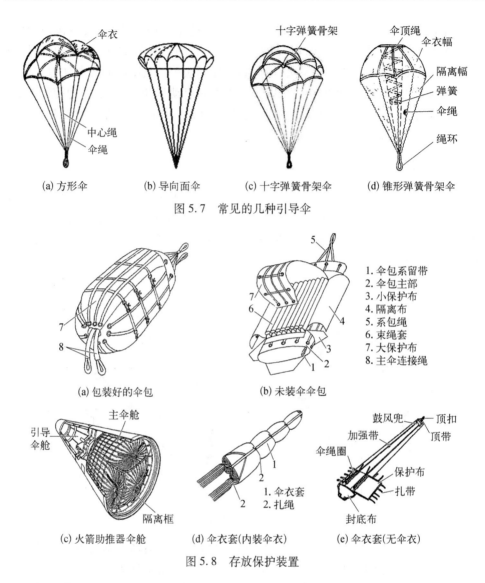

图 5.7　常见的几种引导伞

(a) 方形伞　(b) 导向面伞　(c) 十字弹簧骨架伞　(d) 锥形弹簧骨架伞

1. 伞包系留带
2. 伞包主部
3. 小保护布
4. 隔离布
5. 系包绳
6. 束绳套
7. 大保护布
8. 主伞连接绳

(a) 包装好的伞包　(b) 未装伞伞包

(c) 火箭助推器伞舱　(d) 伞衣套(内装伞衣)　(e) 伞衣套(无伞衣)

1. 伞衣套
2. 扎绳

图 5.8　存放保护装置

　　伞包用于包装降落伞系统的伞衣、伞绳、伞衣套及引导伞等部件,使之保持一定的几何形状,并保证伞衣等部件在工作前不受气流吹袭和不与其他物体钩挂。在工作时要按预定的程序打开伞包。伞包的位置因伞的用途不同而异,人用伞包一般放在背部或胸部。有些物用降落伞没有伞包,而是用伞厢或伞舱替代。如弹射座椅一般设计有头靠伞箱,飞机或载人飞船则在尾部侧面设计有伞舱。

　　伞衣套、保护布及伞衣扎绳的作用都是保护伞衣,避免在伞系拉直前伞衣提前充气。伞衣套应保证伞绳、伞衣具有良好的拉直程序,减少伞绳抽打伞衣的概率,伞衣套上部有鼓风兜,可以帮助引导伞拉出伞绳、伞衣。伞衣套又可分为长伞衣套、短伞衣套和带兜底布的伞衣套等类型。

4. 连接装置

由于结构的需要,引导伞和伞衣套之间,各级降落伞之间,主伞与悬挂物之间需要一定长度的过渡件,统称为连接装置。连接装置主要包括牵引绳、连接绳、吊带、拉断带、撕裂绳、背带系统等。

牵引绳是牵引伞和下一级降落伞的连接件,主要用于中、大型空投系统牵引离机,为避开飞机尾流流场,牵引绳一般较长。连接绳作为各级伞的过渡件,应用最为广泛。连接绳一般采用强度高的编织带,或多股钢索制成,其长度应使所连接的各部件处于良好的气流流场之中。下一级伞拉出后,上一级伞有时需要分离,此时的连接机构称为拉断带,拉断带的强度小于最大拉直力或最大开伞动载。增加拉出阻尼可以减小拉直力,因此连接绳有时采用撕裂带方案。图 5.9 为拉断带及撕裂带的结构示意图。

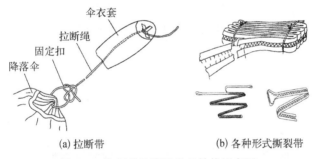

(a) 拉断带   (b) 各种形式撕裂带

图 5.9   拉断带及撕裂带的结构示意图

对于人用伞系统,人和降落伞需要通过背带系统连接。背带系统要求有足够的强度、受力分布合理均匀、安全可靠、使用和调节方便。背带系统一般由主套带、肩带、腰带、裆带、胸带及快卸锁等组成。对于航空救生系统,为了减轻重量简化结构,背带系统有时和弹射座椅安全带合并,形成联合式背带系统。图 5.10 为典型的两款背带系统。

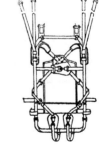

(a) 胸锁式背带系统   (b) 肩锁式联合背带系统

图 5.10   典型背带系统

5. 降落伞单元

降落伞单元为伞系统中气动减速的主体结构,主要包括伞衣、伞绳、加强带、收口装置等,70%以上的气动力由伞衣承担。

　　伞衣是降落伞的主要减速部件,由织物缝制而成,在不同位置沿不同方向配有加强带以保证伞衣的强度。为减小开伞动载,降落伞常采用收口装置(如收口布、收口绳等),以延长降落伞的完全充满时间。为满足物体下降时不同的减速及稳定性要求,在伞衣上还开有各种孔洞和缝口,有的伞衣上还缝有鼓风兜、肋片、导向面等附件,从而使降落伞具有不同的气动性能。

　　伞绳通常通过物体拖曳端的吊带将减速力从伞衣传至物体。伞绳的长短和数量对降落伞阻力特性有重要的影响。伞绳越短,其投影面积越小,阻力也越小,增大伞绳数量可增加伞衣的最大投影面积,从而增加阻力,但伞绳数量不能无限制地增加,否则会增加主伞重量,并引起气流进入伞衣受阻的"绳罩"现象。传统降落伞伞衣阻力远大于伞绳阻力,但翼伞伞绳阻力所占的比重比较大,且伞绳长度沿弦向并不相等。

6. 金属附件

　　为保证降落伞气动减速系统可靠地工作,降落伞都带有一定数量的金属附件。金属附件的作用是多方面的:有的起连接作用(如各种样式的环扣、连接锁等);有的供连接与脱离用(如各种类型的脱离锁);有的供封包与开启用(如弹簧、拉环、切割器等);有的起成型作用(如金属框架);等等。图 5.11 为部分金属附件示意图。由于金属件的种类繁多,本书只略举几例加以说明。

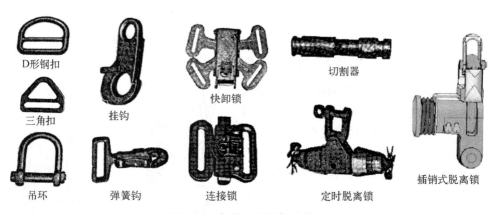

图 5.11　部分金属附件示意图

　　脱离锁是伞-载系统可靠工作的一个关键构件。当伞-载系统在空中运动时,要求连接可靠,不能松开脱离;当着陆(或着水)时,要求能迅速分离,以避免伞在大风作用下拖曳载荷体(人或物体)着陆后受伤或破坏。

　　降落伞和前置载荷体由于气动特性、质量特性等不一致,会产生不一致的旋转运动,为避免伞绳缠绕,伞-载连接处有时会通过旋转接头相连,旋转接头也是降落伞系统经常采用的一类金属部件。切割器则为多级开伞程序中的收口解除装置,利用火药燃烧或弹簧产生的动力来推动切割刀切断收口绳,使主伞完全充气。

5.2 伞衣类型

5.2.1 伞衣几何结构

降落伞伞衣结构不同,气动特性也不一致,主要有弹道类降落伞(如圆形伞)和滑翔类降落伞(如翼伞)两大类。本章主要针对弹道型降落伞展开论述,滑翔类降落伞(如翼伞)的结构及工作性能可参考第7章。

为满足物体下降时不同的减速及稳定性要求,需要采用不同的伞衣类型。由于伞衣由柔性织物构成,伞-载飞行状态下伞衣外形会随速度、迎角不断发生变化。因此伞衣的结构形状通常根据几何结构(即图纸上的设计形状)来确定。根据伞衣几何结构可分为平面型伞和非平面型伞,如平面圆形伞的结构形状实际上是一个平面多边形,锥形伞的结构形状是空间多棱锥体。图5.12为平面圆伞和锥形圆伞的结构示意图。

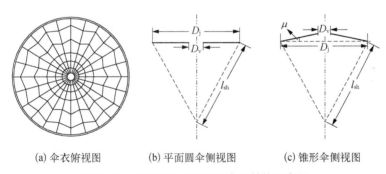

(a) 伞衣俯视图   (b) 平面圆伞侧视图   (c) 锥形伞侧视图

图5.12 平面圆伞和锥形圆伞的结构示意图

降落伞均是由一定数量的伞衣幅连接而成,通常有直裁和斜裁两种方式,如图5.13所示。降落伞的大小用名义面积 A_0 表示, A_0 为所有产生气动力织物面的表面积的总和,包括肋面、围幅、垂幅及稳定幅等部件。名义直径 D_0 的值等于名义面积为 A_0 的圆的直径。降落伞结构形状的特征参数为结构直径 D_j,定义为两相对伞衣幅上两点的最大距离。当降落伞完全充满时,伞衣呈拱扇形,充满伞衣的投影面积用 A_t 表示, D_t 则为对应的投影直径。

根据伞衣的对称性,降落伞又可分为轴对称型(如带条伞)、镜面对称型(如翼伞)、和中心对称型降落伞(如旋转伞等)。若以伞衣上是否开有结构透气孔来分,

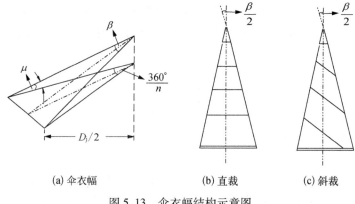

(a) 伞衣幅　　　　　　(b) 直裁　　　　　　(c) 斜裁

图 5.13　伞衣幅结构示意图

降落伞可分为密实织物型伞和开缝型降落伞。下面根据伞衣结构特点,对典型降落伞进行论述。

5.2.2　密实织物伞

密实织物伞是指伞衣除伞顶孔外,其他部位无任何结构透气量的降落伞,是降落伞最早期、最基本的一种伞衣形式,包括圆形伞类、方形伞类、十字形伞类等。

圆形伞结构对称,侧滑方向有随机性(与初始状态有关),工作可靠,开伞时受力较均匀。因此,大多数传统降落伞都以圆形伞作为基本结构。由合顶角为360°的等腰梯形组成的多边形称为平面圆形伞;合顶角小于360°为锥形伞,锥形伞一般又有单锥形、双锥形及三锥形伞,如图5.14所示。锥形伞和平面圆形伞相比,稳定性更好,阻力系数更大;而多锥形伞的稳定性和阻力系数又要优于单锥形伞。

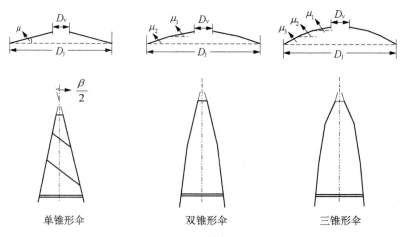

单锥形伞　　　　　　双锥形伞　　　　　　三锥形伞

图 5.14　锥形伞结构示意图

底边延伸形伞是在平面圆形伞基础上发展起来的,是在圆形伞的底边圆周上附加一圈环形延伸部。底边延伸形伞在摆动时易产生恢复力矩,阻力特性和稳定性好于平面圆形伞,开伞动载小于平面圆形伞。

平面形伞衣充满时,织物受力不均匀,伞衣顶部的曲率半径最大,开伞时,伞衣顶部往往首先遭到破坏。为了使充满时伞衣幅从顶部到底部曲率半径不变,采用公式推算得到成形幅伞衣。成形幅伞衣在充满时伞衣幅所受压力均匀,多用于超音速伞,其中半球形伞也为成形幅伞衣的一种。

导向面伞是在伞衣底部延伸一个倒装的锥形导向面组成,包括有肋导向面伞和无肋导向面伞两大类型。导向面伞外形通过将气流分离使伞衣压力分布对称、开伞动载小、稳定性更好。但是导向面伞材料消耗多,工艺复杂,成本高。

方形伞一般结构为平面方形切去四角,由数幅织物锁缝而成。方形伞结构简单,材料利用率高。方形伞从伞顶到底边距离不等,伞绳和伞衣受力不均匀,开伞缓慢,开伞动载较小。在开伞过程中,伞衣各部位易错位,容易造成局部受损。

十字形伞因其结构形状呈十字形而得名。十字形伞由两个矩形织物彼此直角相交而成,影响其性能的主要参数是矩形幅的长宽比。十字形伞具有稳定性好,材料利用率高,制造工艺简单等优点,但是容易旋转,加工中应特别注意其对称性。

表 5.1 为常见的密实织物伞结构及基本性能参数。

表 5.1　常见密实织物伞结构及基本性能

名称	形　状	性　　能	
平面圆形伞		直径比	$D_t/D_j = (0.67 \sim 0.7)$ $D_j/D_0 = -1.0$
		阻力系数	$0.75 \sim 0.8$
		开伞动载系数	-1.8
		摆角	$\pm10° \sim \pm40°$
锥形伞		直径比	$D_t/D_j = -0.7$ $D_j/D_0 = -0.93$
		阻力系数	$0.8 \sim 0.9$
		开伞动载系数	-1.8
		摆角	$\pm10° \sim \pm25°$

续表

名称	形状	性能	
底边延伸形伞	平面底边延伸形 D_v D_j；截锥底边延伸形 D_v D_j；$0.85D_0\sim1.0D_0$	直径比	$D_t/D_j = 0.77\sim0.86$ $D_j/D_0 = 0.81\sim0.86$
		阻力系数	$0.75\sim0.9$
		开伞动载系数	-1.4
		摆角	$\pm10°\sim\pm20°$
方形伞	D_j	直径比	$D_j/D_0 = -0.886$
		阻力系数	$0.8\sim1.0$
		开伞动载系数	<1.8
		摆角	$\pm20°$
成形幅伞	D_v D_j；$0.9D_0$ $1.1D_0$	直径比	$D_t/D_j = -0.96$ $D_j/D_0 = 0.84\sim0.87$
		阻力系数	$0.62\sim0.77$
		开伞动载系数	-1.6
		摆角	$\pm20°$
无肋导向面伞	D_t D_{in} $\sim1.2D_0$；顶幅；导向面	直径比	$D_t/D_j = -0.96$ $D_j/D_0 = -0.66$
		阻力系数	$0.3\sim0.34$
		开伞动载系数	-1.4
		摆角	$0°\sim\pm3°$
有肋导向面伞	肋片；顶幅和导向面；D_j D_{in}	直径比	$D_t/D_j = -0.98$ $D_j/D_0 = -0.63$
		阻力系数	$0.28\sim0.42$
		开伞动载系数	-1.1
		摆角	$0°\sim\pm2°$

续表

名称	形 状		性 能	
十字形伞			直径比	$D_t/D_j = 0.65 \sim 0.72$ $D_j/D_0 = 1.15 \sim 1.19$
			阻力系数	$0.6 \sim 0.85$
			开伞动载系数	-1.2
			摆角	$0° \sim \pm 3°$

5.2.3 开缝伞

为提高稳定性、降低开伞动载、提高降落伞的操纵滑翔性能,常常在密实织物上开有一定的结构透气缝。降落伞开缝有纵向开缝和环向开缝两种基本形式。圆形伞是最基础的降落伞伞衣结构型式,其侧滑具有随机性,为控制侧滑方向,满足水平速度要求,改善操纵性,可在伞衣上开一定数量的不对称纵向缝,主要有三开缝伞、五开缝伞、多开缝伞等形式,如图 5.15 所示。

图 5.15 各种类型的纵向开缝伞

对于人用伞,有时需要一定的转弯能力,这也可以通过开不对称结构操纵缝来实现,如图 5.16 所示。这种开缝方式,伞衣幅的梯形块在侧向和下部并不和相邻梯形块完全相连。因而在空中形成纵向帆状伞衣面,沿伞衣四周形成切向排气。使伞衣偏航力矩增加,操纵降落伞系统转弯。如果不需要拐弯,则可以控制操纵

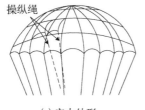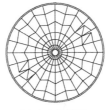

(a) 空中外形　　　　　(b) 伞衣俯视图

图 5.16 伞衣转弯开缝示意图

绳,关闭切向排气口来实现。

　　除了纵向开缝以外,降落伞更多的是采用环向开缝方式,如带条伞、环缝伞、波环伞、环帆伞、盘缝带伞等类型。常见的环向开缝伞衣结构及基本性能如表 5.2 所示。

表 5.2　部分开缝伞结构及基本性能

名称	形　　状	性　　能	
带条(环缝)伞		直径比	$D_t/D_j = (0.67 \sim 0.7)$ $D_j/D_0 = -1.0$
		阻力系数	$0.45 \sim 0.65$
		开伞动载系数	-1.05
		摆角	$0° \sim \pm5°$
波帆伞		直径比	$D_t/D_j = -0.82$ $D_j/D_0 = -0.82$
		阻力系数	$0.75 \sim 0.9$
		开伞动载系数	$1.1 \sim 1.35$
		摆角	$\pm5° \sim \pm10°$
环帆伞		直径比	$D_t/D_j = 0.7 \sim 0.8$ $D_j/D_0 = -0.85$
		阻力系数	$0.7 \sim 0.9$
		开伞动载系数	$1.1 \sim 1.25$
		摆角	$0° \sim \pm6°$
半流带条伞		直径比	$D_t/D_j = -0.96$ $D_j/D_0 = 0.84 \sim 0.87$
		阻力系数	$0.2 \sim 0.45$
		开伞动载系数	-1.05
		摆角	$0° \sim \pm15°$

续表

名称	形　　状	性　　能	
盘缝带伞	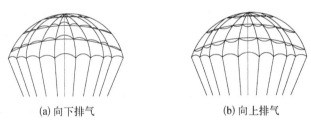	直径比	$D_t/D_j = -0.73$ $D_j/D_0 = -0.65$
		阻力系数	0.5~0.65
		开伞动载系数	1.2~1.4
		摆角	5°~±10°

带条伞伞衣由同心带条组成,带条之间有一定缝隙。为制作方便,带条伞常采用等缝隙、等带宽结构。环缝伞结构类似为宽带条伞,只是伞衣不由带条组成,而是由较宽的伞衣织物缝制而成。

波环伞伞衣幅相邻梯形块底边长度不等,只在径向加强带处相连,从而在伞衣充气后形成波浪形排气口。如缝口处伞衣幅上圈织物比下圈织物长,则向下排气;反之,则向上排气(图 5.17)。向下排气会形成逆向气流,增加伞衣阻力,同时在开始充气时,排气口也可进气,有助于快速开伞,但稳定性要略差于向上排气方式。

图 5.17　波环伞

(a)向下排气　　　　　　　　　(b)向上排气

开缝伞的开缝方式、开缝数量、大小、位置可以各不相同,也可以进行不同的组合,因此扩展形成了多种形式的伞衣。如环帆伞,就是环缝伞和波环伞的组合,伞衣上部与环缝伞一致,其余部分则由月牙缝构成结构透气量,类似于向下排气的波环伞,由于其较好的稳定性和较高的气动阻力系数,在航天器回收方面有广泛的应用。又比如盘缝带伞,伞上部与平面圆形伞一致,下部由缝和带相组合,盘缝带伞由于其在超音速区域仍能维持较好的气动性能,在星际探测器减速系统中有广阔的应用前景。

5.2.4　旋转伞

旋转伞伞衣具有中心对称的特点。为了形成切向排气口,伞绳长度通常也不相等。与一般降落伞相比,旋转伞不可操纵、工艺性较复杂、加工要求也很高,常用作弹射座椅稳定伞、各种类型航弹稳定减速用伞、空投重物时的稳定伞等。

根据不同的使用目的,旋转伞主要有高稳定型、高速高阻型及高转速型三大类型,它们的特点如下:

(1)高稳定型,主要目的是保证伞-载系统有良好的稳定性,维持良好的姿态与弹道。这种类型伞衣面积及开缝面积都比较小,伞衣旋转速度不大,阻力系数相对较小。如旋叶伞、方形旋转伞等。

(2)高速高阻型,一般用作高速($v_k = 1\,000\ \mathrm{km/h}$)航空炸弹的主伞。这种类型的伞开缝面积大,伞顶面积小,有中心绳,工作时阻力系数大,开伞动载小。如涡环伞、桨叶型旋转伞等。

(3)高转速型,这类旋转伞在很小速度下就能达到很高的转速,并利用伞的转动带动相连的物体转动。高转速型伞的特点是排气口位于最大旋转半径处,进入伞衣的气流全部从排气口排出。伞与物体通常采用多点连接,且连接点相距较远。如S型旋转伞等。

旋转伞的结构形式多样,但均具有以下共同特点:

(1)伞衣外形、开孔方向、伞绳在伞衣上的分布及伞绳长度均中心对称,但非轴对称。

(2)伞衣织物的透气量都很小,充满时在伞衣上形成旋转方向一致的排气口,气流主要通过中心对称的排气孔排出,产生垂直于排气口方向的气动升力。

(3)旋转伞伞衣面积不大,和物体之间一般需要旋转接头过渡。

(4)由于伞衣绕中心轴的高速旋转,旋转伞-载荷系统均有良好的稳定性。

(5)随着运动速度的增加,旋转伞的转速也增加。

(6)同时拥有垂直于排气口方向的气动升力及伞衣本身的气动阻力,造成总的气动阻力比较大,因而旋转伞阻力系数都较大。

(7)开伞过程中,伞衣不旋转或旋转较慢,阻力系数小,加之伞衣面积小,因而旋转伞的开伞动载均比较小。

旋转伞虽然在工程上已经得到了广泛的应用,但研究数据还不是很充分,表5.3罗列了一些典型旋转伞的结构形式及主要性能特点。

表5.3　部分旋转伞结构及基本性能

	方形旋转伞	S形旋转伞	十字形旋转伞
平面形状	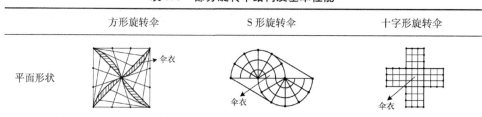		

续表

	方形旋转伞	S 形旋转伞	十字形旋转伞
阻力系数	1.1~1.2	~1.24	0.68~0.9
开伞动载	—	—	—

	旋叶伞	桨叶伞	涡环伞
平面形状			
阻力系数	0.85~1.0	0.65~1.2	1.0~1.6
开伞动载	~1.06	~1.1	~1.0

5.3　降落伞的气动性能

5.3.1　降落伞的气动力参数

像其他空中运动物体一样,降落伞在空中运动时也同样要受到气动阻力和气动升力的作用。它们的计算公式如下:

$$\begin{cases} F_{D} = \dfrac{1}{2}\rho v^{2} C_{D} A_{0} \\[2mm] F_{L} = \dfrac{1}{2}\rho v^{2} C_{L} A_{0} \end{cases} \tag{5.1}$$

式中,C_{D}、C_{L} 分别是相对于名义面积 A_{0} 的阻力系数和升力系数。对于弹道式轴向对称降落伞,主要受到气动阻力作用,而对于滑翔类降落伞(如翼伞),除气动阻力以外,更多的是受到气动升力的作用。

由于降落伞伞衣为柔性透气织物,采用常规数值方法计算降落伞的气动性能误差还比较大。目前,降落伞的气动系数通常采用试验方法确定,一般有以下两种方法。

1. 投放试验

在降落伞投放过程中,通过测量出它的平衡阶段的运动速度以及当时的空气密度,根据极限速度力平衡方程获得降落伞的气动系数。

对于轴对称弹道型圆伞,其阻力系数为

$$C_{\mathrm{D}} = \frac{G_{\mathrm{s}} + G_{\mathrm{w}}}{\frac{1}{2}\rho v_{\mathrm{d}}^2 A_0} \tag{5.2}$$

式中,G_{s}、G_{w} 分别为降落伞及载荷体的重力;v_{d} 为系统稳定下降时的运动速度;A_0 为伞衣名义面积。

对于滑翔类翼伞,气动力系数可由滑翔速度及滑翔角确定(详见第 7 章),气动力计算公式如下:

$$\begin{cases} C_{\mathrm{L}} = \dfrac{(G_{\mathrm{s}} + G_{\mathrm{w}})\cos\theta}{\frac{1}{2}\rho v_{\mathrm{d}}^2 A_0} \\ C_{\mathrm{D}} = C_{\mathrm{L}}\tan\theta \end{cases} \tag{5.3}$$

式中,v_{d}、θ 分别为稳定滑翔速度和滑翔角。

2. 风洞试验

由于降落伞一般面积都很大,而风洞尺寸有限,为满足风洞试验的要求,减小风洞阻塞效应造成的误差,一般需要将真实伞衣按比例缩小成模型伞,在风洞内进行试验,通过测力计测量其阻力 F_{D}、风速及空气密度等数据,然后按下式计算阻力系数:

$$C_{\mathrm{D}} = \frac{F_{\mathrm{D}}}{\frac{1}{2}\rho v_0^2 A_0} \tag{5.4}$$

式中,v_0 为风洞来流速度。

对于滑翔类降落伞,一般采用三分量或六分量天平完成纵横向的气动性能试验,根据坐标变换获得阻力系数和升力系数。

5.3.2 结构对气动力的影响

设计降落伞应在满足相同着陆速度条件下,尽可能增加伞衣阻力系数,减小伞衣面积。为此,必须了解各种因素对阻力系数的影响。降落伞气动作用力受伞衣表面压力分布及伞衣外形的影响,而影响伞衣外形及压力分布的因素很多,主要包括四大方面:伞衣类型、降落伞结构参数、降落伞透气性及降落伞工作工况。其中,透气性及工况的影响我们已经在第 2 章进行了介绍,本小节主要针对降落伞结构参数对气动力的影响进行介绍。

1. 伞衣类型

降落伞类型不同,降落伞结构参数就会有很大的差别。我们知道,降落伞主要由柔性纺织材料构成,受流体气动力作用降落伞的外形极易发生变化,而气流流过伞衣所产生的气动力又主要是由伞衣外形引起。相同的特征直径,外形不同,阻力系数就有很大的差别,流线型物体的阻力系数大概只有半球形碗状物体阻力系数的 1/10。同样地,伞衣呈流线型,运动时所受空气阻力就小,如平面圆形伞就比方形伞阻力系数小。图 5.18 是结构透气量为 26% 的不同类型相同名义直径带条伞阻力系数随马赫数的变化情况,从中可以看出,在亚音速工况下,锥形带条伞阻力系数最大,但随着马赫数增加,气动阻力性能下降较大,而半球形带条伞随着马赫数的变化阻力性能下降较小。

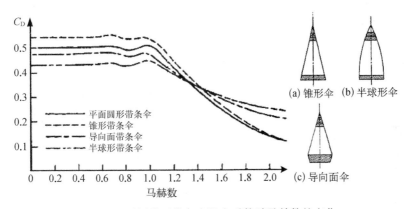

图 5.18　不同类型带条伞阻力系数随马赫数的变化

2. 结构参数

即使是同一类型的伞,结构参数不同,也会影响伞衣形状,造成阻力系数不同。降落伞结构参数的描述最主要反映在伞衣和伞绳两个方面。

不同伞衣类型,降落伞的结构参数描述并不一致。如密实织物平面圆形伞结构参数主要包含名义直径、顶孔直径、伞衣幅数量等,锥形伞则需要增加锥角参数,带条伞(或环缝伞)则含有环数、缝宽和带宽这些参数。由于伞衣结构类型多样,涉及的参数众多,本书只能略举几例加以说明。对于锥形伞来说,随着锥角的增加,阻力系数有先增加后减小的趋势。大多数锥形伞的阻力系数在 20°～35° 达到最大值(图 5.19);带条伞的环数、伞衣幅数都对阻力系数有一定的影响(图 5.20)。总之,伞衣结构参数的改变对阻力系数均会产生或多或少的影响。

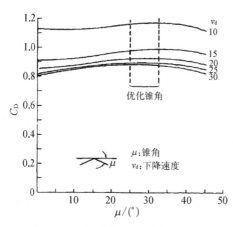

图 5.19　锥形伞阻力系数的变化

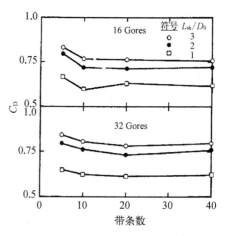

图 5.20　带条数对阻力系数的影响

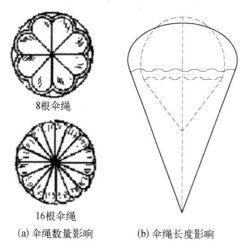

(a) 伞绳数量影响　　(b) 伞绳长度影响

图 5.21　伞绳对外形的影响

伞绳结构参数主要包括伞绳数量和长度,不同的伞绳数量和长度,均会改变伞衣的投影外形,如图 5.21 所示。伞绳数量决定了伞衣幅数量,伞绳数量增加会使伞衣最大投影面积增大,造成阻力系数增加。但伞绳数量不能无限制地增加,当伞绳数量增加到一定程度后,最大投影面积将不再显著增大,反而会增加降落伞系统质量,同时还产生一定的绳罩效应,对开伞及伞衣的减速性能均会产生不利的影响。另一方面,伞绳越长,投影面积增加,阻力系数也会提高,但当大于某一长度时,阻力系数增加缓慢,反而会增加伞系统质量。若没有特殊的要求,降落伞伞绳和伞衣名义直径的比值一般在 $0.8 \sim 1.2$。

5.3.3　伞衣压强分布及研究方法

降落伞之所以受到气动力(或气动力矩)的作用,归根结底是由于伞衣内外表面流场压强不一致,伞衣的局部织物破损有时也是由表面受压不均匀导致的。不同的伞衣类型、织物透气性、结构参数均会对降落伞伞衣压强分布产生影响。研究伞衣压强分布对预测伞衣气动性能,优化降落伞设计有重要的意义。伞衣表面压强分布研究方法主要有理论经验方法、实验方法和数值模拟三种方法。

1. 理论经验方法

由于降落伞的气动力主要源自形状阻力,而摩擦阻力的份额很小,在此我们忽略气流黏性产生的摩擦影响,流体假设为理想的非黏性流体。根据这种假设,流体速度势函数 ϕ 满足 Laplace 方程:

$$\mathbf{\nabla}^2 \phi = 0 \qquad (5.5)$$

势函数和速度分量有如下关系:

$$\mathbf{v}_i = \frac{\partial \varphi}{\partial x_i} \qquad (5.6)$$

伞衣表面速度满足:

$$\frac{\partial \phi}{\partial n_s} = \mathbf{v} \cdot \mathbf{n}_s \qquad (5.7)$$

根据上述经典理论,如果已知伞衣充满时的外形,便可以根据速度势函数求出伞衣表面的流体运动速度。假设降落伞充满时为理想的薄壁半球形碗状外形(如图 5.22 所示),Ibrahim 对其进行了理论分析,得到了如下无因次速度关系式:

$$\frac{\pi}{\cos \theta} \frac{v}{v_\infty} = 3\tan^{-1} \left[\left(\frac{B^{0.25} + B^{-0.25} \mp 2\cos\left(\frac{\beta}{2}\right)}{B^{0.25} + B^{-0.25} \pm 2\cos\left(\frac{\beta}{2}\right)} \right)^{0.5} \right]$$

$$\pm \frac{\sin\left(\frac{\beta}{2}\right)}{\sqrt{2(\cos \beta + \sin \theta)}} \left(\frac{2 + 3\sin \theta + \cos \beta}{1 + \sin \theta} \right) \qquad (5.8)$$

式中, β、θ 代表半球形的角度,如图 5.23 所示。式 5.8 中的"$\pm$"分别表示碗状物的凹凸两个表面。参数 B 满足如下公式:

$$B = \frac{1 - \sin(\beta - \theta)}{1 + \sin(\beta - \theta)} \qquad (5.9)$$

由式(5.8)速度计算公式,通过伯努利方程可以得到伞衣表面的压强分布,即

$$\frac{p - p_\infty}{q} = 1 - \left(\frac{v}{v_\infty} \right)^2 \qquad (5.10)$$

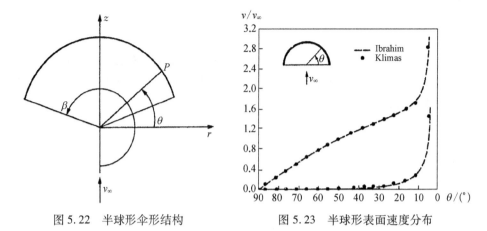

图 5.22　半球形伞形结构　　　　　　　图 5.23　半球形表面速度分布

式中,q 为来流动压。Ibrahim 采用上述经典理论对半球碗状物内外表面压力分布进行了计算;之后,Klimas 采用涡方法对该对象进行了流场计算。两人采用的方法不同,但计算结果非常一致,如图 5.23 所示。根据压力计算结果,只要对作用面进行积分,便可得到伞衣面上的气动作用力:

$$F_a = \iint p\cos\theta \mathrm{d}s \tag{5.11}$$

式中,$\mathrm{d}s$ 为伞衣单元面积。Klimas 还在风洞中对不同结构透气面积的刚性半球形带条伞进行了不同马赫数下表面压力的测量,图 5.24 为 20% 结构透气率的风洞试验结果。无论是工程计算、试验结果还是数值结果,均证实,即使是同一具降落伞,其伞衣面的压力受速度及空间位置的影响,沿伞衣径向上速度、压力分布并不相等,并随着马赫数增加,压差系数有所降低。这些试验结果和 Ibrahim 理论模型进行了比较,如图 5.24 所示,证实了 Ibrahim 模型具有较好的准确性,尤其在伞衣下部几乎一致。这是因为,实际降落伞存在伞顶孔,伞衣上部内外压差小于理论计算结果。

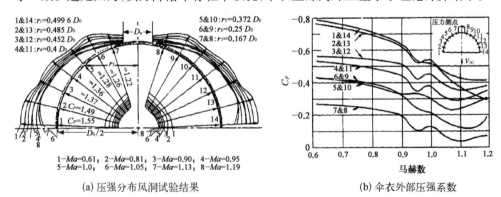

(a) 压强分布风洞试验结果　　　　　　　(b) 伞衣外部压强系数

图 5.24　半球形带条伞风洞试验结果

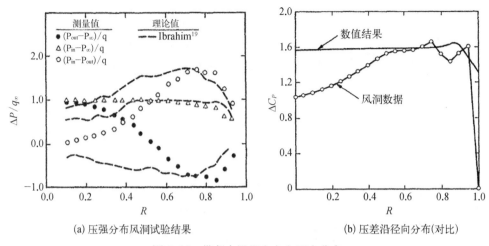

(a) 压强分布风洞试验结果　　　　　　　(b) 压差沿径向分布(对比)

图 5.25　带条伞沿径向方向压力分布

2. 实验方法

虽然风洞试验和空投试验都可以得到降落伞的气动特性参数,但是空投试验很难获得伞衣的绕流流场和伞衣表面的压力分布,风洞试验目前还是测量伞衣内外流场和表面压力分布的唯一手段。

降落伞一般面积很大,通常采用缩比的模型伞在风洞内进行试验。不同的伞衣形式其内外流场和表面压力分布均不一致,即使是同样的伞衣形式和伞衣面积,结构透气方式不一致,流场气动性能也不尽相同。笔者针对四种开孔方式不同,但结构透气面积相同的平面圆形伞(图 5.26)进行了风洞试验,测量出的流场速度和压强分布如图 5.27 所示。虽然都表现出伞衣内侧正压、外侧负压这样的共同特点,但在压力大小,负压中心个数和位置等方面均有很大的差别:无结构透气孔伞衣内外侧压差大,尾流的负压中心离伞衣面较远;即使同样的开孔面积,但开孔边

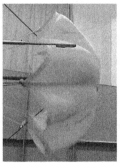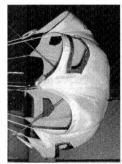

(a) 无中心孔　　　　(b) 有中心孔　　　　(c) 环向孔　　　　(d) 径向孔

图 5.26　降落伞模型

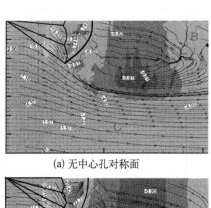

(a) 无中心孔对称面　　　　　　　　　(b) 有中心孔对称面

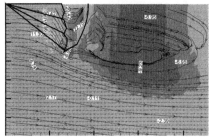

(c) 环向孔开孔对称面　　　　　　　　(d) 径向孔开孔对称面

图 5.27　平面型圆伞对称面一侧流场($v = 20\ \mathrm{m/s}$,压强单位 $\mathrm{mmH_2O}$)

长越大,由于织物变形影响,实际透气面积大,内外压差小,气动阻力系数相对较小。

3. 数值模拟

理论经验方法简单方便,可以快速获得伞衣面的压力分布,但是由于外形描述比较理想,和实际情况不完全吻合,是一种简单的估算方法。风洞试验是一种真实的存在,可以获得流场结构细节和三维坐标方向的气动参数,但受风洞尺寸的限制,只能进行缩比试验,对于柔性透气型织物降落伞,刚性及织物透气性无法缩比相似,从而产生一定的误差。目前,基于计算流体力学理论和基本方法开展计算机数值模拟是研究降落伞伞衣内外流场和表面压力分布的重要手段。采用这种方法可以得到降落伞绕流流场的时空变化分布细节。

图 5.28 为我们针对某透气性织物环帆伞的绕流流场数值计算结果,图 5.29 为该伞的压强系数沿子午线上的分布。可以看出,伞衣尾部流场结构非常复杂,会出现倒流、旋涡流、透气流等多种流态。在伞衣尾部出现两大尾涡区:第一尾涡区紧贴伞衣织物,受伞衣结构透气孔的影响,由来自结构透气孔的透气流及其包裹的细小旋涡组成;第二尾涡区主要受来流速度和伞衣面积的影响,由绕流速度及伞顶孔出流速度包裹而成,内含一对大小近似相等、方向相反的大旋涡。两大尾涡区相

互作用,相互影响:第一尾涡区越大,将会削减第二尾涡区倒流能量,降低阻力特性,因此增加结构透气量会显著降低降落伞的阻力性能。显然,考虑织物透气性的计算结果和空投试验结果更为接近,更符合实际情况(表5.4)。

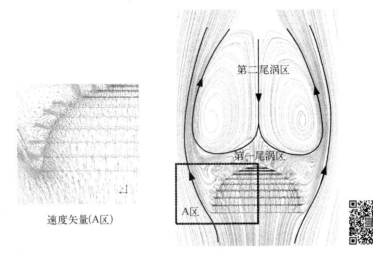

第二尾涡区

第一尾涡区

A区

速度矢量(A区)

图 5.28　环帆伞绕伞衣流线

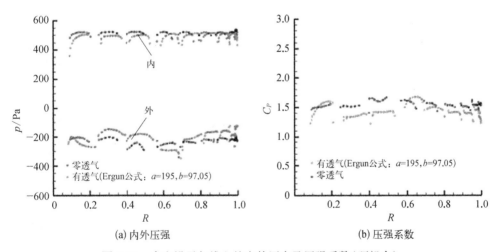

(a)内外压强

(b)压强系数

图 5.29　伞衣沿子午线上的内外压力及压强系数(环帆伞)

表 5.4　气动力系数对比

	数值计算		空投试验
	考虑织物透气量	不考虑织物透气量	
C_A	0.776	1.043	0.747
C_N	1.4e-4	3.2e-4	—

由此可知,伞衣的类型、结构参数的变化等都会导致伞衣流场分布发生很大的变化,从而导致降落伞的气动性能差异很大。伞衣充满时的外形是决定伞衣面压力分布规律的关键性因素,伞衣表面的压力分布则是影响降落伞气动性能的决定性因素。

5.3.4 降落伞的气动稳定性

伞载系统的稳定性和很多因素有关,如伞载系统的相对位置、质量大小、伞衣面积等等。本节主要从伞衣角度来探讨降落伞的稳定性。

在降落伞发展初期,伞衣上都没设计伞顶孔,那时的降落伞极不稳定。后来,在一次跳伞事故中,降落伞顶端被火烧了个大洞,没想到降落伞稳定性大为提高。随着人们对降落伞理解的深入,发现不同伞衣形式、不同结构尺寸、不同结构透气性都对降落伞的流场有很大影响,从而影响了降落伞的稳定性。

图 5.30 为不同型式降落伞的绕流流场示意图。密实平面圆伞无透气性,易出现大分离且会交替出现非对称尾涡,使伞衣不断摆动,稳定性较差。对平面圆伞增加结构透气性(如带条伞),气流透过结构孔形成一系列均匀一致的尾涡,提高了降落伞的稳定性。若对平面圆伞增加导向面,由于伞衣下部围幅外形的影响,分离点提前,尾流区域增加,四周流场均匀,稳定性也得到了一定的改善。当带条伞及导向面伞偏离平衡位置时($\alpha \neq 0$),由于流场分离,两种伞型均出现一定的恢复力矩,能很快恢复到平衡状态。由此可知,伞衣型式及伞衣透气性是影响降落伞稳定性非常重要的两个因素。

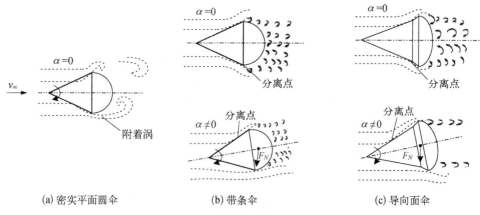

(a) 密实平面圆伞　　　(b) 带条伞　　　(c) 导向面伞

图 5.30　不同降落伞的绕流流场示意图

图 5.31 为风洞试验测出的不同型式伞衣气动力矩系数随迎角的变化。若力矩系数随迎角增加而减小,表明该伞有较好的静稳定性。据图分析,在 0°迎角时,

只有带条伞（$\lambda_j = 28\%$）和导向面伞 $\left[\lambda_z = 100\ \mathrm{ft}^3/(\mathrm{ft}^2 \cdot \min)\right]$ 有较好的静稳定性，其中导向面伞稳定性最好；刚性碗状半球的稳定性最差，对其开孔之后（$\lambda_j = 35\%$），气动稳定性有所改善；平面圆形伞是典型的非稳定型降落伞，其摆动角度能达到 ±25° 左右。

　　并不是所有的导向面伞都是稳定的，若透气性为 0，大多数导向面伞也不稳定。图 5.32 为风洞试验得到的某导向面伞气动力矩系数随迎角的变化情况，若有效透气量为 0，该导向面伞摆动角度可达到 20° 左右。总之，增加透气性可以提高伞系统稳定性，工程上一般从两方面来考虑：一方面是通过开孔增加结构透气性来提高总的透气性；另一方面是选用更高织物透气性的材料来提高总的透气性。

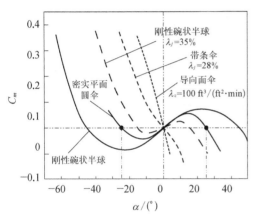

图 5.31　不同伞衣力矩系数变化

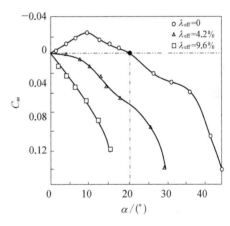

图 5.32　不同透气性力矩系数变化

　　除了伞衣形式和伞衣结构透气性以外，不同降落伞的几何尺寸也会引起外形变化，从而对气动稳定性产生一定的影响。一般来说，伞衣面积越大、伞绳长度越长，降落伞的稳定性越好。另外，采用收口绳或收边带设计方案也能使伞衣更为细长，径向流场力更加均匀，提高降落伞的稳定性。这一部分内容将在 6.5 节中继续介绍。

5.4　降落伞的气动热问题

5.4.1　热平衡方程

　　物体在空气中运动时，由于物体与空气的摩擦作用，使贴近物体表面的空气层温度升高，称为气动加热。超音速降落伞在空气中高速运动时，同样存在气动加热的问题。随着运动速度的增加，这种气动加热现象越加明显。当织物型气动减速装置表面温度相当高时，织物纤维有可能熔化、燃烧或分解，减速装置的强度也随之降低。

　　气动热的危害有时是即时发生,有时会因为飞行系统下降,空气密度增加造成气动热量增加而延迟发生。如采用耐热有机硅涂层材料制造的带条伞在再入大气层过程中,在飞行速度高达 4.1Ma 下(高度为 104 000 ft)没有出现热损伤,但是在飞行下降 20 s 后,速度降至 3.0Ma,由于空气密度增加、动压升高、热量累积等原因,带条伞反而灼伤受损。

　　为了获得降落伞的表面温度,首先要了解降落伞的热交换情况。除了气动加热外,伞-载系统运动过程中还受到其他加热方式,如太阳辐射、地球辐射等影响,由此可建立伞衣表面的热平衡方程:

$$c_{sy} m_{sy} \frac{dT_{sy}}{dt} = Q_t + Q_d + Q_c - Q_k - Q_e \quad (5.12)$$

式中,c_{sy}、m_{sy} 分别表示伞衣的比热和伞衣质量;Q_t、Q_d、Q_c、Q_k、Q_e 分别表示太阳辐射至伞衣的热量、地球辐射至伞衣的热量、气动对流热、伞衣辐射至空气的热量和伞衣辐射至地球的热量。其中,太阳(或地球)辐射至伞衣的热量 $Q_{t(d)}$ 为

$$Q_{t(d)} = R_{t(d)} \beta_{t(d)} A_{t(d)} \quad (5.13)$$

式中,下标 t(d) 表示太阳或地球;$R_{t(d)}$ 表示太阳(或地球)的辐射率,与高度、纬度、季节、气候等有关;$\beta_{t(d)}$ 指伞衣材料对太阳(或地球)辐射的吸收系数;$A_{t(d)}$ 是指伞衣在太阳(或地球)射线下的投影。

　　伞衣辐射至环境空间及地球的热量为

$$\begin{cases} Q_k = \sigma \varepsilon A_{sy} (T_{sy}^4 - T_k^4) \\ Q_e = \sigma \varepsilon F_{sy} A_{sy} (T_{sy}^4 - T_e^4) \end{cases} \quad (5.14)$$

式中,ε 为伞衣的辐射换热系数;F_{sy}、A_{sy} 分别代表伞衣的辐射角系数和伞衣面积;T_{sy}、T_k、T_e 分别为伞衣表面温度、空间温度和地表温度(单位为 K)。超音速飞行时,伞衣温度远高于空间温度及地表温度,因此伞衣辐射至外界(空气和地表)的辐射热也可以简化成如下形式:

$$Q_k + Q_e = \sigma \varepsilon A_{sy} (1 + F_{sy}) T_{sy}^4 \quad (5.15)$$

由气动加热产生的对流传热量为

$$Q_c = \alpha A_{sy} (T_r - T_{sy}) \quad (5.16)$$

式中,α、T_r 分别表示对流换热系数和边界层温度辐射至伞衣的热量。其中边界层温度可以采用下式计算:

$$T_r = T_\infty \left[1 + \gamma \left(\frac{k-1}{2} \right) Ma_\infty^2 \right] \tag{5.17}$$

式中，γ 为边界层温度恢复系数。层流边界层，$\gamma = \sqrt{Pr}$；紊流边界层，$\gamma = \sqrt[3]{Pr}$。k 为绝热指数，对于空气，取为1.4。当气温不超过500 K时，$Pr = 0.72$，代入(5.17)式，可以得到层流及紊流时的边界层温度。

上述诸热量中，Q_t、Q_d、Q_k 很小，可以忽略，这样(5.12)式又可以写成下列形式：

$$c_{sy} m_{sy} \frac{\mathrm{d}T_{sy}}{\mathrm{d}t} = \alpha A_{sy}(T_r - T_{sy}) - \sigma \varepsilon A_{sy}(T_{sy}^4 - T_k^4) \tag{5.18}$$

稳态条件下，伞衣表面温度满足如下方程：

$$\alpha A_{sy}(T_r - T_{sy}) = \sigma \varepsilon A_{sy}(T_{sy}^4 - T_k^4) \tag{5.19}$$

将 T_k 忽略，可以得到：$\alpha(T_r - T_{sy}) = \sigma \varepsilon T_{sy}^4$。

根据(5.18)式和(5.19)式，只要已知伞衣所处流场区域的对流换热系数 α 及织物材料的辐射换热系数 ε 便可以求得伞衣热平衡时的表面温度。辐射换热系数与表面温度、材料类型、表面颜色、表面工艺处理等因素息息相关。表 5.5 为锦纶材料的吸收系数及辐射系数。

表 5.5　锦纶材料的吸收系数和辐射系数（$T = 440$ K）

材　料	吸收系数 β_t	辐射系数 ε	材　料	吸收系数 β_t	辐射系数 ε
锦纶 （37.6 g/m² 白）	0.08	0.73	锦纶 （77 g/m²）	0.05	0.88
锦纶 （37.6 g/m² 橙）	0.13	0.76	锦纶 （147 g/m²）	0.08	0.87
锦纶 （54.5 g/m² 白）	0.06	0.72	锦纶 （478 g/m²）	0.11	0.86

5.4.2　对流换热系数

高速气流的对流换热系数和物体几何尺寸、边界层温度、飞行速度等因素息息相关，可以表示成如下无因次形式：

$$Nu = f(Re, Pr, Ma, Kn) \tag{5.20}$$

降落伞工作在连续流区，克努森数（Kn）可不予考虑，空气中，普朗特数（Pr）约为 0.72,由此努塞尔数(Nu)仅与雷诺数(Re)及马赫数(Ma)有关。下面以带条伞为例,来确定带条伞的对流换热系数。

如果我们认为伞衣带条为不透气织物,则带条与带条之间的缝隙近似为透气孔,如图 5.33 所示(伞衣厚度为 e,带宽为 b)。带条伞前后压差往往很大,超过临界压力比,这样通过伞衣环缝处的速度可以认为是当地音速 v^*。带条伞的特性长度一般用带宽 b 表示,则气流通过伞衣环缝处的雷诺数及带条伞的努塞尔数可以表示成如下形式:

$$
\begin{cases}
Re = \dfrac{v^* b}{v} \\
Nu = \dfrac{\alpha b}{\lambda} = f(Re,\ Ma)
\end{cases}
\tag{5.21}
$$

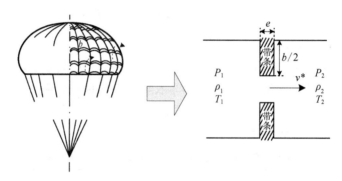

图 5.33　带条伞环缝处的简化模型

如上所述,努塞尔数表示成雷诺数及马赫数的关联函数。对于一定的高度,雷诺数仅和马赫数相关,如图 5.34 所示。因此,努塞尔数也可以表示成雷诺数的函数:

$$
Nu = c_1 Re^m
\tag{5.22}
$$

式中,c_1、m 均为常数。在对数坐标系中,带条伞努塞尔数和雷诺数的关系如图 5.34 所示。

只要已知工作高度及飞行马赫数,可以根据图 5.34 求得雷诺数,然后由图 5.35 查出带条伞的努塞尔数,根据(5.21)式努塞尔数的表达式,便可以得到带条伞的对流换热系数。

超音速降落伞开伞后在顶部会立即达到热流密度峰值,随着飞行器的下降,速度迅速降低,热流密度会很快衰减。由于时间短暂,如果在伞衣织物上附上防热保护涂层,可以提高降落伞高速工作时气动热的设计要求。实验结果表明,在热流密度 110 kW/m² 条件下,采用涂层后,织物的热容可以扩大 3 倍以上。另一方面,织物涂上涂层以后,可以减小织物拉出过程中的摩擦力,防止织物高速拉出时的摩擦损伤。

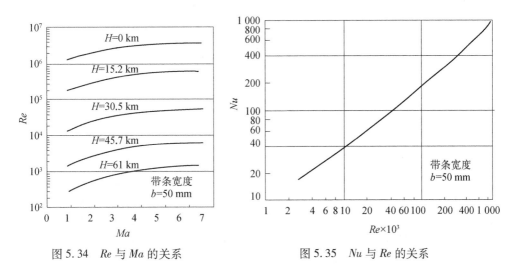

图 5.34　Re 与 Ma 的关系　　　　　　　　图 5.35　Nu 与 Re 的关系

5.5　阻力特征及控制

5.5.1　意义

　　降落伞充气过程非常迅速,在这个过程中,伞衣外形、附加质量发生很大的变化,阻力面积迅速增加,不仅给载荷体产生巨大的冲击载荷(开伞动载),另外载荷体、降落伞的运动轨迹、姿态角度、结构强度均会发生很大的动态变化。为了减小开伞动载及留空时间,要求在一段时间内控制降落伞的阻力特征。降落伞控制阻力特征常用的方法是收口法。它是采用位于伞衣中部、裙口、排气口、伞绳等部位的限制绳或布等手段,按照预定要求,使降落伞逐级打开来抑制伞衣完全充气或过度充气的一种方法。收口方法通常用于如下场合:

　　(1)减小开伞动载。通过伞衣收口使充气过程分成若干个阶段按预定时间分段充气,以控制开伞动载在限定的范围内。

　　(2)减小高空停留时间。利用收口技术减小降落伞阻力特征,达到减小高空停留时间的目的。

　　(3)提高着陆准确性。对于空投系统,通过收口技术可以减小外界风场环境的影响,提高着陆准确性;另外,在触地前迅速解除收口,也可达到减小着陆速度的目的。

　　(4)减小飞机着陆进场时间。飞机进场前提前放出(收口)阻力伞,提高飞机的着陆安全,在触地前,解除收口,有助于飞机减速刹车。

　　(5)增加降落伞的稳定性。通过控制收口,减小进气口面积,伞衣外形更加修长,进而增加降落伞的稳定性。

　　(6)减小过度充气。通过伞衣底边收口技术,控制进气流量,可防止伞衣过度充气,提高降落伞的安全性。

5.5.2　收口方法

　　一般来说,降落伞收口控制方法主要有收口绳法、控制绳法、伞顶中心绳法及收口布法几种类型。

　　1. 收口绳方法

　　收口绳方法是通过收口环将收口绳固定在伞衣某一部位,对伞衣充气起限制作用,是一种非连续性解除收口的方法。图5.36为伞衣底边收口绳方法。该方法在伞衣底边起到收口作用。在伞绳拉直瞬间,借用拉直力,通过旁系支绳,启动收口绳切割器击发装置,按预定的延迟时间,把绳子切断,解除伞衣收口状态,然后完全充满。为可靠起见,每根收口绳一般采用2~3个切割器,只要其中1个工作,即可解除伞衣收口。收口绳被切断后,仍遗留在伞衣上。这种方法比较简单,且能够实现一级乃至多级收口,是目前最常用的一种方法。

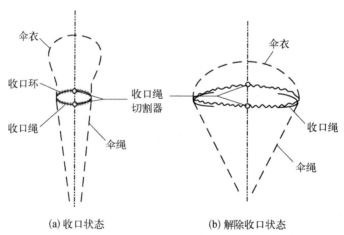

(a)收口状态　　　　　　　　(b)解除收口状态

图5.36　伞衣底边收口绳方法

　　2. 控制绳方法

　　控制绳方法是将收口绳和控制绳相连,通过控制绳将收口绳下拉,达到控制阻力特征的目的,是一种连续性解除收口的方法。图 5.37 为伞衣底边控制绳方法,该方法收口绳分成两段,每一段中心点 A 和伞衣底边固定,其他部分通过伞衣底边 B 点和控制绳相连(C 点),如图 5.37 所示。收口控制绳方法已经成功应用于飞行器回收及空投系统着陆前的解除收口上。

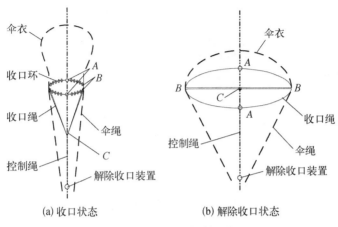

(a) 收口状态　　　　　　　　　　(b) 解除收口状态

图 5.37　伞衣底边控制绳方法

3. 伞顶中心绳方法

伞顶中心绳方法又称为伞顶下拉收口法,是采用轴向中心绳将伞衣顶部下拉的一种收口方法,如图 5.38 所示。这种方法可有效减小伞衣所承受的总阻力,然而其缺点也较为明显:伞衣顶下拉收口时中心绳受力较大,并且需要大幅度的下拉才能显著的减小阻力。目前,这种方法应用得比较少。

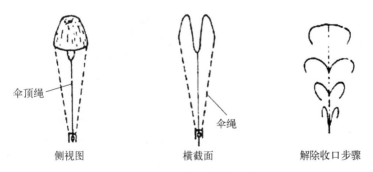

侧视图　　　　　　　　横截面　　　　　　　　解除收口步骤

图 5.38　伞衣顶部下拉收口方法

4. 收口布(收口带)方法

收口布方法广泛地用于翼伞、十字形伞及部分方形伞上,如图 5.39 所示。收口布控制是一种连续的阻力特征控制方法,收口布的设计以下落到最低点不影响各伞绳在空间的位置为准,太大的收口布会产生多余的阻力,增加重量,太小则影响伞衣的张开尺寸。对于翼伞,收口布会给其前进带来一定阻力,对于人用翼伞还会影响视野,因此收口布可演变为收口带、带顶孔的收口布、十字形等多种结构形式。

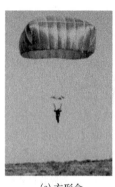

(a) 翼伞　　　　　(b) 十字形伞　　　　　(c) 方形伞　　　　　(d) 圆形伞

图 5.39　收口布控制方法

5.5.3　收口绳的安装及结构

收口绳方法是最广泛使用的降落伞阻力特征控制方法。收口绳解除一般采用切割器,切割器的装配工作程序如图 5.40 所示。通常切割器固定在伞衣底边,收口绳穿过收口绳环,拉出过程中控制拉耳击发切割器工作,收口绳切断后,呈"灯泡"状的伞衣继续充气,直至伞衣完全充满。

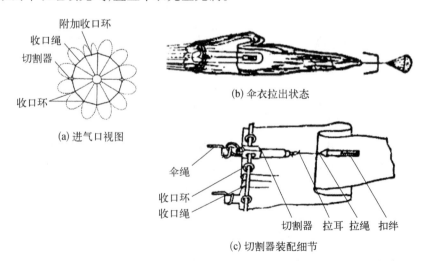

图 5.40　切割器装配图

有时,为了实现伞衣多次张开,可以采用多级收口方式。弹道型降落伞的收口级数一般不超过 2 级,其装配及收口状态如图 5.41 所示。大型翼伞因为开伞过载大,开伞可靠性差,收口级数较多,如 X－38 飞船回收系统主伞采用了 5 级收口的翼伞回收方式。表 5.6 为典型降落伞的收口级数情况。

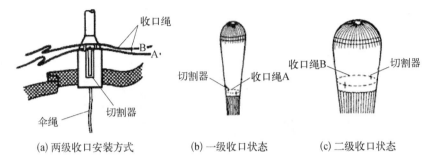

(a) 两级收口安装方式　　(b) 一级收口状态　　(c) 二级收口状态

图 5.41　两级收口安装及收口状态

表 5.6　降落伞收口级数

型 号 名 称	收口级数	
	主　伞	减速伞
"阿波罗号"飞船地球着陆系统	2	1
"猎户座号"载人飞船	2	2
航天飞机固体火箭助推器	2	2
K－1 运载火箭	2	2
"战神" I 运载火箭	2	3
X－38 国际空间太空船	5(翼伞)	5
"神舟"飞船	1	1

5.5.4　收口布的安装及结构

收口布又称收口滑布,滑布不仅能有效地降低伞衣的充气展开速度,从而降低伞衣的开伞载荷;另一方面,由于伞绳需要分组穿过滑布,因此收口滑布还能起着有效管理伞绳的作用,防止伞绳间相互间缠绕。

对于非对称型伞衣,采用收口绳方法有可能充气不对称,导致充气性能变差、伞衣局部破损等问题,因此对于这一类型的伞衣采用滑布收口也具有很好的优势,如方形伞、十字形伞或翼伞等。其他圆形类伞上也可以采用滑布进行收口控制,如美国巴特勒航空航天技术公司采用了宽檐帽(sombrero)滑布收口技术(图 5.42),该项技术在单伞和群伞上均已得到应用。

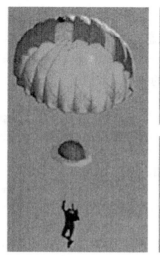
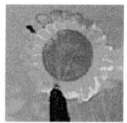

(a) 充满侧视图　　　　　(b) 充气阶段俯视图

图 5.42　宽檐帽滑布收口伞

　　翼伞是滑布收口应用最为广泛的伞型。大部分翼伞滑布的装配均为四角安装,即冲压式翼伞的所有伞绳分成四组,分别穿过一个金属环垫。包伞时收口布拉到伞衣底边;开伞时伞衣底边充气使伞绳向外扩开,对收口布的四个环孔产生压力,促使收口布沿伞绳向重物系留点方向滑动,而收口布的气动阻力和环孔与伞绳的摩擦力使收口布的移动速度得到控制,从而控制了翼伞的张开速度,图 5.43 给出了收口布的初始状态、充气过程和典型的收口布、收口带结构形式。

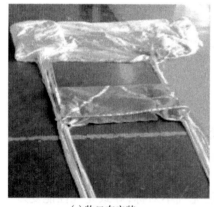

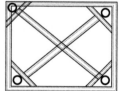

(a) 收口布安装　　　　　(b) 收口充气状态　　　　(c) 收口布(带)

图 5.43　收口布控制方法

　　对于载重量较大、面积较大的冲压式翼伞,为克服大载重冲压式翼伞在开伞过程中由不良充气特征造成的伞衣破损、开伞困难等现象,也可以采用多孔滑布收口技术,如图 5.44(a)所示。为了减小初始充气阶段的进气速度,减小最大开伞动载,美国 Elek Puskas 等提出了带有偏转帆的收口滑布设计方案,偏转帆在一定程度上改变了气流方向,减小了气室的扩充速度,延长了充气时间,如图 5.44(b)所示。

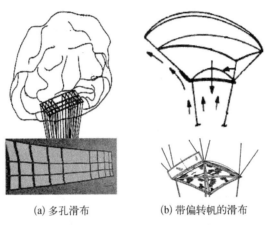

　　　　(a) 多孔滑布　　　　　　　(b) 带偏转帆的滑布

图 5.44　特殊类型滑布

5.5.5　收口控制程度

降落伞的收口控制程度一般采用收口比、收口直径比、阻力特征比来表示,下面分别对此进行介绍。

1. 收口比

收口比是设计状态下收口绳长度和伞衣底边周长之比,即收口绳圈直径和伞衣名义直径之比 (D_{sk}/D_0)。 收口比与伞型及伞绳数量有关,一般在 $0.58\sim0.65$;该计算方法的优点是可以直接计算收口绳的长度,简便精确,因此也是工程上常用的一种方法,但是对降落伞收口状态下的气动性能表达并不直观。

2. 收口直径比

收口状态下伞衣底边直径与完全张满伞衣的底边直径比,当伞衣无收口时,收口直径比为 1.0。该方法反映了收口伞的气动外形情况,但在计算收口绳长度时必须先计算伞衣张满时的底边直径,而该直径与伞型、伞衣幅数、运动速度均有关系,较为复杂,目前还难以得出它们之间准确的表达式。

3. 收口阻力特征比

伞衣收口状态的阻力特征与完全张满伞衣的阻力特征之比。这种表示方法反映了伞衣收口后的气动特征结果,不能用来直接计算收口绳的长度。收口伞衣的阻力特征主要取决于收口绳长度和伞衣的透气量。

图 5.45 和图 5.46 分别为收口阻力特征比随收口比及收口直径比的变化关系曲线,随着收口比或收口直径比的增加,收口阻力特征比也随之增加。

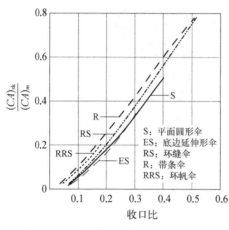

S: 平面圆形伞
ES: 底边延伸形伞
RS: 环缝伞
R: 带条伞
RRS: 环帆伞

图 5.45　阻力特征比随收口比的变化　　　　图 5.46　阻力特征比随收口直径比的变化

5.6　尾流及影响

实际空气是有黏性的,所以在运动物体表面必然存在很薄的边界层,流体遇到非流线型物体会出现边界层分离,从而在物体后部产生尾流区。降落伞总是拖曳在物体后面,其气动力特性会受到前方物体尾流流场的影响,尾流中的动压比自由来流中的动压低,且各位置点速度方向大小不再相同,并随时间发生变化,如图5.47 所示,所以尾流的存在必定会影响降落伞的充气及气动性能。下面分别从亚音速、超音速两个方面来介绍物体尾流情况。

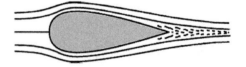

图 5.47　不同外形物体的尾流情况

5.6.1　亚音速尾流

由于物体后方的尾流流场非常复杂,通常尾流扰动速度场用平均流速表示。

对于亚音速尾流,存在两种尾流流场(图 5.48):物体在静止流体中的运动(如伞-载系统在空中的飞行情况)及流体流过静止中的物体(如风洞中的试验情况)。两种情况下尾流区域的速度分别为 v 和 v_1,它们之间的关系为

$$v_1 = v_\infty - v$$

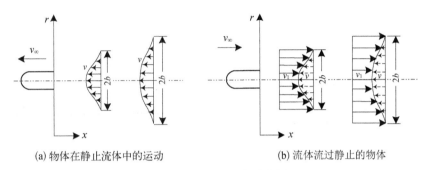

(a) 物体在静止流体中的运动　　　　　　(b) 流体流过静止的物体

图 5.48　尾流中速度分布图

物体在静止流体中作亚音速运动时,旋转体后的尾流速度可以用下式近似表示:

$$v = v_\infty c_1 \exp[c_2(r^*)^2] \tag{5.23}$$

式中,c_1,c_2,r^* 的函数表达式如下:

$$\begin{cases} c_1 = \dfrac{0.105}{(x/d_w)^{2/3}}\left(\dfrac{C_w\pi}{4K^2}\right)^{1/3} \\[4mm] c_2 = \dfrac{-0.415}{(x/d_w)^{2/3}(C_w\pi K)^{2/3}} \\[4mm] r^* = 2r/d_w \end{cases} \tag{5.24}$$

式中,r^* 表示离中心线的径向距离;x/d_w 为拖曳比,即降落伞距离物体底部的相对轴向距离;系数 K 受外形及轴向距离影响,由实验测量确定。

采用(5.23)式计算,在尾流中心线上结果较为准确,但随着径向距离增加,误差加大。

5.6.2　超音速尾流

典型的伞-载系统超音速流场如图 5.49 所示,前置体和降落伞前端一般均会出现脱体激波。前置体表面边界层在离开物体底部边缘时由于底部低压区的影响向中心汇聚,形成回流区。前置体后方的尾流分为内外两部分,核心部分由边界层

汇聚而形成黏性尾流区,又称为尾流核心区,这个区域的轴向速度沿径向分布有明显的梯度。黏性尾流区外为无黏尾流区,此区域的速度接近于未扰动的自由来流速度。由于内外尾流间的动量交换,前置体的轴向距离越大,黏性尾流的直径也将增加。因此,在回流区后部会出现黏性尾流的喉道。伞前激波和前置体尾流相互扰动,会引起伞前激波的振荡和伞衣的高频振动现象。

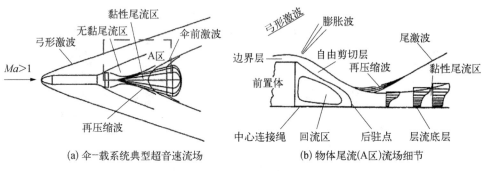

(a) 伞-载系统典型超音速流场　　　(b) 物体尾流(A区)流场细节

图 5.49　伞-载系统超音速尾流流场

实验证明,对于钝头旋成体的黏性尾流可按下式计算:

$$v = v_\infty \left[1 - 0.68(x/d_w)^{-0.815} e^{-1.1(r/d_w)^2} \right] \qquad (5.25)$$

由于前置载荷体底部存在回流区,(5.25)式不适用于 $x/d_w < 2.5$ 的回流区域。根据(5.4)式,当 $x/d_w > 10$ 时,尾流中心处的最小速度 $v_{min} \approx 0.9v_\infty$,即尾流速度分布近似均匀,尾流的影响较弱。

5.6.3　尾流区影响因素

无论是亚音速还是超音速,尾流区的速度总是小于外界来流速度,处在前置体后方降落伞所产生的气动阻力应该采用尾流区速度计算,即

$$F_D = \frac{1}{2}\rho v^2 C_D' A_0 \qquad (5.26)$$

式中,C_D'、v 分别为前置体后方尾流区实际阻力系数和运动速度。

尾流区流场复杂,速度变化大。为了便于计算,实际降落伞的气动阻力采用自由飞行的速度计算,即

$$F_D = \frac{1}{2}\rho v_\infty^2 C_D A_0 \qquad (5.27)$$

上两式计算的气动阻力应该相等,因此,

$$\frac{C'_D}{C_D} = \frac{v^2}{v_\infty^2} \tag{5.28}$$

可见,尾流区的阻力系数会减少。由于降落伞总是和前置体相连(如图 5.50 所示),即前置体的尾流会对降落伞的工作性能产生重要的影响,为减轻尾流影响,降落伞应尽可能地位于尾流区外工作。

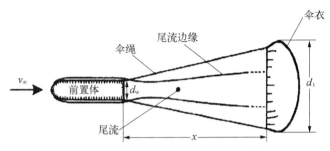

图 5.50 降落伞和前置体之间的尾流

根据物体尾流的分布规律以及尾流速度计算公式(5.23)式及(5.25)式,物体尾流主要受外形、拖曳比(x/d_w)、投影直径比(d_t/d_w)三大因素的影响。图 5.51 为超音速情况下,不同前体后方球形物体的阻力系数随拖曳比的变化情况。对于锥角为 10°的圆锥形物体(A – shape 外形),分离点在物体后缘,尾流区较长;相反,对于钝头物体,尾流区则较短。一般来说,钝头物体阻力系数大,尾流区长度相对较短。对于大多数物体,当伞载系统拖曳比达到 10 时,阻力系数变化不大。此时,我们可以忽略前置体尾流的影响。

加利福尼亚大学曾经对多种拖曳比和投影直径比的锥形伞、平面圆伞及半球形伞开展了亚、跨、超速度条件下尾流影响风洞试验,总结出了降落伞和物体之间投影直径比在 1.0~3.0 的两条阻力性能损失曲线。之后,美国圣地亚国家实验室对 XS – 2 实验飞行器及其鼻锥开展了后置锥形带条伞尾流损失风洞模型试验(见图 5.52 的风洞试验 2 及风洞试验 3),试验结果和加利福尼亚大学风洞试验结果较为一致。对于空中实际飞行的伞-载系统,人们采用阿波罗减速伞也开展了不同前体、不同拖曳比的阻力性能损失试验,表明自由飞行阶段的阻力性能也具有与风洞试验相同的规律:前体投影直径越大,尾流影响越明显,增加拖曳比,能有效减轻尾流的影响。这些试验结果总结在图 5.52 中。

对于复杂外形前置体,如飞机-减速伞系统,前体(飞机)的投影直径以前体有效截面积计算,有效截面积大小受降落伞投影直径的影响,如图 5.53 所示。前体有效直径计算公式为

$$d_w = \sqrt{4S_{eff}/\pi} \tag{5.29}$$

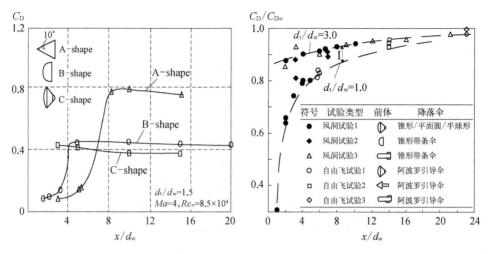

图 5.51　球形拖曳体的阻力系数　　　　图 5.52　尾流后的降落伞阻力损失

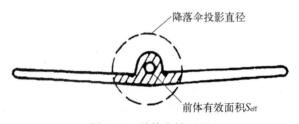

图 5.53　前体有效面积

　　在实际情况中,由于尾流流场很复杂,主要通过实验和经验公式确定尾流流场特性和尾流区域大小。

5.6.4　降落伞尾流及伞顶塌陷

　　由于降落伞织物透气性,降落伞的尾部流场更为复杂,常常会出现倒流、旋涡流、透气流等多种流态。如果倒流速度过大,非定常流场作用力将造成柔性伞衣出现各种类型的变形,进而出现局部塌陷(图 5.54),其中伞衣上部塌陷出现频率比较高,我

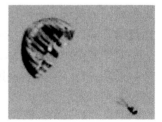

图 5.54　降落伞工作过程中变形

们一般将伞衣上部塌陷称为尾流再附现象,或称为伞顶塌陷现象。

　　为分析伞顶塌陷现象,我们假设伞载系统沿对称轴方向向下运动。在下降过程的某个瞬间,伞载系统运动及流场尾流情况可以简化成如图 5.55 所示。从能量的观点分析,伞载系统减速过程是一个将物体运动动能传递给周围流体的过程。在下降过程中的每一瞬时,伞衣周围流体的动量变化率等于气流对伞-载系统阻力的反作用力。因此,在伞系统减速的同时,伞衣周围气流速度在伞系统运动方向上加速。这样可能出现伞衣尾部气流的速度大于伞-载系统的运动速度,进而导致尾流再附现象发生。尾流再附会改变伞衣上压力分布,进而导致结构应力变化,使伞衣出现塌陷。

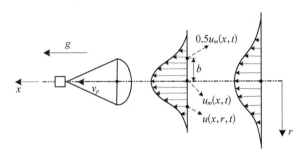

图 5.55　降落伞运动及尾流速度分布

　　旋转体的尾流可以采用经验公式计算。T. Yavuz 给出了降落伞尾流分布函数:

$$\frac{u(x, r, t)}{u_m(x, t)} = f(\eta) \tag{5.30}$$

式中,$f(\eta) = (1 + 0.4142\eta^2)^{-2}$;$\eta = r/b$;$b$ 为尾流区域宽度,该处速度为中心处最大速度 u_m 的一半。根据流场质量守恒方程及动量守恒方程,可以推导出 $u(x, r, t)$ 的速度分量控制方程:

$$\frac{\partial u}{\partial t} = u\frac{\partial u}{\partial x} - \frac{1}{r}\frac{\partial u}{\partial r}\int\frac{\partial u}{\partial x}r\mathrm{d}r = -\frac{\partial}{\partial r}(\overline{u'v'}) + \frac{1}{\rho}F'_D \tag{5.31}$$

式中,等号右边的项分别表示为雷诺应力和单位体积流体对伞系统的阻力,它们可以表示成如下公式:

$$\begin{cases} -\dfrac{\partial}{\partial r}(\overline{u'v'}) = kbu_m\dfrac{\partial u}{\partial r} \\ F'_D = \delta(x - x_p)(\rho\Delta u) \end{cases} \tag{5.32}$$

式中,δ 为克罗内克函数,在伞衣面上 $(x = x_p)$ 取为 1,其他部分为 0。将(5.32)式代入(5.31)式,并积分,可以得到尾流中心的速度方程。

假设伞载系统做垂直下降,根据牛顿力学定律,降落伞系统的运动方程可以写成如下形式:

$$(m_f + m_{tot})\ddot{x} = G - F_D \tag{5.33}$$

式中,m_f、m_{tot} 分别代表伞载系统的附加质量和真实总质量;G、F_D 分别为重力和气动阻力。

伞顶塌陷现象通常出现在大型降落伞减速较快的充满阶段,引入降落伞的气动阻力及附加质量公式,便可以得到伞载系统的下降速度。比较伞后尾流中心的速度及降落伞的运动速度,若 $\dot{x} < u_m$,便会出现尾流再附现象。

图 5.56 为采用上述模型获得的不同工况下某环缝伞及尾流中心处的运动速度。图中纵、横坐标均为无量纲量,横坐标表示运动位置,开始充气时刻为位置起始点;纵坐标分别为正在下降过程中伞系统及尾流的实际运动速度 v 与系统稳降速度 v_{wd} 的比值。图 5.56 中,M_R, Fr 分别为无量纲质量比和弗劳德数,其定义式为

$$\begin{cases} M_R = G_{tot}/\rho g D_0^3 \\ Fr = v_i^2/g D_0 \end{cases} \tag{5.34}$$

v_i 表示降落伞系统的初始运动速度。从中可以看出,工况一在充气结束时,尾流中心处速度大于降落伞运动速度,这意味着伞衣后的气流速度大于伞衣前的气流速度,此时将发生尾流再附(伞顶塌陷)现象。而工况二则不会发生尾流再附现象。

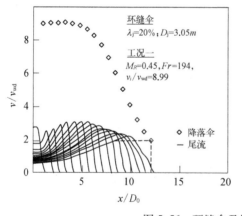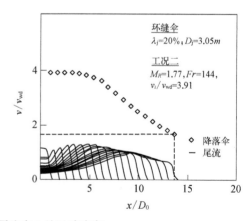

图 5.56　环缝伞及尾流中心处运动速度

由于伞顶塌陷,伞衣投影直径也会随之发生变化,伞衣最大投影直径与最小投影直径的比值用 R_c 表示,R_c 也被认为是无量纲塌陷参数。Strickland 及 Macha 对环缝

伞充气过程的试验数据进行了分析整理,发现伞衣塌陷程度满足如下计算公式:

$$R_c - R_{c\infty} = \frac{1}{M_R}f\left(\frac{Fr}{M_R}\right) \tag{5.35}$$

据(5.34)式及极限速度公式[式(2.30)],(5.35)式又可以推导成如下形式:

$$R_c - R_{c\infty} = \frac{1}{M_R}f\left(\frac{v_i}{v_{wd}}\right) \tag{5.36}$$

式中,$R_{c\infty}$ 表示无限质量情况下的伞衣塌陷参数[①]。若 R_c 接近无限质量下的塌陷参数,即 $R_c - R_{c\infty} \to 0$,降落伞不会发生伞衣塌陷现象。

对 20%结构透气量的环缝伞进行空投试验,其投影直径和塌陷参数的变化规律分别如图 5.57 和图 5.58 所示。伞衣投影直径振幅逐渐减小;当初始充气速度与稳降速度比小于 4 时,很难发生伞衣塌陷,当速度比升高到 10 之后,塌陷参数基本不会发生变化。由此可知,最大塌陷参数与速度比没有关系,仅为无量纲质量的函数。该环缝伞的最大塌陷参数可以表示成如下函数:

$$M_R(R_c - R_{c\infty}) \approx 0.25 \tag{5.37}$$

当 M_R 比较小时,充气过程减速快,容易出现尾流再附现象;反之,对于无限质量充气工况,充气过程速度改变极小,不会出现尾流再附现象。M_R 越大,伞顶内塌现象越不容易发生。尾流再附所造成的伞衣塌陷会造成气动阻力面积发生剧烈的变化,使气动载荷波动很大,造成结构破坏,系统稳定性受到影响,工程设计中应尽量避免尾流再附现象发生。

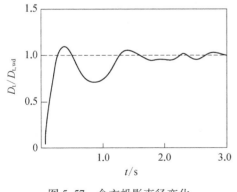

图 5.57　伞衣投影直径变化

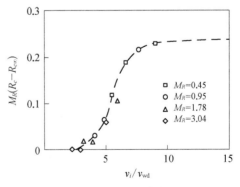

图 5.58　伞衣塌陷参数变化

① 无限质量:主伞单位面积承受的载荷大到一定数值后,近似地认为充气过程中系统的速度将保持不变,亦即意味着系统的质量为无限大,称为无限质量情况。

5.7　群伞气动性能

5.7.1　概述

随着载荷重量的增加,所需要的降落伞面积也随之增加。如果根据理论计算,载荷重量增加至 10 吨时,若要求在空气密度为 1.2 kg/m³ 的海平面上的着陆速度小于 8 m/s,降落伞阻力特征需达到 2 600 m²。假设降落伞阻力系数为 0.8,此时伞衣面积需要高达 3 255 m²。对于如此巨大的伞衣面积,采用单个降落伞,不仅制造工艺难度和制作成本大幅度增加,同时,如此大面积的单个降落伞,开伞可靠性也大幅度降低。为了解决上述困难,工程上常采用多伞并联设计方法,我们通常也称为群伞设计方案。如 3 255 m² 的单伞面积我们可以用 10 具群伞替代。图 5.59 为航天飞机火箭助推器的群伞回收系统的工作程序。

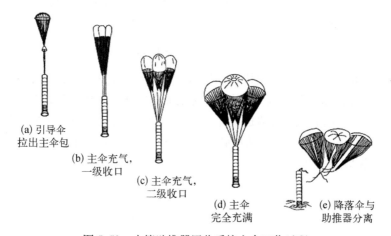

(a) 引导伞
拉出主伞包

(b) 主伞充气,
一级收口

(c) 主伞充气,
二级收口

(d) 主伞
完全充满

(e) 降落伞与
助推器分离

图 5.59　火箭助推器回收系统主伞工作过程

群伞系统主要有如下优点:

(1) 小伞相对于大伞,更加容易制造、包装及维护;

(2) 群伞比单伞在伞型选择上限制较少,通过伞数量上的灵活配置,载荷重量范围增加;

(3) 群伞比采用单个大伞灾难性事故概率降低;

(4) 由于群伞中每具伞的面积减小,因此群伞系统比单个大伞的充气时间更短,减少了开伞时间;

(5) 伞-载系统的稳定性更好。

但是,群伞也会带来下述问题:

（1）易产生开伞不同步现象，导致个伞延迟张开甚至无法张开，先充气的个伞则过载很大，因此每具伞均必须采用最大强度系数设计；

（2）由于伞间干扰，群伞系统会有一定的气动阻力损失，造成总面积增加，比单个大伞需要更大的重量和体积；

（3）由于展开过程不同步，为较好实现充气同步，保证开伞可靠，群伞解除收口时间更长。

5.7.2　群伞性能特点

1. 群伞阻力损失

群伞由于伞之间气动力干扰的原因，会存在一定的气动力损失。图 5.60 为数值计算获得的 C-9 伞组成的群伞系统稳定下降情况下的涡量场分布情况，可以看出，伞之间的距离小于干扰流场距离时，伞的流场结构会互相影响改变气动性能，群伞系统中单伞的伞衣阻力系数会随伞衣数量的增加而减小。图 5.61 为平面圆形伞随伞衣数量增加单个伞的阻力系数的变化情况。

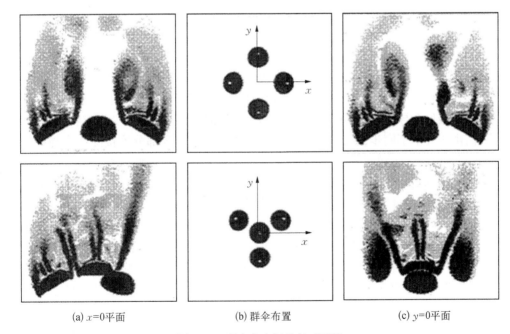

(a) $x=0$ 平面　　　　　　　(b) 群伞布置　　　　　　　(c) $y=0$ 平面

图 5.60　群伞伞衣间的气动干扰

为尽量减小群伞之间的相互干扰，群伞和上、下级降落伞（或载荷体）之间的连接绳要有足够的长度，以保证各伞间留有足够的间隙。

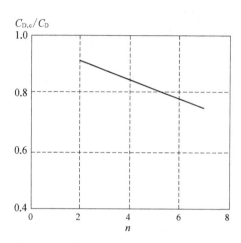

图 5.61　群伞系统中的单具伞阻力系数比

图 5.62　"阿波罗 15 号"飞船单伞失效

2. 开伞不同步现象

由于伞-载系统下降过程中周围的绕流流场具有高度的非线性和非定常性,群伞充气通常缺乏同步性。据统计,群伞良好的同步开伞是非常罕见的,即使是采用单引导伞同步拉出、延长收口时间等方案,伞衣非同步充气现象依然广泛地存在。

群伞开伞不同步造成最严重的后果就是单伞或多伞失效。当开伞不同步现象严重时,先行打开的降落伞使伞-载系统速度迅速降低,造成无足够的动压打开后续伞衣,最后会导致着陆(或着水)速度过大,严重时可造成人员受伤或物体损坏。另外,由于开伞不同步,受力不均匀,开伞过程中可能导致部分连接绳或伞绳断裂失效。美国航天飞机火箭助推器就曾经因单伞失效造成回收失败。"阿波罗 15号"飞船返回舱也曾因单伞失效,导致最终着水速度很大,所幸"阿波罗"飞船采用了可靠性冗余设计方案,才无人员伤亡,如图 5.62 所示。

开伞不同步造成的另一后果就是各伞开伞载荷不均衡。图 5.63 为三具带条伞所组成的群伞系统的开伞载荷-时间曲线,尽管三具带条伞结构及设计的收口时间完全一致,全长拉直时间及最大拉直力出现时间也几乎完全相同,但从收口状充气开始就已经表现出了不同步充气的现象,这种不同步性随着伞衣数量的增加而愈加明显。

群伞系统的这种非同步开伞现象有时用动载非均匀系数来描述,计算公式为

$$\beta = \frac{n F_{\text{max}, i}}{F_{\text{max}, t}} \tag{5.38}$$

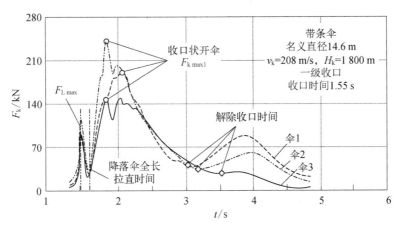

图 5.63　三伞系统开伞载荷-时间曲线

式中, $F_{max,i}$、$F_{max,t}$ 分别代表单伞的最大开伞动载和群伞系统的最大开伞动载；n 代表伞衣数量。

当群伞伞衣总面积相同时,伞衣数量越多,则单伞面积越小,群伞系统的充气时间减少,最大开伞总动载增加,不均匀系数也越大。一般来说,双伞系统不均匀动载系数不到 1.45,而四伞系统不均匀动载系数有时会接近 2.0。由于先充气的单伞过载更大,但每具伞均有先充气的可能,因此群伞系统必须采用最大强度系数来设计。

3. 群伞稳定性

不同的降落伞结构形式,伞衣的稳定性也不一致。如带条伞相比于平面圆形伞,就有更好的稳定性。在群伞系统中,各单伞产生的力矩虽然不为 0,但是它们的和总是接近于零,即使采用非稳定的伞衣形式也是如此。因此,群伞系统比单伞系统具有更好的稳定性。

图 5.64 为三具带条伞组成的群伞系统空投试验和数值仿真的计算结果,可以看出在下降初期前体或单伞也许会出现俯仰或横滚等运动,但到稳定下降阶段,群伞-载荷体联合系统均会归于稳定。因此群伞设计上,各单伞的选择也更加灵活和广泛。

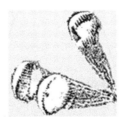

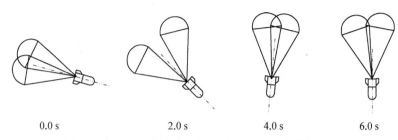

0.0 s　　　　　　2.0 s　　　　　　4.0 s　　　　　　6.0 s

图 5.64　48 平方带条伞空投试验(上)及仿真结果(下)

5.7.3　群伞设计要点

群伞的伞间干扰及开伞不同步现象是群伞设计中特别要注意的两个问题。为尽量减小群伞之间的相互干扰,群伞系统方案设计需要关注如下几方面内容: ① 群伞引导系统设计; ② 主伞和载荷体吊带连接方案; ③ 主伞充气方案设计。

1. 引导系统设计

群伞引导拉出方案主要有三种,如图 5.65 所示。相比于独立引导系统,单伞及双伞引导方案能保证更好的群伞开伞同步性。其中单伞引导系统配置简单,首先通过单伞将辅助引导伞(1 具或多具)拉出,再由辅助引导伞拉出主伞系统,主伞系统常常由三具以上的群伞组成。单伞引导方案在重装空投系统中得到非常广泛的应用,最高单件空投能力已达到 27 吨,由 14 具群伞组成。双伞引导系统每一具引导伞均可拉出下一级伞群,另一具引导伞仅作为备份,美国 B-1 轰炸机救生系

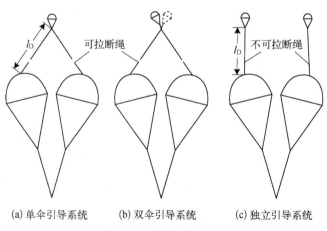

(a) 单伞引导系统　　　(b) 双伞引导系统　　　(c) 独立引导系统

图 5.65　群伞引导方案

统就是采用这种方案。独立引导系统可靠性最高,每一具主伞均有各自独立的引导拉出组件,即使一个减速单元失效,对其他单元也不影响,不会造成致命重大事故。美国"阿波罗"飞船就是采用独立引导系统群伞减速方案。独立引导方案降落伞系统重量和体积都会大大增加,并不适合大载重群伞数量较多的场合。另外,独立引导系统群伞开伞同步性较差,造成个伞的开伞载荷差异性较大。

无论哪种引导拉出方案,引导连接绳可以采用拉断方式也可采用不可拉断方式。对于单伞面积较大的群伞系统,为了防止伞顶塌陷,引导伞和主伞之间的连接绳一般不拉断,对主伞顶部起着一定的外拉作用。当伞衣完全充满后,引导伞便处于气动失效状态。为避免引导伞处于尾流区,同时防止群伞间的相互干扰,一般引导伞连接绳长度不得小于 0.6 倍上一级伞衣的名义直径,伞衣间至少需要保证 $0.1D_0$ 的空间间隙。

2. 吊带设计

主伞和载荷体吊带连接方案主要有单级吊带方案和两级吊带方案,如图 5.66 所示。为了有效避免群伞之间的相互干扰,工程上常采用下式设计群伞的有效吊挂长度:

$$l_{e,c} = D_0\sqrt{n} \tag{5.39}$$

式中,n 为群伞数量;D_0 为群伞中单伞的名义直径。

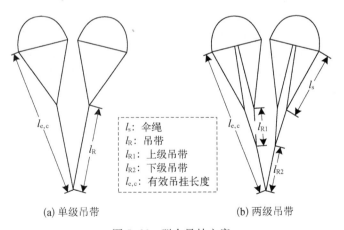

(a) 单级吊带　　　　　　　　　　　(b) 两级吊带

l_s: 伞绳
l_R: 吊带
l_{R1}: 上级吊带
l_{R2}: 下级吊带
$l_{e,c}$: 有效吊挂长度

图 5.66　群伞吊挂方案

3. 主伞充气方案设计

为改善降落伞开伞的同步性,控制开伞动载,群伞系统一般都采用充气收口方案。在群伞系统中,收口设计有如下一些好处:

（1）通过延长收口时间的设置，可以保证各伞都能有较好的流场和较为一致的充气动压；

（2）在解除收口阶段，群伞中的所有单伞能够保持较为一致的充气外形。

部分群伞还会采用多级收口措施，此时，收口伞伞衣进气口面积将远远小于非收口状态，为保证伞衣能够有效充气，伞衣排气口面积必须小于第一级收口时的进气口面积。一般来说，群伞方案中的各单伞排气口直径仅为名义直径的1%左右，这个标准远小于单伞排气口4%左右的设计标准。收口阶段伞-载系统飞行速度往往比较大，为了防止伞衣因快速充气造成破损，需要提高收口阶段伞衣的透气性，通常在伞衣上部采用环缝结构。

除了收口设计方案外，也可以通过延缓充气，降低充气速度来改善群伞的充气同步性。采用的方案有：① 采用大透气量或变透气量织物，延长充气时间；② 采用充气较慢的围幅型或导向面型伞衣，如底边延伸形伞就比平面圆伞有更好的充气一致性；③ 增加收口延迟时间，群伞的收口延迟时间一般都大于单伞，伞衣数量增加，延迟增加时间也越长。

5.8 降落伞振动

降落伞主要由柔性纺织材料构成，由于非定常流场的作用，织物材料会出现一些变形或延伸，导致降落伞出现结构变形及振动，如伞顶塌陷及再充满、伞绳抖动、伞衣喘振等。这些变形及振动现象对伞系统的正常工作会产生一定的影响，甚至导致伞系统工作完全失败。降落伞的变形和振动本质上是由非定常流场和结构相互作用造成的，由于大变形非定常流固耦合问题极其复杂，目前还处在不断发展之中。本书主要基于经典的振动力学理论，分别从伞衣、伞绳、连接绳几个方面来介绍降落伞的变形及振动情况。

5.8.1 伞衣振动

1. 伞衣的呼吸现象

降落伞"呼吸"现象是指在降落伞第一次充满后，伞衣投影面积在一定范围内上下波动，表现为伞衣以一定周期一张一缩的变化，是降落伞充气过程中常见的一种现象，降落伞的呼吸现象也被认为是伞衣的喘振现象，在空投试验、风洞试验、飞行器的减速回收等方面都经常出现降落伞的呼吸现象。

图5.67为笔者在风洞中测得的平面圆形伞充气过程伞衣外形变化情况，其伞衣投影直径及降落伞开伞动载变化分别如图5.68和图5.69所示。国防科技大学秦子增教授团队采用数值计算方法得到了不同工况下伞衣进气口直径的变化（图

5.70)。这些图像和数据反映出降落伞呼吸现象满足如下规律：呼吸过程出现在伞衣第一次充满后,呼吸周期逐渐延长,呼吸振幅逐渐缩小;随着开伞速度或载荷质量的增加,呼吸频率也随之增加。

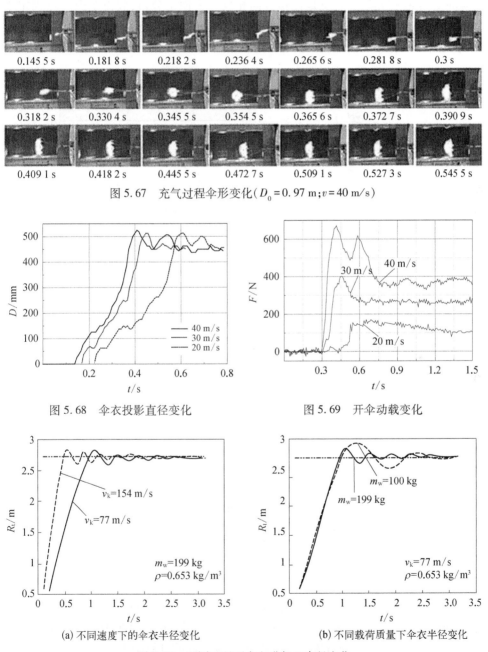

图 5.67   充气过程伞形变化($D_0 = 0.97$ m;$v = 40$ m/s)

图 5.68   伞衣投影直径变化   图 5.69   开伞动载变化

(a) 不同速度下的伞衣半径变化   (b) 不同载荷质量下伞衣半径变化

图 5.70   不同工况下伞衣进气口直径变化

2. 伞衣的呼吸频率

伞衣的呼吸现象可以看成伞衣和伞绳的振动。当伞衣凸起时,伞绳凹陷,伞衣凹陷时,伞绳则凸起,二者总是位移方向相反。为便于分析,假设伞绳交点固定不动,且伞衣伞绳的质量分布简化为沿绳长方向均布,伞衣的呼吸现象便可看成基于伞绳交点处具有1.5倍波长的抖动,如图5.71所示。

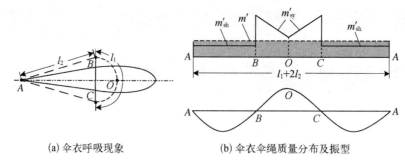

(a) 伞衣呼吸现象　　　　　　　(b) 伞衣伞绳质量分布及振型

图5.71　伞衣呼吸现象及振型

上述振动形式可以看成典型的横波振动,振动方程的一般形式为

$$\varphi(x) = a\cos\frac{2\pi x}{\lambda} \tag{5.40}$$

式中,a、λ分别代表振幅和波长。伞绳伞衣某点的位移可表示为角频率ω的函数:

$$y = \varphi(x)\cos\omega t \tag{5.41}$$

若织物变形比较小,可以不考虑因振动引起的内能变化,此时任一位置处的势能E_p和动能E_k可以表示成如下形式:

$$\begin{cases} E_p = T\displaystyle\int_0^{\lambda/4}\left(\frac{\mathrm{d}y}{\mathrm{d}x}\right)^2\mathrm{d}x \\[2mm] E_k = m'\displaystyle\int_0^{\lambda/4}\left(\frac{\mathrm{d}y}{\mathrm{d}t}\right)^2\mathrm{d}x \end{cases} \tag{5.42}$$

式中,T、m'分别代表任一位置处的张力及质量密度。

最大振幅时($\cos\omega t = 1$),势能最大;平衡位置时($\cos\omega t = 0$),动能最大。如果振动过程中无能量损耗,则最大动能和最大势能相等。将(5.41)式代入(5.42)式,根据$E_{p\max} = E_{k\max}$,经过推导可以得到角频率ω的计算结果:

$$\omega^2 = \frac{T}{m'} \cdot \frac{\displaystyle\int_0^{\lambda/4} \left[\, \mathrm{d}\varphi(x)/\mathrm{d}x \, \right]^2 \mathrm{d}x}{\displaystyle\int_0^{\lambda/4} \left[\, \varphi(x) \, \right]^2 \mathrm{d}x} \tag{5.43}$$

将(5.40)式代入(5.43)式,便可得到角频率的计算表达式:

$$\omega = \frac{2\pi}{\lambda} \sqrt{\frac{T}{m'}} \tag{5.44}$$

相应的振动频率为

$$f = \frac{\omega}{2\pi} = \frac{1}{\lambda} \sqrt{\frac{T}{m'}} = \frac{1}{\lambda} \sqrt{T^*} \tag{5.45}$$

式中,T^*代表单位长度质量下伞绳的张力。根据伞衣的振型图及相关假设(图 5.65),伞衣呼吸过程中的波长为$\frac{2}{3}(l_1 + 2l_2)$,由此可推算出呼吸过程中的喘振频率为

$$f_{\mathrm{ch}} = \frac{3}{2(l_1 + 2l_2)} \sqrt{T^*} \tag{5.46}$$

根据(5.46)式,可知伞衣呼吸频率不仅受降落伞结构尺寸的影响,同时受质量及充气过程开伞张力的影响。降落伞面积越大,织物材料越重,呼吸频率越小;大动压情况下,伞衣所受张力,喘振频率越大。因而,超音速降落伞往往有很大的振动频率。

5.8.2　绳带振动

伞绳及各类连接带是降落伞的重要连接部件,绳带间的振动主要有三类:纵向振动、纵向波动及横向抖动,如图 5.72 所示。下面分别进行介绍。

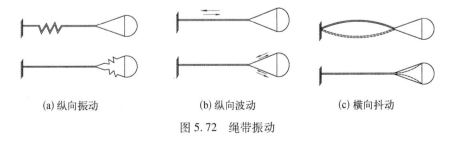

(a) 纵向振动　　　　　　　(b) 纵向波动　　　　　　　(c) 横向抖动

图 5.72　绳带振动

1. 纵向振动

如果将绳、带看成是拉伸弹簧,根据振动力学理论,弹簧的自振频率可以表示为

$$f_{\text{spr}} = \frac{1}{2\pi} \sqrt{\frac{k}{m_{\text{eff}}}} \tag{5.47}$$

式中,k 为弹性系数;m_{eff} 为弹性元件(绳带)的等效质量。

对于连接带,m_{eff} 的计算公式为

$$m_{\text{eff}} = m_s + \frac{m_d}{3} \tag{5.48}$$

式中,m_s、m_d 分别代表降落伞质量和连接带质量。参考(5.47)式,连接带的自振频率可写成如下形式:

$$f_d = \frac{1}{2\pi} \sqrt{\frac{\mathrm{d}T_d/\mathrm{d}L_d}{m_s + \dfrac{m_d}{3}}} \tag{5.49}$$

(5.49)式可以化简为

$$f_d = \frac{1}{2\pi L_d} \sqrt{\frac{\mathrm{d}T_d/\mathrm{d}\varepsilon_d}{\dfrac{m_d}{L_d}\left(\dfrac{m_s}{m_d} + \dfrac{1}{3}\right)}} = \frac{1}{2\pi L_d} \sqrt{\frac{\mathrm{d}T_d^*/\mathrm{d}\varepsilon_d}{m_s/m_d + 1/3}} \tag{5.50}$$

式中,L_d 为连接带长度,$\mathrm{d}T_d^*/\mathrm{d}\varepsilon_d$ 取决于连接带材料特性,与连接带几何尺寸无关。

伞绳的纵向振动频率与连接带类似,若连接带刚性远大于伞绳刚性,将伞绳视为并联的弹簧,则伞绳的自振频率为

$$f_{\text{sh}} = \frac{1}{2\pi L_{\text{sh}}} \sqrt{\frac{n\mathrm{d}T_{\text{sh}}^*/\mathrm{d}\varepsilon_{\text{sh}}}{m_{\text{sy}}/m_{\text{sh}} + 1/3}} \tag{5.51}$$

式中,n 表示伞绳根数;下标 sh 表示伞绳;m_{sy}、m_{sh} 分别表示伞衣质量和伞绳质量。

2. 纵向波动

绳带作为弹性材料,也存在纵向张力的波动。以连接带为例,取其任一截面处位移为 δ, 则其位移满足一维波动方程:

$$\frac{\partial^2 \delta}{\partial t^2} = c^2 \frac{\partial^2 \delta}{\partial x^2} \tag{5.52}$$

式中, c 为张力波传播速度,由下式决定:

$$c = \sqrt{\frac{E}{m'_d}} = \sqrt{\frac{1}{m'_d} \frac{dT_d}{d\varepsilon_d}} = \sqrt{\frac{dT^*_d}{d\varepsilon_d}} \tag{5.53}$$

式中, m'_d 为连接带的质量密度; $\dfrac{dT^*_d}{d\varepsilon_d}$ 代表单位质量的弹性模量。

假设连接带两端面应变为 0,则波长 $\lambda = i \cdot 2L_d (i = 1, 2, \cdots, n)$。对于基本振型 $(i = 1,$ 即连接带长度为半个波长),则纵向波动频率为

$$f_{d,b} = \frac{c}{2L_d} = \frac{1}{2L_d} \sqrt{\frac{dT^*_d}{d\varepsilon_d}} \tag{5.54}$$

3. 横向抖动

绳带的横向抖动是一种横波振动,以连接带为例,其抖动波型如图 5.73 所示。对于这样的横波波型,其振动波型及位移表示和伞衣的喘振表达函数一致。参考伞衣呼吸频率(5.45)式,则图 5.73 中三种不同波长情况下的抖动频率分别为

$$\begin{cases} f_1 = \dfrac{1}{2L} \sqrt{T^*} & (\lambda = 2L) \\[2mm] f_2 = \dfrac{1}{L} \sqrt{T^*} & (\lambda = L) \\[2mm] f_3 = \dfrac{3}{2L} \sqrt{T^*} & \left(\lambda = \dfrac{2}{3}L\right) \end{cases} \tag{5.55}$$

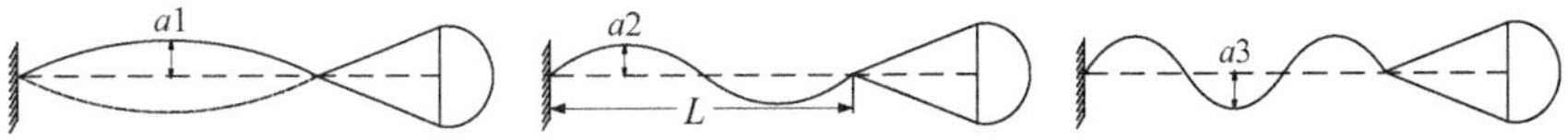

(a) 波长2L　　　　　　(b) 波长L　　　　　　(c) 波长2L/3

图 5.73　连接带横向抖动

5.8.3 共振

对于降落伞纺织材料,常常多种振动现象同时存在,若振动频率接近,会出现共振现象,影响伞系统的可靠性。为尽可能避免共振发生,下面我们分析一下伞衣的喘振、绳带纵向振动与横向抖动之间的关系。

我们知道,伞衣、伞绳、连接带的振动分别属于横波和纵波两类振型。伞衣喘振及绳带抖动属于横波振型,其振动频率可以用(5.45)式表示,即

$$f_s = \frac{1}{\lambda}\sqrt{T^*} \tag{5.56}$$

绳带的纵波振型振动频率则可以总结成如下公式:

$$f_L = \frac{B}{2L}\sqrt{\frac{dT^*}{d\varepsilon}} \tag{5.57}$$

式中,L 为绳带长度;参数 B 受物体质量及振型影响,对于不同对象、不同振型,参数 B 并不一致。

由此可知,横向振动频率与张力有关,速度越大,张力越大,横向自振频率也越高。而纵向振动频率与物体弹性模量有关,受材料属性影响,和运动速度无关。

假设单位质量的张力及弹性模量均表示成应变量的级数函数,即

$$T^* = c_1\varepsilon + c_2\varepsilon^2 + c_3\varepsilon^3 + \cdots \tag{5.58}$$

则

$$\frac{\sqrt{T^*}}{\sqrt{dT^*/d\varepsilon}} = \sqrt{\frac{c_1\varepsilon + c_2\varepsilon^2 + c_3\varepsilon^3 + \cdots}{c_1 + 2c_2\varepsilon + 3c_3\varepsilon^2 + \cdots}} \tag{5.59}$$

当系数 c_1, c_2, c_3, $\cdots$ 为正数时,$\dfrac{\sqrt{T^*}}{\sqrt{dT^*/d\varepsilon}} \leqslant \sqrt{\varepsilon}$,对于理想弹性材料,取等号。

1. 绳带的横向抖动和纵向波动

由(5.54)式及(5.55)式,连接带横向抖动频率与纵向波动频率的比值(波长均为 $2L$)为

$$\frac{f_1}{f_{d,b}} = \frac{\sqrt{T^*}}{\sqrt{dT^*/d\varepsilon}} < \sqrt{\varepsilon} \tag{5.60}$$

连接带的应变量一般不大于 0.2,否则连接带会拉断。因此连接带的横向振动频率小于纵向波动频率。

2. 伞衣喘振与绳带纵向波动

据 5.8.1 小节,伞衣呼吸现象造成的喘振频率与绳带纵向波动频率(波长为 2L)的比值为

$$\frac{f_{\mathrm{ch}}}{f_{\mathrm{d,b}}} = \frac{3L}{l_1 + 2l_2} \frac{\sqrt{T^*}}{\sqrt{\mathrm{d}T_{\mathrm{d}}^* / \mathrm{d}\varepsilon}} \qquad (5.61)$$

若伞绳和连接带均为相同的弹性材料,上式可以表达为

$$\frac{f_{\mathrm{ch}}}{f_{\mathrm{d,b}}} \leqslant \frac{3L}{l_1 + 2l_2} \sqrt{\varepsilon} \qquad (5.62)$$

根据上式,降落伞伞衣的呼吸频率和连接带的纵向波动频率有可能非常接近,容易发生共振。为防止共振发生,一方面在几何设计上尽可能减小连接带长度,另一方面则希望绳带的材料变形 ε 尽可能小,即选用刚性较强的绳带材料。

3. 连接带的纵向振动和纵向波动

由(5.50)式及(5.54)式,连接带的纵向振动和纵向波动之间频率的比值为

$$\frac{f_{\mathrm{d}}}{f_{\mathrm{d,b}}} = \frac{1}{\pi} \sqrt{\frac{3m_{\mathrm{d}}}{3m_{\mathrm{s}} + m_{\mathrm{d}}}} \qquad (5.63)$$

一般降落伞的质量要大于吊带的质量,因此连接带的纵向振动频率一般都要小于纵向波动频率。

实质上,降落伞的变形及振动属于非常复杂的流固耦合问题,当流场变化时,柔性结构外形发生变化,而外形的变化又导致流场发生改变,它们的关系犹如鸡和蛋的关系,很难分出先后强弱。由于流场结构场均是高度非线性非定常问题,且二类方程刚性相差很大,目前柔性大变形领域的流固耦合问题属于力学领域难度最大的问题之一,要精确地得到降落伞的波动周期及振动频率目前还是非常困难的工作。随着柔性结构流固耦合力学及数值计算水平的发展,采用流固耦合方法开展降落伞变形及振动研究无疑是未来较长时间的一个热点方向。

第 6 章　伞-载系统动力学

6.1　降落伞的工作过程

对于伞-载飞行系统,为了缩短留空时间,或为了提供比较好的初始开伞工况条件,常常需要延迟开伞。此时,降落伞被折叠于伞包或伞箱中,并随着飞行载荷一起运动,这一过程我们一般称为自由坠落飞行阶段。自由坠落结束时间取决于开伞方式或开伞器的设置。在自由飞行(坠落)阶段,伞包没有打开,伞-载系统体积比较小,可以视为单质点(或单刚体)的飞行运动,弹道轨迹分析方法和其他飞行物体分析方法类似,本书不再赘述。

从动力学建模的角度来说,降落伞工作过程具有异常复杂的动力学特性,涉及空气动力学、结构动力学、飞行力学、多体动力学等多个学科领域。目前在工程上,人们依然是采用半经验半理论方法来对降落伞进行设计和性能分析,这也是本章将要介绍的方法。

对于不同的载荷对象和飞行任务,降落伞系统的组成可能都不一样,但对于每一具降落伞,都先后经历了伞系统拉直(deployment)、伞衣充气(inflation)、伞-载系统稳定飞行、稳降着陆(terminal descent)四个阶段。降落伞的开伞阶段是指伞包打开到伞衣完全张满的阶段,即降落伞的开伞过程实质上包括拉直和充气两个阶段。

拉直阶段,顾名思义是将捆扎折叠状态的伞衣、伞绳、吊带等相继从伞包内拉出的阶段,伞-载系统的飞行速度从打开伞包的速度(v_k,又称为开伞速度)降为拉直速度(v_L,又称为初始充气速度)。伞包被打开后,引导动力装置(引导伞、射伞枪等)提供拉出力,通过连接绳将主伞的伞衣和伞绳拉直。在伞系统拉直过程中,柔性绳(衣)段只能承受拉力而不能承受压力的作用,每一时刻各段绳(衣)的最大拉力称为拉直力 F_L。 拉直阶段所需要的时间称为拉直时间 t_L。 由于拉出的柔性织物受引导体、载荷体二者的相对运动状态、外界环境以及自身质量等的影响都很大,无论从结构动力学还是从空气动力学的观点来看,这都是一个极其复杂的过程。

充气阶段是指伞衣、伞绳全长拉直到伞衣第一次全部充满的阶段。在伞衣充气过程中,形状不断变化,阻力面积不断增大,气动阻力也急剧增加,这是流场和结构剧烈作用的过程,也是降落伞工作过程中最为复杂的阶段。在这个阶段,系统的速度迅速由拉直速度降低到伞衣完全充满时的速度(v_m,又称充满速度)。充气阶段所占用的时间称为充满时间,用 t_m 表示。在充气过程中,由系统减速而产生的通过连接带作用于载荷上的力称为开伞动载,用 F_k 表示。

从伞衣完全充满至伞-载系统稳定平衡的阶段通常称为降落伞的稳定飞行过程。伞衣充满瞬间,由于惯性的影响,系统的速度还比较大,此时伞-载系统的阻力依然大于系统重力,伞-载系统将继续减速下降,直到伞-载系统阻力等于重力,达到平衡时的速度称为稳降速度 v_{wd},这一阶段称为稳定飞行阶段。稳降速度即为该飞行高度上有极限速度。最后,伞-载系统将以稳降平衡速度着陆,这一个阶段又称为稳降着陆过程。

由此可知,伞-载系统的稳定过程力不平衡,速度加速度均会发生变化。理论上,稳降过程为力平衡过程,但由于密度会随高度面呈变化,因此稳降阶段的平衡速度会发生变化。上述分析是一种理想化的质点分析情况,但实际情况是,降落伞展开后面积很大,载荷体一般也是非对称刚性体,通常采用多组吊带系统相连,由于降落伞、载荷体、连接接头、吊带等的气动特性相差很大,因此每一个物体对象所受作用力及力矩并不相同,由此造成伞-载组合系统在稳定稳降阶段会发生摆动等姿态变化,从而又造成气动特性参数变化,速度发生改变,是非常复杂的多体动力学问题。通常,我们将降落伞的稳定飞行过程和稳降着陆过程统称为降落伞稳定稳降阶段。

本章主要针对降落伞的拉直、充气、稳定稳降三个阶段建立动力学模型,通过这些模型开展动力学计算,可以获得伞-载系统的动力学基本特性。

6.2　降落伞开伞过程

6.2.1　降落伞开伞方式

降落伞储存空间小、成本低、效果好,在航空、航天、航海、兵器、救生等诸多领域得到广泛的应用,降落伞和各类载荷对象构成了复杂的伞-载飞行体,其开伞可靠性是伞-载飞行系统最为关心的问题。由于开伞失败导致物毁人亡的事故至今还屡屡发生:1967 年 4 月,“联盟 1 号”飞船返回主伞未展开,导致飞船坠毁、宇航员丧生;1984 年 2 月,“挑战者号”航天飞机火箭助推器回收,三伞系统中有 1 具未开,导致助推器后裙部损坏⋯⋯因此,降落伞的开伞可靠性是降落伞研制人员最为关注的问题之一。

将降落伞从伞包中拉出并展开充气需要一定的作用力。根据降落伞开伞动力的不同,主要有火药动力(如射伞枪、弹伞筒等)、机械动力(如弹簧推力)、系绳拉力、气动力等方式。无论是哪一种引导开伞动力,往往还是需要借助于上一级降落伞将下一级降落伞从伞包或伞箱中拉出,作为引导作用的第一级降落伞通常称为引导伞。引导伞是非常重要的开伞气动机构,其作用是拉直下一级降落伞的伞衣套,并将降落伞从伞衣套中拉出,使降落伞处于良好的充气状态。

　　保证良好的开伞程序,防止降落伞各部件之间的缠绕一直是开伞过程设计关心的首要问题。最初降落伞开伞均采用无控方式,该方式没有引导动力组件,降落伞直接进入气流,在气流的作用下伞衣张开。无控开伞方式通常适用于名义面积小于 $3\ m^2$ 的小伞,若伞衣面积较大,会导致拉直力过大、伞衣倒置等问题,造成降落伞损坏。

　　降落伞一般面积均比较大,无控开伞方式并不适合,大多数降落伞通常采用半控开伞及全控开伞两种方式。半控开伞主要用于低速下中等大小的降落伞,如伞兵伞、投物伞、运动伞、飞机减速伞等。半控开伞是一种通过引导伞或飞机内的系留绳提供拉力的一种开伞方式,如图 6.1 所示。全控开伞主要用于高速飞行情况或大重量载荷对象,图 6.2 显示了全控开伞的布置方式,航天器回收及高速飞行器减速系统等均采用这种方式。全控开伞主要有下面两大特点:

　　(1) 开伞力一般为动力开伞,根据控制机构提供开伞指令弹出引导伞;

　　(2) 每一级降落伞均配备有包伞件(伞包或伞衣套),可保障降落伞开伞有序。

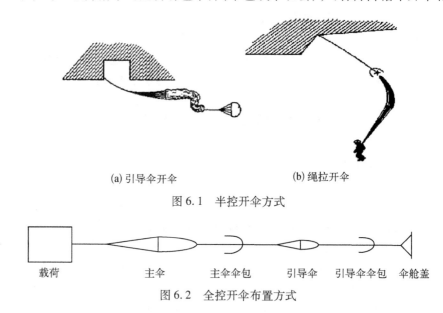

(a) 引导伞开伞　　　　　　　　　　(b) 绳拉开伞

图 6.1　半控开伞方式

载荷　　　　主伞　　　主伞伞包　　引导伞　　引导伞伞包　伞舱盖

图 6.2　全控开伞布置方式

6.2.2　降落伞开伞程序

　　降落伞开伞有先拉伞衣法、先拉伞绳法及衣绳组合拉出法三种基本程序,如图 6.3 所示。先拉伞衣法又称为顺拉法,引导伞先拉动伞衣顶部,然后由伞顶至伞衣

底边,直至将伞绳、吊绳依次全部拉出。先拉伞绳法则称为倒拉法,需要配备开伞
袋。伞包打开时,伞绳首先从折叠状态拉出,最后拉出伞衣。顾名思义,衣绳组合
拉出法是顺拉法和倒拉法的组合,这种方法的拉出顺序是先顺拉方式拉出伞衣,再
采用倒拉方式拉出吊绳和伞绳。由此可知,实际上顺拉和倒拉是两种最基本的拉
出方法。

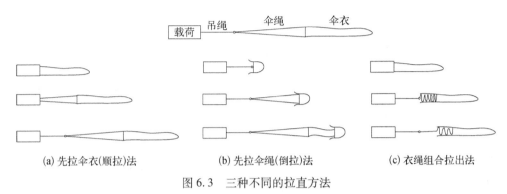

(a) 先拉伞衣(顺拉)法　　　　(b) 先拉伞绳(倒拉)法　　　　(c) 衣绳组合拉出法

图 6.3　三种不同的拉直方法

无论是顺拉还是倒拉,折叠放置在伞包内的降落伞通常是由引导伞拉出,因此
整个伞系统的拉直可以简化为引导伞和物体两个变质量体之间相对运动。为便于
了解伞系统质量在引导伞和物体之间的转移规律,我们以密实平面圆形伞为例,伞
系统拉直状态下单位长度质量沿全长的质量分布如图 6.4 所示。图中,$m' = \mathrm{d}m/\mathrm{d}L$ 为伞系统单位长度的质量,下标 sy、sh 分别代表伞衣、伞绳;m_{sy}^* 为伞衣底边
线密度。伞衣底边处有加强带,同时也是伞绳、收口绳等的汇集处,为质量密度的
峰值处;伞衣其他部分,如果认为展平状态质量是均布的,那么拉直状态下,沿伞顶
到底边,其单位质量呈三角形分布。将图 6.4 的单位长度质量沿拉伞方向积分,可
以获得拉伞过程中引导伞与物体所担负的伞系统质量变化规律,如图 6.5 所示。

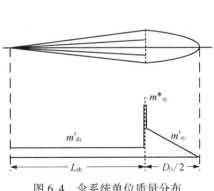

图 6.4　伞系统单位质量分布

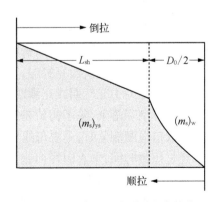

图 6.5　拉直过程中质量变化规律

顺拉法,引导伞先拉动伞顶,然后由伞顶至伞衣底边,直至将伞绳全部拉出。此过程中,原来由物体所担负的伞系统质量逐渐转移到引导伞上(图6.5)。当伞绳全长拉直之前,伞系统变质量微元由物体速度减速到引导伞速度;在伞绳拉直瞬间,全部伞系统速度从引导伞速度加速到物体速度,伞-载系统重新结合为同一速度。此时,伞-载系统动量剧变,产生了很大的拉直力。可见,顺拉法最大拉直力出现在全长拉直瞬间。

倒拉法恰与顺拉法相反,自引导伞与物体分离并开始拉伞起,整个伞系统先是跟着引导伞运动,随着物体不断拉出伞绳和伞衣,伞系统变质量微元渐渐由引导伞过渡到物体,速度由引导伞的速度加速到物体的速度。在图6.5中,自左至右,表示引导伞和物体所担负的伞系统质量变化。倒拉法伞绳中不会出现大的载荷,而在伞衣底边被拉出瞬间,伞-载系统质量变化最剧烈,根据动量定理会出现一个拉直载荷的跃升。可见,倒拉法最大拉直力出现在伞衣底边拉出瞬间。

由上述分析,拉直力大小与拉伞程序有关。在同样条件下,顺拉法的拉直力大于倒拉法,应尽可能采用倒拉方式拉出降落伞。

6.2.3　降落伞的充气过程

降落伞充气阶段是指从伞系统全长拉直到伞衣第一次充满(伞衣投影直径第一次达到稳定下降时的伞衣投影直径)为止的整个工作过程。充气阶段性能直接影响到降落伞能否可靠工作。充气阶段,降落伞的外形和质量均会发生很大的变化,是降落伞工作过程中最为重要,也是物理过程最为复杂的一个阶段。

图6.6(a)简略地说明了降落伞的几个充气过程。当伞衣拉直进气口张开时,空气进入由伞衣织物围成的柔软的管道中直到顶端,通常这一阶段称为初始充气期。在此时期内,空气由伞衣底边向顶部充气,伞衣由折叠状态充气成近似圆柱形,其投影面积为伞衣初始进气口面积。接着伞衣顶部像气球一样继续充气,由于顶部结构张力任用,带动进气口面积增加,引起伞衣迅速充满。当伞衣投影直径第一次达到稳降时的伞衣投影直径时,伞衣充气结束。从伞衣顶部开始充气瞬间到伞衣充满为止称为主充气期或充满期。

对于收口型降落伞,除了初始充气阶段和充满阶段外,充气过程还增加了收口阶段。在收口绳刚绷紧时,伞衣母线和伞绳相切,通常此时出现开伞动载的第一个峰值。经过短暂时间,伞衣因径向张力而膨胀,收口绳张力达到它的最大值,伞衣母线斜角大于伞绳斜角中伞绳阶段。在收口时间内,伞形基本稳定。当解除收口时,伞衣底边快速张开,进气口迅速增大,直至充满。收口阶段充气过程如图6.6(b)所示。

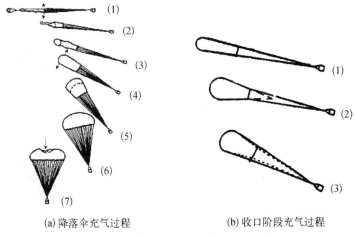

(a) 降落伞充气过程　　　　　　　　　　　(b) 收口阶段充气过程

图 6.6　降落伞充气过程的几个阶段

6.2.4　降落伞的折叠和包装

降落伞是一种可折叠的柔性气动减速装置,不同的折叠方式对降落伞的顺利展开及充气都有一定的影响,如果折叠方式不正确,将会导致开伞不正常,造成伞衣反拧或抽打等现象,严重时甚至不能开伞。降落伞的折叠应该以能顺利展开、快速充气为原则。

无论什么类型的伞,伞衣的折叠均是先沿径向折叠,再进行轴向折叠的过程。首先按照图 6.7 所示折叠伞衣并整理伞绳。伞绳应左右各分一半,每层伞衣有两组伞绳,左右对称于居中位置;对于伞绳根数相对较多的降落伞则可以采用每一层布置四组伞绳的伞衣折叠方案。折叠伞衣时,底边必须理齐,否则容易造成开伞程序不正常,造成伞绳抽打伞衣或伞衣反拧等故障现象。

对于大面积伞衣,按图 6.7 折叠之后,底边宽度仍然会很大,难以装入伞包,还须在伞衣宽度方向上继续折叠,又称为径向二次折叠,一般有三种折叠方式:分别为标准长型折叠、双 S 型折叠及四向折叠,如图 6.8 所示。标准长型折叠最为简单,是最常用的折叠方法,基本能满足各种情况下的降落伞开伞要求。但是对于特大型降落伞在高速开伞的条件下,对伞衣开伞的可靠性、可重复性及伞衣重复使用方面提出了更高的要求,这就需要考虑新的伞衣折叠方法。双 S 型折叠(double fold)和四向折叠(quarter fold)就是满足这种要求的折叠方法。双 S 型折叠和四向折叠能改善不对称充气情况,加快伞衣充气。尤其是四向折叠,伞绳置于外侧,能够快速形成充气口,对改善伞衣的对称充气和加快充气都非常有利,但其折叠方式稍嫌烦琐。对于群伞而言,精细的包伞技术,对于减少伞衣展开过程中的损伤,

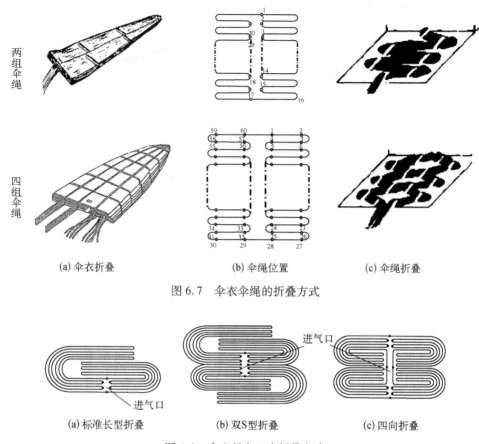

两组伞绳

四组伞绳

(a) 伞衣折叠　　　　　　(b) 伞绳位置　　　　　　(c) 伞绳折叠

图 6.7　伞衣伞绳的折叠方式

进气口

进气口

(a) 标准长型折叠　　　　(b) 双S型折叠　　　　　(c) 四向折叠

图 6.8　伞衣径向二次折叠方式

提高各伞之间充气的均匀性都是有好处的。

　　折叠好的降落伞装入伞包的过程实质上是拉直展开过程的逆过程,对于倒拉法大致按下述顺序进行:

　　(1) 检查伞系统各部件完好,并连接好各部件,如引导伞、伞衣套等。

　　(2) 据图 6.7 和图 6.8 折叠伞衣。如有收口绳,还需要安装切割器,穿收口绳。对于大伞,伞衣需要扎绳捆紧,防止其提前充气。

　　(3) 将折叠好的伞衣放置入伞衣套,并安装控制附件。

　　(4) 穿伞绳。伞绳首先穿入伞衣套封口套圈,将伞衣底边封住。之后,将伞绳自上而下穿过伞衣套的伞绳圈(参考图 5.8),穿伞绳时严禁扭绞、更不能漏穿或穿错,否则会影响正常开伞。对于每层伞衣两组伞绳的情况可以采用单环路系统,四组伞绳可以采用双环路系统,如图 6.7(c)所示。

　　(5) 装伞包。将伞衣套以堆叠方式(之字型折叠)装入伞包,最后将引导伞压紧,并装入伞包。

　　降落伞的包装方法有人工包伞和包伞机加压包伞两种方式。对于面积不大或体积要求不严的降落伞,目前多采用人工包装;对于大面积伞衣,要提高人工包装的包装密度,需要借助一套必需的工具和设备,如砂袋、包装尺、装绳钩、包装框、木梳等。如果对包装体积有更高的要求,这时一般需要采用专用的包伞机进行包装。包伞机按加压介质和原理的不同可分为压力包装、抽真空包装和热压包装等,如图6.9 所示。

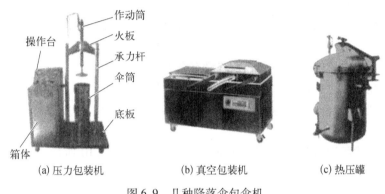

图 6.9　几种降落伞包伞机

(a) 压力包装机　　　　(b) 真空包装机　　　　(c) 热压罐

　　施加压力越大,时间越长,织物折痕处的强度损失越大。试验表明:凯夫拉伞在 30 lb/in²① 的包装压力下,1 年储存期之后,折痕处存在明显的强度损失。另一方面,较大的包装压力会导致伞包内包装密度比较大,降落伞拉出过程中摩擦阻力显著增加。如果能顺利有序地拉出,增大拉出阻力可以有效地降低开伞过程中的拉直力。但是若包装压力过大,降落伞各层之间的摩擦阻力大于降落伞和伞包之间的摩擦阻力时,降落伞会被成团拉出,瞬间拉出质量显著增加,会使得瞬间拉直力远远大于设计状态,导致伞绳拉断,安全性受到严重影响。另一方面,过大的摩擦阻力会使堆叠形折叠织物各层之间,相对运动产生的摩擦热大大增加,可能造成织物灼伤。

　　由此可知,包装密度主要是对拉直过程有影响,对充气过程影响不大。较大的包装密度可以减小包装体积,节省伞舱空间,正常工作状态下,还能够降低拉直载荷,但同时会使摩擦热大大增加。如果降落伞各织物层之间的摩擦力大于伞包之间的摩擦力,还可能导致降落伞成团拉出,瞬间拉出载荷将远高于设计工况,降落伞的开伞安全性将受到严重挑战。

① 　1 lb/in² = 7.030 70×10² kg/m²。

6.3　拉直过程动力学

6.3.1　拉直阶段轨迹计算

拉出过程是伞包内折叠状态的伞衣和伞绳逐渐拉出的过程,也是主伞包内质量不断减少的变质量问题,拉出过程各单元的运动情况和它们的受力密切相关。为简化计算,假设:

(1) 在拉伞过程中,引导伞,物体运动轨迹为一条直线,伞-载系统作平面运动;

(2) 不考虑风的影响,伞-载系统没有升力;

(3) 在拉直过程中,伞绳为非弹性体,无伸长;

(4) 把引导伞、前置体和拉直中的伞系统微元质量 $\mathrm{d}m$ 作为三个质点处理。

根据上述假设,降落伞拉出过程的受力示意图如图 6.10 所示。图中 $\mathrm{d}m$ 为拉直过程瞬间伞系统的微元质量;F_L、$F_\mathrm{L,D}$ 则分别代表拉出过程中的拉直力和拉出阻力;F_D 代表气动阻力。图中下标 w、ys 分别代表物体和引导伞;下标 e、v、d 分别代表已拉出主伞、未拉出主伞和主伞伞衣套。

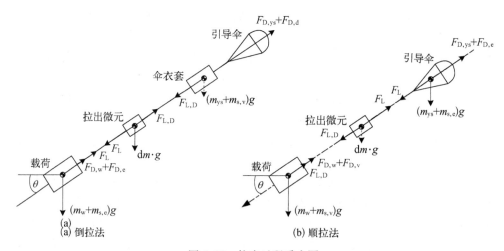

图 6.10　拉出过程受力图

下面以倒拉法为例,讨论拉直阶段的轨迹计算,然后推广用于顺拉法。

在航迹坐标系下,前置体(含已拉出主伞)、引导伞(含未拉出主伞)及拉出微元的动力学方程为

$$\begin{cases} \dfrac{\mathrm{d}v_{\mathrm{w}}}{\mathrm{d}t} = -g\sin\theta - \left(\dfrac{F_{\mathrm{D,w}} + F_{\mathrm{D,e}} + F_{\mathrm{L}}}{m_{\mathrm{w}} + m_{\mathrm{s,e}}} \right) \\ \dfrac{\mathrm{d}v_{\mathrm{ys}}}{\mathrm{d}t} = -g\sin\theta - \left(\dfrac{F_{\mathrm{D,ys}} + F_{\mathrm{D,d}} - F_{\mathrm{L,D}}}{m_{\mathrm{ys}} + m_{\mathrm{s,v}}} \right) \end{cases} \tag{6.1}$$

对于拉直中的主伞系统微元质量 $\mathrm{d}m$,若忽略微元的自身重力,可写出如下动量方程:

$$u\mathrm{d}m = (F_{\mathrm{L}} - F_{\mathrm{L,D}})\mathrm{d}t \tag{6.2}$$

式中,u 代表伞系统质量微元的拉出速度,可由下式表示:

$$u = v - v_{\mathrm{ys}} = \frac{\mathrm{d}L}{\mathrm{d}t} \tag{6.3}$$

式中,v、v_{ys} 分别代表拉出质量微元的速度和引导伞的速度;L 为伞系统拉出长度。由此,(6.2)式又可以写成

$$F_{\mathrm{L}} = u\frac{\mathrm{d}m}{\mathrm{d}L}\frac{\mathrm{d}L}{\mathrm{d}t} + F_{\mathrm{L,D}} = m'u^2 + F_{\mathrm{L,D}} \tag{6.4}$$

将(6.4)式代入(6.1)式,前置体的运动速度也可以采用下式计算:

$$\frac{\mathrm{d}v_{\mathrm{w}}}{\mathrm{d}t} = -g\sin\theta - \left(\frac{F_{\mathrm{D,w}} + F_{\mathrm{D,e}} + m'u^2 + F_{\mathrm{L,D}}}{m_{\mathrm{w}} + m_{\mathrm{s,e}}} \right) \tag{6.5}$$

上面各式中,气动阻力可以采用(2.34)式计算,拉出阻力采用当时拉出部位的拉伞阻力,可以通过地面实验得到;引入拉直力计算模型(参考6.3.2小节),便可以对(6.1)式进行求解,获得物体的运动速度,进而通过轨迹角求得物体的运动轨迹:

$$\begin{cases} \dfrac{\mathrm{d}\theta}{\mathrm{d}t} = -g\cos\theta/v_{\mathrm{w}} \\ \dfrac{\mathrm{d}x_{\mathrm{w}}}{\mathrm{d}t} = v_{\mathrm{w}}\cos\theta \\ \dfrac{\mathrm{d}y_{\mathrm{w}}}{\mathrm{d}t} = v_{\mathrm{w}}\sin\theta \end{cases} \tag{6.6}$$

值得注意的是:$m_{\mathrm{s,e}}$ 和 $m_{\mathrm{s,v}}$ 随拉出长度(或拉出时间)是一直变化的。为了便于计算,将图6.5的曲线写成函数关系,对于倒拉法:

$$\begin{cases} m_{s,e} = \begin{cases} m'_{sh}L, & 0 \leqslant L \leqslant L_{sh} \\ m'_{sh}L_{sh} + m^*_{sy}b + (m_{sy} - m^*_{sy}b) \times \left[1 - 4\left(\dfrac{L_{xt} - L}{D_0}\right)^2 \right], & L_{sh} < L \leqslant L_{xt} \end{cases} \\ m_{s,v} = m_{sh} + m_{sy} - m_e \end{cases} \tag{6.7}$$

式中,m_{sh}、m_{sy} 分别代表伞绳和伞衣的质量;m^*_{sy} 为伞衣底边沿伞绳方向的线密度;b、D_0 分别代表伞衣底边宽度和伞衣名义直径;L_{sh}、L_{xt} 则分别代表伞绳长度和伞系统全长。

拉直过程计算包括伞绳、伞衣两部分,当物体和引导伞的相对位置等于伞系统全长时,拉出过程结束。对于顺拉法,上述拉直阶段轨迹计算方法原理上仍然适用,但拉出阻力及拉直力的对象有所变化,如图 6.10(b) 所示,拉出过程动力学模型也有些不同,在此不再赘述。

6.3.2　拉直力计算模型

由上小节可知,要想获得拉出阶段的运动轨迹,还必须知道拉直力。拉直力变化及绳段张力分布一直是拉直过程研究的重点问题,拉直过程研究最早也是始于拉直力的计算。下面仅对工程中常用的一些模型作一些简单的介绍。

1. 刚性模型

绳段拉(张)力理论研究也经历了由简单到复杂的演变过程,最初人们认为降落伞的拉力是由于降落伞、载荷体二者之间的相对运动产生,并不考虑织物的弹性。此时,微元速度等于前置体运动速度,即 $v = v_w$。拉直力计算方程简化为

$$F_L = m'(v_w - v_{ys})^2 + F_{L,D} = m'v_R^2 + F_{L,D} \tag{6.8}$$

式中,$m' = dm/dL$ 为正在拉出的伞系统单位长度的质量,如图 6.4 所示;v_R 为物、伞两体的相对运动速度。

2. 无质量弹簧模型

另一种思想认为织物的拉力是由于材料变形产生。如果假设降落伞为无质量的弹性体(弹簧),弹性纵波沿伞拉出方向的传播速度为

$$c = \left(\frac{E}{m'}\right)^{0.5} \tag{6.9}$$

式中, E 为材料的弹性模量; m' 为拉出伞单元的质量线密度。

当假设降落伞为无质量 ($m' \to 0$) 弹簧时,意味着弹性纵波沿拉出方向的传播速度 $c \to \infty$,即降落伞一端受力,全长同时受力伸长。无质量弹簧模型对伞绳或连接带较短的系统比较符合。

据(6.4)式可得

$$u = \left(\frac{F_{\mathrm{L}} - F_{\mathrm{L, D}}}{m'} \right)^{0.5} \tag{6.10}$$

假设 T 为单根伞绳的张力,服从胡克定律 $T = E\varepsilon$,且 $T = F_{\mathrm{L}}/n, n$ 为伞绳数量。则可将(6.10)式写成

$$u^2 = \frac{nT - F_{\mathrm{L, D}}}{m'} = \frac{nE\varepsilon - F_{\mathrm{L, D}}}{m'}$$

对上式两边求导,得到

$$2u\dot{u} = \frac{n\dot{E}\varepsilon + nE\dot{\varepsilon}}{m'} - \frac{nE\varepsilon\dot{m}'}{(m')^2} + \frac{F_{\mathrm{L, D}}\dot{m}'}{(m')^2} \tag{6.11}$$

在计算拉直伞绳和伞衣底边时 $\dot{m}' = 0$, 又 $\dot{E} = 0$ 。 所以,

$$\dot{u} = \frac{nE\dot{\varepsilon}}{2m'u} \tag{6.12}$$

因为 $\varepsilon = \dfrac{s - L}{L}$, 则

$$\dot{\varepsilon} = \frac{\dot{s}L - \dot{L}s}{L^2} = \frac{1}{L^2}(\dot{s}L - us) \tag{6.13}$$

将(6.13)式代入(6.12)式,补充拉出长度和位移公式,可以获得拉出速度计算公式:

$$\begin{cases} \dfrac{\mathrm{d}u}{\mathrm{d}t} = \dfrac{nE}{2m'u} \dfrac{1}{L^2}(\dot{s}L - us) \\[2mm] \dfrac{\mathrm{d}s}{\mathrm{d}t} = v_{\mathrm{w}} - v_{\mathrm{ys}} \\[2mm] \dfrac{\mathrm{d}L}{\mathrm{d}t} = u \end{cases} \tag{6.14}$$

由(6.14)式计算所得到的拉出速度,代入(6.4)式,可以得到拉出过程中的拉直力,进而由运动方程(6.1)式获得物体的运动速度及运动轨迹。

3. 一维波动方程模型

无质量弹簧忽略了张力波的传播速度,计算结果偏小。为了更精确地计算拉直力,必须考虑张力的传播速度。

以拉出伞绳为例,作如下假设:

(1) 伞绳的弹性模数 E,伞绳的质量线密度 m' 均为常数;

(2) 忽略伞绳的气动阻力;

(3) 弹性波在伞绳中的传播速度 c 为常数。

当伞绳一端受力时,伞绳张力传播属于典型的一维波动方程:

$$\frac{\partial^2 \delta}{\partial t^2} = c^2 \frac{\partial^2 \delta}{\partial x^2} \tag{6.15}$$

定解条件为

$$\begin{cases} \delta(x,\ 0) = 0 \\ \dfrac{\partial \delta}{\partial t}(x,\ 0) = 0 \\ \delta(0,\ t) = (u - v_{\mathrm{R}})t \\ \dfrac{\partial \delta}{\partial t}(0,\ t) = u - v_{\mathrm{R}} \end{cases} \tag{6.16}$$

假设伞绳的弹性变形符合胡克定律,则

$$F_{\mathrm{L}} = nT = nE\left(\frac{\partial \delta}{\partial x}\right)_{x=0} \tag{6.17}$$

由此解得

$$\delta(x,\ t) = \frac{v_{\mathrm{R}} - u}{c}(x - ct) \tag{6.18}$$

将(6.18)式微分后代入(6.17)式,得

$$F_{\mathrm{L}} = nE\,\frac{v_{\mathrm{R}} - u}{c} \tag{6.19}$$

因为 $F_{\mathrm{L}} = m'u^2 + F_{\mathrm{L,D}}$,结合(6.19)式,可以求得拉出速度:

$$u = \frac{c}{2B}\left(\sqrt{1 + 4k} - 1\right) \tag{6.20}$$

式中，$k = B\left(\dfrac{v_{\mathrm{R}}}{c} - \dfrac{F_{\mathrm{sy}}}{nE}\right)$；$B = \dfrac{m_{\mathrm{sy}}^{*}}{m_{\mathrm{sh}}'}$。将(6.20)式代入(6.19)式，则可求得拉直力计算式：

$$F_{\mathrm{L}} = nE\left(\frac{v_{\mathrm{R}}}{c} - \frac{\sqrt{1 + 4k} - 1}{2B}\right) \tag{6.21}$$

以此拉直力计算公式代入(6.1)式，可以获得拉出过程中载荷体的运动速度及轨迹。

6.3.3　最大拉直力估算

采用6.3.2小节的拉直力计算模型可以方便地得到拉出过程各瞬间的拉直力动态变化情况，但往往需要编程计算。工程上有时需要快速地预估拉出过程中的最大拉直力，从而确定材料，为详细设计和性能分析提供依据。由于顺拉法最大拉直力大于倒拉法的最大拉直力，所以在对伞绳强度估算时，常采用顺拉法开展最大拉直力的工程估算。

采用顺拉法时，最大拉直力出现在伞系统全长拉直瞬间。当伞衣和伞绳全部拉直时，引导伞和载荷体之间的距离 $L = L_{\mathrm{xt}}$，前置体与引导伞的速度分别为 v_{w} 和 v_{s}，两者存在速度差，伞绳将被继续拉伸，直至相对速度为零(图6.11)。图中，下标s、w分别代表引导伞(包含主伞伞衣)和前置物体；Δs_{s}、Δs_{w}分别代表引导伞和前置体在伞绳拉直到伸长最大时所经过的距离。

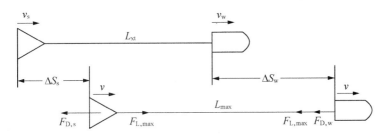

图6.11　降落伞全长拉直示意图

假设：
（1）拉伸过程中伞绳无能量损失；
（2）伞衣不发生伸长，伞绳弹性模数 E 为常数；

（3）忽略伞系统由于势能变化而引起的动能变化。

根据能量守恒定律,伞-载系统的动能变化应等于物、伞气动力和伞绳张力所做的功。则

$$\frac{1}{2}m_w v_w^2 + \frac{1}{2}m_s v_s^2 - \frac{1}{2}(m_w + m_s)v^2 = \Delta s_s(F_{D,s} - F_L) + \Delta s_w(F_{D,w} + F_{L,max})$$

(6.22)

为了简化(6.22)式,拉直力、气动阻力、运动距离均可取平均值：

$$\begin{cases} F_{L,max} = \frac{1}{2}nE\varepsilon_{max} \\ F_{D,s} = \frac{1}{4}(CA)_s\rho(v_s^2 + v^2) \\ F_{D,w} = \frac{1}{4}(CA)_w\rho(v_w^2 + v^2) \end{cases}$$

(6.23)

$$\begin{cases} \Delta s_s = \frac{v_s + v}{2}\Delta t \\ \Delta s_w = \frac{v_w + v}{2}\Delta t \end{cases}$$

(6.24)

$$\Delta s_w - \Delta s_s = L_{xt}\varepsilon_{max}$$

(6.25)

(6.24)式代入(6.25)式,可得

$$\Delta t = \frac{2L_{xt}\varepsilon_{max}}{v_R}$$

(6.26)

又,

$$v_R = v_w - v_s$$

(6.27)

将(6.23)式~(6.27)式代入(6.22)式,化简可得

$$\frac{1}{2}m_w(v^2 - v_w^2) + \frac{1}{2}m_s(v^2 - v_s^2) + \frac{(v_s + v)}{v_R}L_{xt}F_{D,s}\varepsilon_{max} - \frac{(v_s + v)}{2v_R}nEL_{xt}\varepsilon_{max}^2$$

$$+ \frac{(v_w + v)}{v_R}L_{xt}F_{D,w}\varepsilon_{max} + \frac{(v_w + v)}{2v_R}nEL_{xt}\varepsilon_{max}^2 = 0$$

(6.28)

伞-载系统拉直后的运动速度满足动量守恒,即

$$v = \frac{m_w v_w + m_s v_s}{m_w + m_s} = K v_R + v_s \qquad (6.29)$$

式中, $K = \dfrac{m_w}{m_w + m_s}$。将(6.29)式代入(6.28)式,得

$$nE\varepsilon_{max}^2 + \frac{2}{v_R} \left\{ (K v_R + 2 v_s) F_{D,s} + \left[(k+1) v_R + 2 v_s \right] F_{D,w} \right\} \varepsilon_{max} - \frac{m_s}{L_{xt}} K v_R^2 = 0$$

$$(6.30)$$

设

$$\begin{cases} A = nE \\ B = \left\{ (K v_R + 2 v_s) F_{D,s} + \left[(K+1) v_R + 2 v_s \right] F_{D,w} \right\} F_{D,w} \big/ v_R \\ C = - \dfrac{m_s}{L_{xt}} K v_R^2 \end{cases}$$

则(6.30)式解得

$$\varepsilon_{max} = \frac{-2B + \sqrt{4B^2 - 4AC}}{2A}$$

所以,

$$F_{L,max} = nE\varepsilon_{max} = -B + \sqrt{B^2 - AC} \qquad (6.31)$$

　　如果前置体比伞系重得多,则 $K \approx 1$,拉直后系统速度与拉直前物体速度近似相等,这意味着拉出过程中,物体阻力与伞绳张力所做功近似为 0,即

$$\Delta s_w (F_{D,w} + F_{L,max}) = 0$$

则(6.22)式可化简为

$$\frac{1}{2} m_w v_w^2 + \frac{1}{2} m_s v_s^2 - \frac{1}{2} (m_w + m_s) v_w^2 = \Delta s_s (F_{D,s} - F_{L,max}) \qquad (6.32)$$

将平均值参数代入(6.32)式,最后得

$$F_{L,max} = nE\varepsilon_{max} = F_{D,s} + \sqrt{F_{D,s}^2 + \frac{nE m_s v_R^2}{L_{xt}}} \qquad (6.33)$$

如果,忽略引导伞的阻力,则上式简化为

$$F_{L, max} = \sqrt{\frac{nEm_s v_R^2}{L_{xt}}}$$ （6.34）

(6.34)式可作为最大拉直力估算的经验公式。

6.3.4　拉直力影响因素

根据前述章节的分析,影响拉直力的因素主要有如下几个方面。

1）伞-载二者的相对速度 v_R

无论是顺拉方法还是倒拉方法,都可以看出,引导伞和载荷体二者的相对速度愈大,则其拉直力将愈大。相对速度 v_R 对顺拉法的影响比倒拉法更显著,顺拉法的拉直力与相对速度成正比。

2）开伞速度 v_k

v_k 愈大,伞-载二者的相对速度急剧增加。拉直力随着开伞速度增大呈线性规律增长。

3）引导伞、伞衣套和未充气的主伞系统的阻力特征

由于引导伞、伞衣套和未充气的主伞系统的阻力特征增大,将使引导伞和伞衣套急剧减速,其结果将使伞-载二者的相对速度增加,从而增大了拉直力。

4）伞绳和连接绳的参数

伞绳的理论弹性模数 E 增加或伞绳数量增加,均会使拉直力增大,而伞系统的长度对拉直力的影响比较复杂。从(6.34)式看,增加伞绳长度会使系统长度增加,拉直力有所降低,但由于伞绳的增长,使伞-载二者的相对速度增大,反而会使拉直力增加。一般情况下,伞绳加长会使拉直力增大。

5）伞系统质量及分布

对先拉伞衣法而言,增加引导伞、伞衣套和主伞系统的质量,会使拉直力增大。但由于质量增加,同时还会使拉伞系统减速较慢,将使伞-载二者的相对速度有所减小。综合上述因素,增加质量将使拉直力增大,对于先拉伞绳法,影响拉直力的主要因素是伞衣底边的质量分布,质量分布的峰值愈大,则拉直力也愈大。

6）拉直高度

拉直高度愈高,空气密度愈小,引导伞减速愈慢,拉直力愈小。

7）拉直方法

一般先拉伞绳方法的拉直力要比先拉伞衣法的拉直力小。

8）拉出阻力

拉出阻力增加,会降低拉直力。伞绳拉出阻力取决于伞绳的固定形式,通常伞绳是塞装在伞衣套(或伞袋)上专用的伞绳套圈中,或用拉断带把伞绳直接固定在伞袋的套圈上。对于前一种固定形式,伞绳拉出阻力应为摩擦阻力,而对于后一种固定形式,伞绳的拉出阻力主要是拉断带的拉断力。对于先拉伞绳法,拉出阻力将使引导伞系统的速度接近物体的速度,减少了伞-载二者的相对速度,拉直力减少;对于先拉伞衣法,由于伞绳拉出阻力将使物体减速,其结果也是减小伞-载二者的相对速度,使拉直力降低。由于拉出阻力较小,使拉直力减小的比率也小,通过增加拉出阻力达到减小拉直力的目的,效果不明显。

6.3.5 拉出过程设计要点

拉出过程是开伞过程的第一个步骤,也是关系到开伞可靠性的关键阶段。拉直过程中造成降落伞开伞失败的原因主要在于拉出程序不合理以及拉出力过大,下面具体进行介绍。

1）拉出过程中的干涉、缠绕问题

拉出过程中降落伞和周围物体,或降落伞自身(伞衣、伞绳、连接带)之间出现干涉、缠绕现象。造成上述故障的原因有可能是空间通道上存在障碍物;或者是引导动力装置的拉出力(如弹伞筒推力)方向设计不当;或者是拉出力过小等;降落伞包装不正确。这些原因都称为拉出过程程序设计不合理。

干涉、缠绕现象是降落伞拉出过程虽经常会出现的故障现象,往往会出现非常严重的后果:轻者会造成伞衣、伞绳灼伤受伤,重者伞绳断裂、伞衣无法打开,导致载荷对象高速度坠地。因此设计者在开伞通道设计及引导动力设计上一定要提高设计的可靠性,保证伞系统各部分在拉出过程中都有一定的张力,且拉出通道方向无任何障碍。

2）拉出过程中伞绳(或连接绳)断裂,导致伞-载分离故障

造成这个故障的原因主要是拉直力过大,伞绳(连接绳等)直接被拉断,造成伞-载分离,因此应采用减小拉直力的措施。为了减小拉直力,在拉伞程序上可以尽量选用先拉伞绳(倒拉)法开伞。在拉出过程中,应防止伞衣提前充气,目前常采用如下一些方法:

（1）伞衣底边扎紧带。用一根带子把主伞衣底边扎紧,防止主伞衣在拉直过程中充气,在主伞系统完全拉直瞬间,拉断(或切断)伞衣底边扎紧带,然后使主伞衣充气。

（2）伞衣套。伞衣套的作用和伞衣底边扎紧带的作用相似,也可以防止主伞衣在拉直过程中充气。伞衣套的结构对于拉直力的影响很大,减小伞衣套的阻力

特征,可以明显地减小拉直力。

（3）包伞布。把伞衣折叠后,用包伞布把主伞衣包卷起来,并用锁眼和锁针把包伞布固定住,在拉直过程中,先从伞衣顶部打开锁针,然后顺序打开主伞伞衣底边。这种方法可以防止伞衣提前充气。

除了上述措施外,也可以通过其他合理设计减小拉直力。例如,选用弹性模量较小的伞绳材料,减小整个系统的拉直长度,减轻主伞衣的质量,尽可能避免主伞衣底边质量过度的集中等,都是减小拉直力的有效措施。这部分内容可参考 6.3.4 小节。此外,对于大型伞-载系统而言,由于主伞系统很长(可达 30~40 m),拉直力可能非常大,同时也不容易保证正常的拉直程序。目前,在大型投伞-载上一般都采用拉断带的办法,通过拉断带破坏而产生的脉冲载荷加大拉伞阻力,从而减小拉直力。

6.4　充气过程动力学

6.4.1　降落伞的充气性能

1. 临界开伞速度和临界闭伞速度

一般情况下,主伞衣由伞衣套拉出后会立即充满。但有的时候,降落伞并不能立即充满,在某些情况下甚至完全张不开,说明伞衣只有在一定条件下才能充满。我们以风洞试验为例对降落伞的充气能力进行分析。

将模型伞固定在风洞中进行吹风试验,风速逐渐由小到大,则伞衣在小风速情况下立即充满。但当风速加大到某一值时,充满伞衣又开始收缩成"灯泡"状,人们将充满伞衣开始收缩的速度为临界闭伞速度。如果风洞的风速再逐渐减小,则会发现,当风速减小到某一值时,"灯泡"状伞衣又会突然张开,这个速度一般称为临界开伞速度。

根据临界开伞速度的定义,我们来考察"灯泡"状伞衣的充气状态。未充满伞衣外形可近似地认为由两部分组成:伞顶部分近似为半球,底边部分近似圆锥台,如图 6.12 所示。伞衣的充气过程是一个流进伞衣的空气体积大于流出空气体积而使伞衣体积逐渐扩大的过程。设空气不可压缩,则伞衣容积变化为

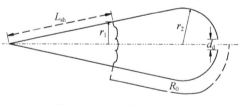

图 6.12　未充满伞衣外形

$$\frac{\mathrm{d}V}{\mathrm{d}t} = n_1 \pi r_1^2 v_\infty - (2\pi r_2^2 - \pi r_d^2)v_q - n_2 \pi r_d^2 v_\infty \tag{6.35}$$

式中，v_q，v_∞ 分别代表透过伞衣织物的平均气流速度和自由来流速度；r_d 为伞顶孔半径；n_1，n_2 分别代表伞衣入口和伞顶孔处的速度修正系数。

当 $\mathrm{d}v/\mathrm{d}t > 0$ 时，伞衣的充满条件为

$$(n_1\pi r_1^2 - n_2\pi r_d^2)v_\infty > (2\pi r_2^2 - \pi r_d^2)v_q \tag{6.36}$$

令 $A = \dfrac{n_1\pi r_1^2 - n_2\pi r_d^2}{2\pi r_2^2 - \pi r_d^2}$，则 $A > v_q/v_\infty$ 时，即 A 必定要大于有效透气量，伞衣才能充满。当 $A = v_q/v_\infty$ 时，此时的 v_∞ 即为临界开伞速度。

前面讨论的临界开伞速度是指使未充满伞衣张开的最大速度，临界闭伞速度则是指伞衣已经充满，若此时流进的空气体积小于流出的空气体积时，伞衣会出现闭合，此时的空气流速称为临界闭伞速度。因此它的物理意义与临界开伞速度相同，只是此时伞衣的形状为充满时的形状。进气口半径 r_1 约等于 r_2，此时 A 值将增大。所以临界闭伞速度大于临界开伞速度。

出现临界闭伞速度的现象很少见到，只有在高空开伞后，由于空气稀薄，阻力小于伞-载系统的重力，速度还在继续增加，才有可能使速度增到临界闭伞速度，出现伞衣闭合。

2. 伞衣充满条件

降落伞的开伞速度大于临界开伞速度，则伞衣不能充满，严格地说是伞衣不能立即充满，之后还是有可能充满的。例如，开伞速度虽大于临界开伞速度，伞衣不能立即充满，但如果未充满伞衣的阻力大于伞-载系统的重力，则系统仍将减速下降。若系统的稳降速度小于临界开伞速度时，则伞衣仍可充满。

未充满伞衣的稳定下降速度可表示为

$$v_{dv} = \sqrt{\dfrac{2G_{xt}}{\rho(CA)_{sv}}} \tag{6.37}$$

式中，G_{xt} 为伞-载系统重力；$(CA)_{sv}$ 指未充满伞衣的阻力特征。

对于大多数人用降落伞，未充满伞衣的阻力特征为充满伞衣的 $1/10 \sim 1/16$。若取 $1/16$，则

$$v_{dv} = 4\sqrt{\dfrac{2G_{xt}}{\rho(CA)_s}} = 4v_{wd} \tag{6.38}$$

式中，v_{wd} 为充满伞衣的稳定下降速度。因此伞衣的充满条件可表示为

$$4v_{wd} < v_{Lk} \tag{6.39}$$

即只要临界开伞速度大于 4 倍的伞-载系统稳定下降速度,伞衣便能充满,只是充气时间很长。

在高空开伞,气球跳伞或使用备份伞时,可能会遇到小动压开伞的情况。在小动压情况下充满的必要条件是:未充满伞衣的阻力要大于伞系统的重力。因为只有满足上述条件,伞系统才有可能处于拉直状态,并开始进行充气。

把未充满伞衣的阻力等于伞系统的重力时的速度定义为最小充满速度,以 $v_{\min}$ 表示,则

$$v_{\min} = \sqrt{\frac{32G_s}{\rho(CA)_s}} \tag{6.40}$$

可以看出,一具伞衣的最小充满速度与伞系统重力和空气密度有关。所以更确切地说,伞衣能充满的最小速压为

$$q_{\min} = \frac{16G_s}{(CA)_s} \tag{6.41}$$

根据以上分析可以清楚地看到,伞衣能否充满与否的开伞速度条件为:

(1) $v_{\min} < v < v_{LK}$,伞衣能立即充满;

(2) $4v_{wd} < v < v_{LK}$,伞衣过一会充满;

(3) $v_{LK} < 4v_{wd} < v$,伞衣不能充满。

3. 伞衣充满时间和充气距离

降落伞自伞系统全长拉直至伞衣第一次张满所需要的时间为充满时间,所经历的距离为充满距离。根据试验数据,降落伞充满时间和充满距离可以表示成如下经验公式:

$$t_m = \frac{S_m}{v_p} = \frac{\alpha D_0}{k_v v_L} = \frac{\alpha D_0}{v_L^n} \tag{6.42}$$

式中,v_L 为拉直速度;D_0 代表伞衣直径;k_v 为速度修正系数;α 为 Scheubel 常数,和外形及透气性有关;指数 $n < 1$(无限质量情况下,n 可近似取为 1)。

当主伞单位面积承受的载荷大到一定数值后,近似地认为充气过程中系统的速度将保持不变,亦即意味着系统的质量为"无限"大,称为无限质量充气情况。在实际应用中,大多数减速伞、稳定伞以及飞机着陆刹车用的阻力伞,均可按"无

限"质量处理。

图 6.13 为典型伞衣无限质量情况下充满时间随拉直速度的变化情况。据实验测量结果,透气量越大、充满时间越长。对于开有结构透气量的降落伞(如带条伞),其充满时间可以采用如下经验公式:

$$t_{\mathrm{m}} = \frac{65\lambda_{\mathrm{j}} D_0}{v_{\mathrm{L}}} \qquad (6.43)$$

式中,λ_{j} 表示伞衣的结构透气量。

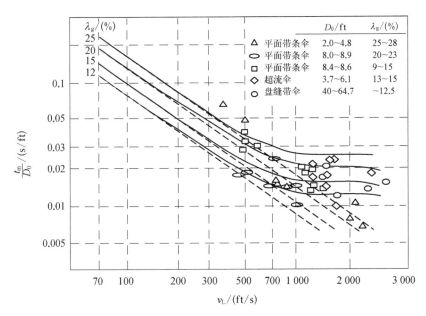

图 6.13　无限质量情况下充满时间随速度的变化

亚音速情况下,单位直径下的充满距离几乎不变,可以采用(6.43)式和(6.44)式计算充满时间。

超音速情况下,单位直径下的充满时间几乎不变。这是由于超音速堵塞现象,进入伞衣的速度不随运动速度发生变化,对于特定的降落伞,充满时间近似为常数,而充气距离会随运动速度变化而变化。图 6.14 为空气压缩性对充满距离的影响。因此,超音

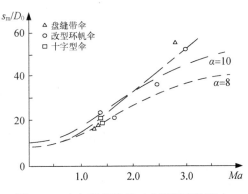

图 6.14　空气可压缩性对充满距离的影响

速下的充满距离可修正为

$$s_{\mathrm{m}} = \alpha D_0 \frac{\rho}{\rho_\infty} \qquad (6.44)$$

充满时间修正公式:

$$t_{\mathrm{m}} = \frac{\alpha D_0}{v_{\mathrm{L}}^n} \frac{\rho}{\rho_\infty} \qquad (6.45)$$

同理,对于有结构透气量的带条伞,充满时间修正公式为

$$t_{\mathrm{m}} = \frac{65\lambda_{\mathrm{j}} D_0}{v_{\mathrm{L}}} \frac{\rho}{\rho_\infty} \qquad (6.46)$$

4. 改进伞衣充气性能的方法

在有些情况下,需要提高伞衣的临界开伞速度,如果临界开伞速度接近于并略大于伞衣的稳定下降速度,则伞衣充气很慢。为了使伞衣迅速充满,可采用封顶布,在伞衣底边缝制鼓风袋或收边带,在合理范围内增加伞绳长度和数量,使用中心绳等方法加快充气。

1) 中心绳

增加中心绳不仅可以增大伞衣的阻力系数,更重要的是由于伞绳张力减小,使伞衣底边更容易扩张,加快伞衣充气。一般软质引导伞上均采用中心绳开伞。

2) 鼓风袋

沿伞衣底边,在各绳绳扣之间缝上鼓风袋。当伞绳全长拉直瞬间,鼓风袋迅速充气张满,帮助伞衣底边迅速张开以形成进气口,从而改善了伞衣的充气性能。

3) 收边带

在伞衣底边安装收边带可以适当缩短伞衣底边长度,因而减少底边遮盖进气口的机会,从而在充气过程这个关键时刻加大了流入空气量。

4) 增大伞绳长度

伞绳长度增加,阻碍伞衣底边张开的作用力减小,因此伞衣易于张满。若将伞绳沿重物四周连接,相当于增加了伞绳的有效长度,从而改善了伞衣的充气性能。

6.4.2 阻力特征及附加质量的变化

1. 阻力特征变化规律

阻力特征是决定降落伞气动力的关键性因素。充气过程中,降落伞的外

形、阻力特征和由此引起的附加质量均会发生很大的变化。目前还缺少从理
论上精确地确定充气过程中阻力特征变化规律的方法，主要是根据实验结果
来总结出阻力特征变化规律的经验公式。不同的开伞方法、不同的伞衣形式，
阻力特征的变化规律也不一样，或凸，或凹，或线性变化。无收口伞，充气过程
阻力特征连续变化。收口型降落伞，一般采用火药切割器切断收口绳，充气过
程并不连续。

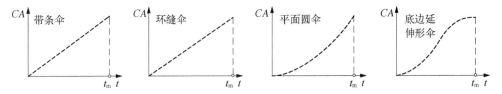

图 6.15　无收口降落伞阻力特征随充气时间的变化情况

图 6.15 和图 6.16 分别是典型降落伞在无收口和一级收口情况下阻力特征随
充气时间的变化情况。图中，t_m 表示充满时间；t_1，t_2 分别表示收口伞初始充气时
间和延迟充气时间。延迟充气时间通常由收口绳切割器的延迟时间（又称收口时
间）确定，而切割器的启动通常是从拉出切割器的瞬间开始计时。以倒拉法为例，
收口时间包括拉出伞衣时间和收口充气延迟时间两部分组成。充满时间则由初始
充气时间和解除收口充气时间组成，图 6.16 所示的充满时间为

$$t_m = t_1 + (t_3 - t_2) \tag{6.47}$$

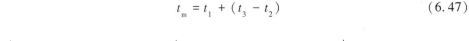

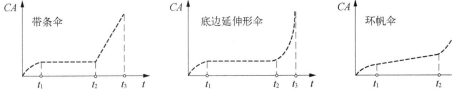

图 6.16　一级收口伞阻力特征随充气时间的变化情况

据图 6.16，一次收口伞衣的充气阶段可以分成三个典型时期：

（1）自开始充气到伞衣底边收口绳绷紧；

（2）在收口绳绷紧状态（即进气口面积基本不变）的条件下，伞衣成"灯泡"
状，在阻力特征不变情况下减速，直至切割器切断收口绳；

（3）切断收口绳后，伞衣继续充气直至伞衣完全张满。

对于两次或更多次收口的伞衣，充气过程可分为更多的阶段，但之后的阶段仅
是上面各阶段的重复，并无质的差别。

由于降落伞大多数在亚音速情况下工作，充满距离为常数。因此，充气过程中

阻力特征的变化往往表示成充气距离的函数,即充气过程中伞-载系统运动距离的函数。以平面圆形伞为例,假设初始充气过程(或解除收口前)阻力特征呈线性变化,伞衣初始充气时的阻力特征为 0,则平面圆形伞在无收口、一次收口、二次收口三种情况下阻力特征的变化情况分别如图 6.17(a) ~ (c)所示。

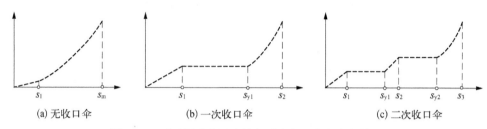

(a) 无收口伞　　　　　　　　(b) 一次收口伞　　　　　　　　(c) 二次收口伞

图 6.17　平面圆形伞阻力特征随充气距离的变化情况

同样地,收口型降落伞,延迟距离由延迟时间确定;充满距离不包括延迟距离,可由下式表示:

$$s_m = s_1 + (s_2 - s_{y1}) + (s_3 - s_{y2}) + \cdots \tag{6.48}$$

表 6.1　充气距离法降落伞阻力特征的变化

	阻　力　特　征		充　气　距　离
无收口伞	$(CA) = \begin{cases} ks, & 0 \leq s \leq s_1 \\ (CA)_1 + \beta(s - s_1)^4, & s_1 \leq s \leq s_m \end{cases}$		$s_1 = v_L t_1 = \lambda D_0$ $s_m = \alpha D_0$
一次收口伞	$(CA) = \begin{cases} k_1 s, & 0 \leq s \leq s_1 \\ (CA)_{sk}, & s_1 < s \leq s_{y1} \\ (CA)_{sk} + \beta_1(s - s_{y1})^2, & s_{y1} < s \leq s_2 \end{cases}$		$s_1 = v_L t_1 = \lambda_1 D_{sd}$ $s_m = \alpha D_0$

依据图 6.17,阻力特征随充气距离的变化可以写出表 6.1 的经验公式。对于一定形式的伞衣,初始充气时期结束时的圆柱形伞衣外廓的几何尺寸比例大致是一定的,与高度和速度无关,可以认为是线性关系;充满后,阻力特征近似为 4 次方关系。通过对大量试验数据进行分析整理,得出下列规律:

密织物圆形伞　　　　　　　$(CA)_1 / (CA)_s = 0.04$

10%底边延伸形伞　　　　　$(CA)_1 / (CA)_s = 0.05$

式中,$(CA)_s$ 表示伞衣充满时的阻力特征。

据表 6.1,初始充气距离和充满距离由充气距离比例系数 λ,α 确定,它们主要取决于伞型及透气量。实验表明,密织物平面圆形伞的 $\lambda = 1.74 \pm 19\%$。对于同一具伞来说,无论是收口状态还是非收口状态,可以认为充满距离 s_m 保持不变;对于密织物平面圆形伞，$\alpha = 6 \sim 7$；对于有结构透气量的圆形伞，$\alpha = 8 \sim 10$。

根据充气距离、阻力特征的边界点，可以获得表 6.1 中的经验参数 k 及 β，分别是：

$$\begin{cases} k = \dfrac{(CA)_1}{s_1} s \\[4mm] \beta = \dfrac{(CA) - (CA)_1}{(s - s_1)^4} \end{cases} \tag{6.49}$$

同理，对于一次收口伞，也可以采用上述思路。区别主要表现在两个方面：

（1）第一个时期的充气行程并非是降落伞的初始充气距离，而是降落伞充气到收口状所经历的距离。这一阶段行程 s_1 的经验公式为

$$s_1 = v_{\mathrm{L}} t_1 = \lambda_1 D_{\mathrm{sd}} \tag{6.50}$$

式中，t_1 为收口伞衣第一个时期的充气时间；D_{sd} 为收口伞衣的当量名义直径，其物理意义是，假定一具伞型与收口伞相同的降落伞，其名义直径为 D_{sd}，在完全充满状态时的阻力特征与收口伞呈"灯泡"状时的最大阻力特征 $(CA)_{\mathrm{sk}}$ 相等，则称 D_{sd} 为收口伞的当量名义直径。显然，当量名义直径 D_{sd} 与收口伞的名义直径 D_0 有如下的关系：

$$D_{\mathrm{sd}} = \sqrt{\frac{(CA)_{\mathrm{sk}}}{(CA)_{\mathrm{s}}}} D_0 \tag{6.51}$$

式中，常数 λ_1 与伞型和透气量有关，可通过试验或统计的方法确定。例如，对于一般密织伞-载衣，$\lambda_1 = 14$。

（2）解除收口后，伞衣会快速张满，阻力特征可以假设为二次方关系。充满距离表达式和无收口伞一致。求得 s_1，s_{m} 后，可按边界条件求出阻力特征公式中的参数 k_1 和 β_1：

$$\begin{cases} k_1 = \dfrac{(CA)_{\mathrm{sk}}}{s_1} \\[4mm] \beta_1 = \dfrac{(CA)_{\mathrm{s}} - (CA)_{\mathrm{sk}}}{(s_{\mathrm{m}} - s_1)^2} \end{cases} \tag{6.52}$$

表 6.2　充气时间法降落伞阻力特征的变化

阻　力　特　征	充　气　时　间
无收 口伞　　$(CA) = \begin{cases} k_t t, & 0 \leqslant t \leqslant t_1 \\ (CA)_1 + \beta_t(t - s_1)^n, & (n = 2 \sim 3), & t_1 \leqslant t \leqslant t_m \end{cases}$	$t_1 = \lambda D_0 / v_L$ $t_m = \alpha D_0 / k_v v_L$
一次 收口伞　　$(CA) = \begin{cases} k_{t1} t, & 0 \leqslant t \leqslant t_1 \\ (CA)_{sk}, & t_1 < t \leqslant t_2 \\ (CA)_{sk} + \beta_t(t - t_2)^2, & (n < 2), & t_2 < t \leqslant t_3 \end{cases}$	$t_1 = \lambda_1 D_{sd} / v_L$ $t_m = \lambda_t (\sqrt{(CA)_0} - \sqrt{(CA)_{sk}}) / v_{jsk}$

依据充气距离法的分析思路,同样可以得到阻力特征随充气时间的变化关系,如表 6.2 所示。其中,k_t,k_{t1},β_t,β_{t1} 依然由边界条件确定,表达式依次为

$$\begin{cases} k_t = (CA)_1 / t_1 \\ \beta_t = \dfrac{(CA)_s - (CA)_1}{(t_m - t_1)^n} \quad (n = 2 \sim 3) \end{cases} \tag{6.53}$$

$$\begin{cases} k_{t1} = (CA)_{sk} / t_1 \\ \beta_{t1} = \dfrac{(CA)_s - (CA)_1}{(t_3 - t_2)^n} \quad (n < 2) \end{cases} \tag{6.54}$$

充气时间比例常数可依据充气距离方法推导得到。其中,v_{jsk} 为解除收口时,伞-载系统的运动速度。

2. 附加质量的变化

充气过程往往时间很短,运动情况主要是发生在轴向上的减速运动。如果不考虑其他方向上的运动,则附加质量也只需要考虑轴向上的变化,其附加质量可用下式表示:

$$m_f = k_{f1} \frac{4}{3} \rho \pi r^3 \tag{6.55}$$

充气过程中,半径的变化规律可用伞衣阻力特征的变化规律来代替。这样附加质量便可表示成阻力特征的函数。由于

$$(CA) = C_{st} \pi r^2 \tag{6.56}$$

式中,C_{st} 表示以伞衣投影面积为参考面积的阻力系数。由(6.55)式和(6.56)式,降落伞轴向附加质量可以表示成如下形式:

$$m_{\mathrm{f}} = k_{\mathrm{f1}} \frac{4}{3} \rho \pi \left(\frac{CA}{C_{\mathrm{st}} \pi} \right)^{3/2} = k_{\mathrm{f}} \rho (CA)^{3/2} \tag{6.57}$$

则附加质量变化率可以写成充气时间或充气距离的函数：

$$\frac{\mathrm{d}m_{\mathrm{f}}}{\mathrm{d}t} = \frac{3}{2} \rho k_{\mathrm{f}} (CA)^{0.5} \frac{\mathrm{d}(CA)}{\mathrm{d}t} = \frac{3}{2} \rho k_{\mathrm{f}} v (CA)^{0.5} \frac{\mathrm{d}(CA)}{\mathrm{d}s} \tag{6.58}$$

为了简化计算,针对投影面积的阻力系数取平均值,对于密织物圆形伞,根据试验经验,k_{f} 可取为 0.41。

由此可知,只要已知阻力特征变化规律,便可以推知附加质量的变化情况。

6.4.3 充气过程运动模型

在充气过程中,伞-载系统的轨迹计算和自由坠落阶段并没有大的变化,但是要考虑伞-载系统的外形(或阻力特征)和质量在充气过程中的显著变化,这是降落伞理论分析最难的一个阶段,涉及空气动力学、纺织材料结构动力学等多个学科领域,当前工程分析多采用半理论半经验的方法,如充气距离法、充气时间法、轴向径向动量方程模型等。其中充气距离法是指阻力特征等参数的变化以充气距离为自变量;而充气时间法则以时间为自变量。这两种方法简单,在工程中较为常用。下面主要介绍这两种方法。

充气过程中伞-载系统受力如图 6.18 所示,忽略伞-载二者的升力,不考虑风的影响,伞-载系统的运动可认为是平面运动。为简化计算,作如下假设:

(1)设前置体和降落伞的运动为双质点的运动。前置体的质量 m_{w} 集中于物体重心处。伞的质量 m_{s} 集中于伞衣底边中心。在伞衣充气过程中,伞的质心相对底边的位置保持不变。

(2)由于伞的重力远远小于气动阻力,可以认为充气过程中伞-载二者的轴线始终重合。

(3)忽略伞系统弹性影响,伞-载二者之间的相对位置保持不变。即二者的速度向量保持恒等。

在航迹坐标系下,降落伞和载荷物体的运动方程分别为

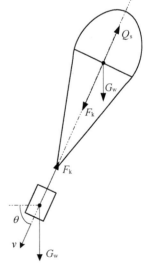

图 6.18 充气过程受力图

$$\begin{cases} \dfrac{\mathrm{d}}{\mathrm{d}t} \left[(m_{\mathrm{s}} + m_{\mathrm{f}}) v \right] = F_{\mathrm{k}} - \dfrac{1}{2} \rho v^2 (CA)_{\mathrm{s}} - m_{\mathrm{s}} g \sin \theta \\[2mm] \dfrac{\mathrm{d}v}{\mathrm{d}t} = -g \sin \theta - \dfrac{1}{m_{\mathrm{w}}} \left[F_{\mathrm{k}} + \dfrac{1}{2} \rho v^2 (CA)_{\mathrm{w}} \right] \end{cases} \tag{6.59}$$

将降落伞运动方程中的 F_k 代入物体运动方程,这样伞-载系统动力学方程可改写成

$$\frac{\mathrm{d}v}{\mathrm{d}t} = - \frac{m_w + m_s}{m_w + m_s + m_f} g\sin\theta - \frac{1}{2}\rho v^2 \frac{(CA)_w + (CA)_s}{m_w + m_s + m_f} - \frac{v}{m_w + m_s + m_f}\frac{\mathrm{d}m_f}{\mathrm{d}t}$$

$$(6.60)$$

上式中,阻力特征及附加质量补充公式可以参考 6.4.2 小节。对于无收口伞,补充如下公式:

$$\begin{cases} (CA) = \begin{cases} k_t t, & 0 \leqslant t \leqslant t_1 \\ (CA)_1 + \beta_t (t - s_1)^n, & t_1 \leqslant s \leqslant t_m \end{cases} \\ m_f = \rho k_f (CA)^{1.5} \end{cases}$$

$$(6.61)$$

联立(6.59)式和(6.61)式,可以求得充气过程中的开伞-载荷及运动速度,从而得到伞-载系统的轨迹:

$$\begin{cases} \dfrac{\mathrm{d}\theta}{\mathrm{d}t} = - g\cos\theta / v \\ \dfrac{\mathrm{d}x}{\mathrm{d}t} = v\cos\theta \\ \dfrac{\mathrm{d}y}{\mathrm{d}t} = v\sin\theta \\ \dfrac{\mathrm{d}s}{\mathrm{d}t} = v \end{cases}$$

$$(6.62)$$

上述方法是以充气时间为自变量的方法。由于降落伞大多在亚音速区工作,充满距离为常数。因而,大多数人习惯于采用充气距离方法进行计算。充气距离方法和充气时间方法类似,只是将各变量表示成充气距离的函数。对于无收口伞,充气过程的运动方程可以写成

$$\begin{cases} \dfrac{\mathrm{d}v}{\mathrm{d}s} = \left(- \dfrac{m_w + m_s}{m_w + m_s + m_f} g\sin\theta - \dfrac{1}{2}\rho v^2 \dfrac{(CA)_w + (CA)}{m_w + m_s + m_f} - \dfrac{v}{m_w + m_s + m_f}\dfrac{\mathrm{d}m_f}{\mathrm{d}t} \right) / v \\ F_k = (m_s + m_f)v\dfrac{\mathrm{d}v}{\mathrm{d}s} + \dfrac{1}{2}\rho v^2 (CA)_s + v\dfrac{\mathrm{d}m_f}{\mathrm{d}t} + m_s g\sin\theta \\ (CA) = \begin{cases} ks, & 0 \leqslant s \leqslant s_1 \\ (CA)_1 + \beta(s - s_1)^4, & s_1 \leqslant s \leqslant s_m \end{cases} \\ m_f = \rho k_f (CA)^{1.5} \end{cases}$$

$$(6.63)$$

运动轨迹为

$$\begin{cases} \dfrac{\mathrm{d}\theta}{\mathrm{d}s} = -g\cos\theta/v^2 \\[2mm] \dfrac{\mathrm{d}x}{\mathrm{d}s} = \cos\theta \\[2mm] \dfrac{\mathrm{d}y}{\mathrm{d}s} = \sin\theta \end{cases} \tag{6.64}$$

对于收口伞,可以采用同样的方法,其变化主要是阻力特征及附加质量的表达式有所不同,具体可参考 6.4.2 小节。

6.4.4 最大开伞动载估算

1. 经验方法

这种方法主要根据低空试验的一些结果给出,忽略了开伞高度对开伞载荷的影响,主要基于如下假设:

(1) 根据空投试验结果,假设最大开伞动载为充满瞬间伞衣阻力的两倍,即

$$F_{k\max} = \rho v_m^2 (CA)_s \tag{6.65}$$

(2) 充满距离和伞衣名义面积之间的关系可表示为

$$s_m = C\sqrt{A_0} \tag{6.66}$$

(3) 伞-载系统为一个集中在前置体重心的质点,并不考虑前置体的气动阻力。

根据以上假设,伞-载系统作垂直下降运动时,出现最大开伞动载瞬间的运动方程为

$$m_{xt}\left(\frac{\mathrm{d}v}{\mathrm{d}t}\right)_m = G_{xt} - F_{k\max} \tag{6.67}$$

如用平均加速度表示瞬间加速度,则

$$\left(\frac{\mathrm{d}v}{\mathrm{d}t}\right)_m = k_a \frac{v_m - v_L}{t_m} \tag{6.68}$$

式中,k_a 为加速度修正系数,它是出现最大动载瞬间加速度和平均加速度的比值。若充气过程中,系统的平均速度取

$$v_{\mathrm{p}} = \frac{v_{\mathrm{m}} + v_{\mathrm{L}}}{2} \qquad (6.69)$$

则系统充满距离可表示为

$$s_{\mathrm{m}} = k_{\mathrm{v}} \frac{v_{\mathrm{m}} + v_{\mathrm{L}}}{2} t_{\mathrm{m}} \qquad (6.70)$$

式中，t_{m} 为伞衣充满时间；k_{v} 为速度修正系数，用来修正由平均速度计算充满距离而引起的误差。

将充满伞衣距离公式(6.66)式代入(6.70)式，可得

$$t_{\mathrm{m}} = \frac{2C\sqrt{A_0}}{k_{\mathrm{v}}(v_{\mathrm{m}} + v_{\mathrm{L}})} \qquad (6.71)$$

将(6.68)式和(6.71)式代入(6.67)式，经整理后得

$$F_{\mathrm{k\,max}} = \frac{G_{\mathrm{xt}}}{\sqrt{A_0}} \left[\sqrt{A_0} - k(v_{\mathrm{m}}^2 - v_{\mathrm{L}}^2) \right] \qquad (6.72)$$

式中，$k = \dfrac{k_{\mathrm{a}} k_{\mathrm{v}}}{2Cg}$ 取决于伞型、材料及透气量，一般由试验确定。对于同一具伞来讲，其值是不变的。根据(6.65)式和(6.72)式，约去充满速度得

$$F_{\mathrm{k\,max}} = \frac{k v_{\mathrm{L}}^2 + \sqrt{A_0}}{k/\rho(CA)_{\mathrm{s}} + \sqrt{A_0}/G_{\mathrm{xt}}} \qquad (6.73)$$

又

$$G_{\mathrm{xt}} = \frac{1}{2}\rho_0 v_{\mathrm{z}}^2 (CA)_{\mathrm{s}}$$

所以，最大开伞动载可以写成

$$F_{\mathrm{k\,max}} = \rho_0 v_{\mathrm{z}}^2 (CA)_{\mathrm{s}} \frac{k v_{\mathrm{L}}^2 + \sqrt{A_0}}{k \dfrac{\rho_0 v_{\mathrm{z}}^2}{\rho} + 2\sqrt{A_0}} \qquad (6.74)$$

这种方法，主要是根据低空的某些结果导出，有一定的局限性，但在产品估算上比较正确，而且计算简便，有一定实用价值。

2. 载荷系数法

前面介绍的开伞动载计算方法既可应用于"有限"质量，亦适用于"无限"质

量。但由于在"无限"质量时,充气过程中系统速度变化很小,因而,充气过程的计算大为简化,最大开伞动载的可按如下的经验公式计算:

$$F_{k\max} = \frac{1}{2}\rho v_L^2 (CA)_s k_d \tag{6.75}$$

式中,k_d 称为动载系数(无因次),对于一定型式的伞衣,k_d 是常量。在亚声速范围,各种典型平面型伞的开伞动载系数如表 6.3 所示。锥形或成型幅伞比相应的平面型伞略低。

表 6.3 平面型伞无因此动载系数 k_d 的取值

密织物平面圆形伞	密织物底边延伸伞	平面带条伞	环缝伞
$k_d \geqslant 1.8$	$k_d \geqslant 1.8$	$k_d \geqslant 1.05$	$k_d \geqslant 1.05$
有肋导向面伞	无肋导向面伞	人用导向面伞	波环伞(环帆伞)
$k_d \geqslant 1.1$	$k_d \geqslant 1.4$	$k_d \geqslant 1.6$	$k_d \geqslant 1.1$

有限质量条件下开伞与无限质量条件下开伞相比较,由于前者在开伞过程中减速较快,最大开伞动载 $F_{k\max}$ 要比无限质量条件小。如果用开伞动载缩减系数 $k_j(k_j < 1)$ 来表示无限质量和有限质量条件下的最大开伞动载的比值,则在有限质量条件下开伞也可用下式计算:

$$F_{k\max} = \frac{1}{2}\rho v_L^2 (CA)_s k_d k_j \tag{6.76}$$

设 $k_{dy} = k_d k_j$,则上式也可写成

$$F_{k\max} = k_{dy} \frac{1}{2}\rho v_L^2 (CA)_s \tag{6.77}$$

降落伞无限质量的评判标准目前不是很一致。目前,主要有三种方法:

(1) 以单位伞衣面积承担的有效载荷来评定。通常以 $\frac{G_w}{A_0} = 600\,\text{Pa}$ 作为无限质量的下限。对于单位面积载荷很大的阻力伞(相当于无限质量),$k_j = 1.0$。 对于伞衣单位面积载荷为 $200\,\text{N/m}^2$ 左右的投物伞,k_j 可取为 0.33;而对于伞衣单位面积载荷仅 $25\,\text{N/m}^2$ 的人用伞则小到 0.03。这种方法比较简单,工程上使用较多。

(2) 以单位阻力面积承担的有效载荷(即弹道系数)来评定。这种方法能够一定程度地反映降落伞的减速能力,相比于单位面积承担的有效载荷法,这种评定标准更为科学。地球环境中,常以弹道系数 $\beta = \frac{G_w}{(CA)_s} = 1\,400\,\text{Pa}$ 作为无限质量的下

限。图 6.19 就是采用这种方法的载荷缩减系数随弹道系数的变化情况。

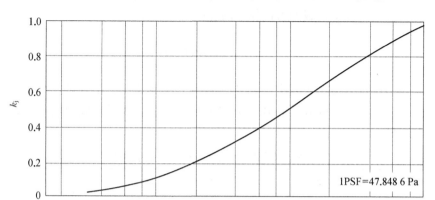

图 6.19　缩减系数随弹道系数的变化情况

（3）以无量纲的质量形式来评定。实质上,伞-载系统的减速快慢不仅和降落伞的阻力特征有关,还和空气的密度有关。对于高空或其他地外行星,密度很低,即使阻力特征比较大,但减速依然很慢,也可以视为无限质量情况。为了更科学地考虑这种大气密度地减速影响,有的学者建议采用无量纲的质量形式来评定有限质量和无限质量情况。图 6.20 为典型降落伞 k_{dy} 与质量比 R_m 的关系。质量比 R_m 定义如下：

$$R_m = \frac{\rho (CA)_s^{1.5}}{m_{xt}} \tag{6.78}$$

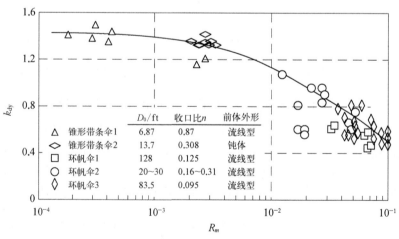

图 6.20　k_{dy} 和质量比的关系

值得注意的是,若伞衣单位面积承担的载荷质量远大于无限质量下限,而初始充气速度又很小。此时,充气过程中伞-载系统会不断加速,这是一种特殊的无限质量情况,工程中出现的比较少。这种特殊情况下的无因此开伞动载系数 k_d 会比常规情况(表 6.3)偏高。

3. 多伞系统估算方法

20 世纪 60 年代以来,由于大型军用运输机的迅速发展,对空投技术的要求愈来愈高,有些货物重量很大,如大炮、车辆、坦克等,如果只用单伞空投,极大地增加了制造和使用难度。使用多伞系统空投货物,不仅可以提高空投单件货物的能力,而且多伞系统本身具有安全可靠,稳定性好,可减小最低安全空投高度,便于制造、运输、维修等优点,所以多伞系统在重装空投中广泛应用。

如果假设多伞系统各个单伞的大小和型式均相同,而且它们之间没有气动力干扰,各个单伞保证同时充满。这样多伞系统的开伞总动载为 n 个单伞开伞动载之和,即

$$F_{k\,\max} = nF_{k\,\max\,i} \tag{6.79}$$

采用(6.79)式计算的结果显然和实际情况不符,因为伞之间存在气动力干扰,并且不会同时开伞。因此,实际作用在各单伞连接绳交汇点上的总动载必定小于(6.79)式,其误差大小与多伞系统同时开伞的程度有关。开伞性能越好,则理论最大总动载与实测值越接近,反之,则相差越大。对于总面积相同的多伞系统,伞衣数量越多,开伞总动载越大。这是因为,在总面积相同的情况下,单伞数目越多,每具伞的面积便越小,其充气时间也越短,所以最大动载也越大。图 6.21 为由三具伞组成的群伞系统开伞动载的变化情况。

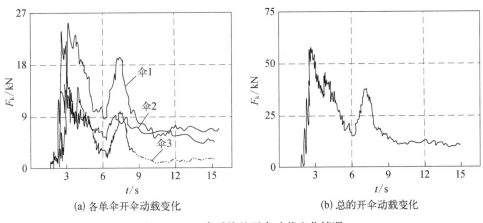

(a) 各单伞开伞动载变化　　　　　　　　(b) 总的开伞动载变化

图 6.21　三伞系统的开伞动载变化情况

在多伞系统设计中,最难处理的问题之一就是每具单伞的最大开伞动载。因

为多伞系统每具单伞不可能同时张满,先开的单伞开伞动载比较大,而每一具伞都有先开的可能。大量试验表明,只有一具伞打开,其余各单伞完全不开的情况是非常罕见的。多伞系统一般的开伞情况是一具或几具先开,其余各单伞紧接着张满。鉴于情况比较复杂,要精确地得到各单伞的开伞动载有一定的困难,为此常用开伞动载不均匀系数 β 来表示。不均匀系数是多伞系统中单伞的最大分动载与其理论分动载的比值。一般情况,二具伞 β 取为 1.45,三伞系统取为 1.8,四具伞以上取为 2.0。如果对多伞系统采取一些控制方法,使伞衣尽量同时开伞,则不均匀系数可控制在 1.3 左右。

6.4.5　开伞动载影响因素

影响开伞动载的因素很多,主要受前体外形、伞衣透气性、弹道系数及开伞工况参数的影响。

1) 前体外形

降落伞在前置载荷后方工作,前体的尾流不仅影响到降落伞的阻力系数,对开伞-载荷也有比较大的影响。首先,开伞动载系数会随前置体投影直径增加而有所提高。另一方面,不断生成并脱落的尾涡使得开伞-载荷出现振动,投影直径越大的钝体外形,载荷波动现象越强烈。表 6.4 为 16.5 ft 带条伞在不同前置体情况下的开伞-载荷情况。

表 6.4　带条伞在不同前置体下的开伞-载荷($D_0 = 16.5\,\text{ft}$)

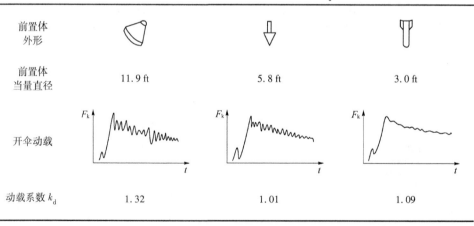

前置体外形			
前置体当量直径	11.9 ft	5.8 ft	3.0 ft
开伞动载			
动载系数 k_d	1.32	1.01	1.09

2) 伞衣透气性

当保持其他参数不变时,增大伞衣透气量,会使进入伞衣内的空气向外流出的量增多,使伞衣充气缓慢,充满时间增加,导致最大开伞动载降低。另外,由于透气量增加,伞衣内外压差减小,阻力系数有所降低,从而也会使最大开伞动载降低。

3) 弹道系数

弹道系数决定了伞-载系统充气过程中的减速性能,也是确定有限质量开伞还是无限质量开伞情况的重要参数。充气过程中,随着伞-载系统的下降,开伞载荷也会有所变化。弹道系数不同,开伞载荷峰值出现的时刻也不同(图 6.22)。无限质量情况下,减速慢,最大开伞动载出现在伞衣充气后期,即伞衣完全充满阶段。有限质量情况较为复杂,低空开伞减速快,最大开伞动载出现在前期;高空时,密度小,减速较慢,最大开伞动载通常出现在后期。这是因为高空、低空造成开伞动载峰值的机理各不相同:充气前期(高空)峰值是由于速度造成;而充气后期(低空)则是因为密度大、阻力特征大造成开伞动载峰值。

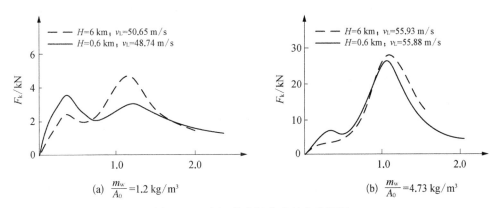

图 6.22 开伞-载荷随高度的变化情况

4) 开伞工况

影响开伞动载的工况参数主要有两方面:开伞高度与拉直速度。

开伞高度对开伞动载的影响有三种观点:

(1) 认为开伞高度增加,系统减速缓慢,伞衣的有效透气量减小,加速了充气过程,使开伞动载增大;

(2) 随着高度增加,密度减小,使最大开伞动载下降;

(3) 认为高度对开伞动载的影响不大,可以忽略。

试验结果也表明,对于有限质量情况下的降落伞(如人用伞),在相同拉直速度时,高度增加会导致开伞动载增加;相反,对于无限质量情况下开伞(如稳定减速伞),最大开伞动载随着高度的增加而减小。图 6.22 为开伞动载随高度的变化情况。由此可知,高度对开伞动载的影响,要综合考虑当时的加速度、密度、附加质量变化率、阻力特征变化率等多种因素,情况较为复杂。

图 6.23 表示最大拉直速度与开伞动载的关系,可以很明显地看出,随着拉直速度增加,开伞动载增加,且最大开伞动载与拉直速度的平方成比例。由此,减小初始充气时的速度可以有效地减小开伞动载。

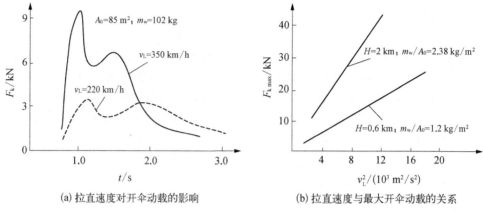

(a) 拉直速度对开伞动载的影响　　　　(b) 拉直速度与最大开伞动载的关系

图 6.23　拉直速度对开伞动载的影响

6.4.6　充气过程设计要点

　　充气过程中常常会出现伞衣破损、伞绳断裂、8 字型充气、伞衣塌陷、伞衣无法充满等现象,如图 6.24 所示。造成上述现象的主要原因在于,降落伞充气过程是流场结构作用非常剧烈的过程,飞行状态下很难处于理想工作状态,非定常非线性非对称的流场极易导致伞衣塌陷、非对称充气,严重时会出现伞衣翻转等灾难性事故。另一方面,载荷重量过大、充气速度过快也会导致开伞-载荷过大,造成伞衣破损或伞绳断裂。因此,解决上述问题的途径主要有改善充气状态和减小开伞动载两个方面。

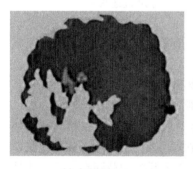
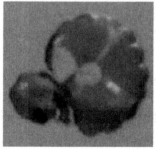

(a) 伞衣破损　　　　　　　(b) 8字型充气　　　　　　　(c) 乌贼状充气

图 6.24　充气过程故障现象

　　改善充气状态的主要措施有:

　　(1) 有良好的初始充气工况。降落伞拉直后近似为直线,无明显绳帆现象,伞衣以近似于 0° 迎角状态下充气。

（2）改善降落伞的折叠方式。伞衣底边必须对齐,折叠后伞绳对称布置,以形成对称形充气口。伞绳切忌扭绞、漏穿或穿错,否则会影响正常开伞。

（3）降落伞的充气减速度合理。伞系统减速过快,会导致尾流再附现象发生,从而改变伞衣上的压力分布,使伞衣出现局部塌陷;减速过慢,开伞动载又很大。

减小开伞动载的具体方法很多,但从原理上来说主要有减小初始充气速度和延长充气时间两个方面。

1）减小初始充气速度

（1）延迟开伞。借助载荷体本身的阻力,将速度降至较小的速度下再开伞,因而也就降低了充满时作用在伞衣上的最大动载。延迟开伞时间取决于载荷体的高度和速度,高空延迟时间比低空要长一些。

（2）使用减速伞。主伞伞包打开前采用一具或多具小面积减速伞,这些减速伞在主伞充气前按一定时间间隔逐次打开,使伞-载系统的速度迅速减小。

（3）多次开伞。采用收口方法控制伞衣进气口面积,使伞衣在完全张满前呈未张满状态下降,未张满伞衣像减速伞一样将系统速度迅速降低,达到允许开伞速度后解除收口,使伞衣完全张满。此时由于速度较小,开伞动载也就小了。

2）延长充气时间

（1）采用导向面伞。沿伞衣底边缝上导向面,使伞衣底边进气口面积减小,从而使充气时间延长。

（2）增大伞衣透气量。可以采用大透气量织物或增加结构透气量两个方面增加伞衣透气量。增大伞衣透气量可以降低开伞动载,但也会引起伞衣阻力系数减小。为保证规定的着陆速度,必须相应增大伞衣面积。因此,利用增大伞衣织物透气量的方法来减小开伞动载时,应当全面权衡伞衣面积、重量与体积的关系。

（3）采用变透气量织物。和常规织物相比,变透气量织物的透气量随压差变化更大,即在大压差情况下,变透气量织物的透气量要比一般织物的透气量大得多;但在稳定下降有小压差阶段,透气量和常规织物类似。由于降落伞在充气过程中的压力差要比稳定下降时大得多,所以用变透气量的织物制造伞衣,可以减小最大开伞动载,在稳定下降时又不会降低伞的阻力系数,可以很满意地解决开伞动载和着陆时气动阻力之间的矛盾。

除了上述因素以外,伞-载系统距离过小（即拖曳比过小）,尾涡影响过大;群伞开伞不均匀性增强;收口绳过早切断等,也是造成开伞动载比较大的重要因素。

为减小开伞动载,延迟开伞或延长充气时间都是重要的改进措施。但是,在低空开伞场合（如低空救生伞、低空伞兵伞等）,采用上述方法会造成开伞高度不够,一般不能采用此法。此时,可以采用其他改善降落伞充气性能的方案,如中心绳方法、收边带方法、鼓风兜方法等。

6.5　伞-载系统稳定稳降阶段

6.5.1　稳定阶段损失高度估算

充气过程结束后,伞-载系统进一步减速,进入稳定阶段。伞衣充满后,系统的外形和质量可视为不变。因此,稳定阶段降落伞的阻力特征和附加质量可认为不再变化,将其代入充气阶段轨迹方程组,再用同样方法一直计算下去,直到伞-载系统运动速度达到稳降速度 v_{wd} 为止。

工程上,为了保证足够的降落伞最低开伞,需要对伞-载系统稳定下降所损失的高度进行估算。估算时可假设伞-载系统的轨迹角为 $-90°$,这样运动方程可简化为

$$(m_w + m_s + m_f) \frac{\mathrm{d}v}{\mathrm{d}t} = G_{xt} - F_{D,s} - F_{D,w} \tag{6.80}$$

其中,伞-载阻力、系统重力可以表示成如下公式:

$$\begin{cases} F_{D,s} + F_{D,w} = \dfrac{1}{2}\rho v^2 \left[(CA)_s + (CA)_w \right] \\ G_{xt} = \dfrac{1}{2}\rho v_d^2 \left[(CA)_s + (CA)_w \right] \end{cases} \tag{6.81}$$

将(6.81)式代入(6.80)式后可得

$$\frac{\mathrm{d}v}{1 - \left(\dfrac{v}{v_{wd}} \right)^2} = \frac{g}{1 + \left(\dfrac{m_f}{m_w + m_s} \right)} \mathrm{d}t \tag{6.82}$$

稳定阶段的高度,可利用微分式 $\dfrac{\mathrm{d}h}{\mathrm{d}t} = v$,代入(6.82)式,可得

$$\mathrm{d}h = \frac{1}{g} \left[1 + \frac{m_f}{m_w + m_s} \right] \frac{v \mathrm{d}v}{1 - \left(\dfrac{v}{v_{wd}} \right)^2} \tag{6.83}$$

如果速度初值为充满速度 v_m,终值可取 1.01 倍的稳降速度(即 $1.01v_{wd}$),积分后可以得到稳定阶段所损失的高度和所需要的时间:

$$
\begin{cases}
h_{wd} = \dfrac{v_{wd}^2}{2g}\left[1 + \dfrac{m_f}{m_w + m_s}\right]\ln\dfrac{v_m^2 - v_{wd}^2}{0.020\,1v_{wd}^2} \\[4mm]
t_{wd} = \dfrac{v_{wd}}{2g}\left[1 + \dfrac{m_f}{m_w + m_s}\right]\ln\dfrac{201(v_m - v_{wd})}{v_m + v_{wd}}
\end{cases}
\tag{6.84}
$$

稳定阶段结束后,伞-载系统将以平衡速度 v_{wd} 继续下降,直到着陆。此时,降落伞附加质量可以假设为 0,仍采用稳定阶段的运动方程开展计算。伞-载系统接近地面时的稳降速度即为着地速度。如果主伞充满不经过稳定、稳降阶段便着地,一般不能保证安全。为了确保人员及前置物体的安全,要求降落伞稳定后,稳降阶段至少还有 2~3 s 的留空时间。工程中,伞衣充满后,空中稳定、稳降时间一般要求在 10 s 以上。

6.5.2　伞-载系统的稳定性

降落伞充气结束后,我们希望伞-载系统能够进入稳定的垂直下降运动或稳定的滑翔运动状态。但是,大量的试验会发现,伞-载系统在空中出现大角度的摆动或围绕下降轨迹作近似大角度的圆锥运动,这种运动现象为不稳定运动现象。降落伞的不稳定现象,对于人用伞,会造成空降人员在空中呕吐甚至发生昏迷;对于航弹伞,其稳定性好坏直接影响弹道轨迹与命中精度。

对于一般物体来说,它的稳定与否是相对于物体的平衡状态而言的。所谓物体的平衡是指物体受到若干力的作用时,合力和合力矩都等于零。而所谓物体的稳定是指处于平衡状态的物体,在受到的外力或外力矩消失后仍能恢复其原来的平衡状态。

图 6.25 为圆球放置于不同物体表面时的稳定性情况:当放在类似碗状凹形表面时,圆球受扰偏离中心位置后,待扰动消失能自动恢复到原来的姿态,这就是稳定的[图 6.25(a)];而放在凸形球状表面时,偏离原位置后无法回到原来的姿态,这就是不稳定的[图 6.25(c)];放置在水平板上,则为中性稳定[图 6.25(b)]。

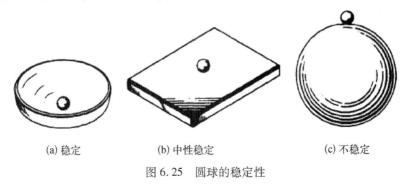

(a) 稳定　　　　　(b) 中性稳定　　　　　(c) 不稳定

图 6.25　圆球的稳定性

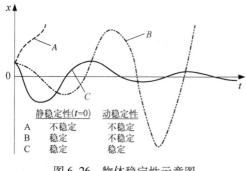

静稳定性(t=0)　动稳定性
A　　不稳定　　　不稳定
B　　稳定　　　　不稳定
C　　稳定　　　　稳定

图 6.26　物体稳定性示意图

物体的稳定包含静稳定和动稳定两方面的含义。静稳定性是指当物体受扰动而离开平衡位置时,物体有恢复平衡状态的趋势,即物体受扰动后能产生趋于平衡位置的恢复力矩。动稳定性指物体有保持原来运动状态的能力,或者说当扰动作用停止后,物体有恢复到原来运动状态的能力。图6.26给出了物体静、动稳定性示意图。

伞-载系统的运动过程同样包含静稳定性和动稳定性。在降落伞系统拉直和开伞瞬变过程中常常产生大振幅摆动,这个初始摆动因受气动力和重力联合作用很快被阻尼,这样经过大约一半的周期以后达到了平衡下降状态,又称为稳定下降阶段。稳定下降阶段会出现许多复杂的运动现象,经常出现的有以下四类:① 稳定的垂直下降运动;② 稳定的滑翔运动;③ 俯仰方向大角度摆动;④ 围绕下降轨迹的大角度圆锥摆运动。前两种为理想运动状态,但后两种不稳定现象,对于人用伞来说,会造成人员在空中呕吐甚至发生昏迷;对物用伞来说,则影响弹道轨迹与着陆精度,因此,保证伞-载系统运动稳定性是降落伞研制过程的重要内容。

6.5.3　伞-载系统稳定性判据

伞载-系统在空中的运动情况比较复杂,扰动作用也是瞬时不连续的,为便于进一步理解伞-载系统的稳定性,下面仅对扰动作用停止后的一维稳定性进行分析。作如下假设:

(1) 稳降过程作垂直下降运动,迎角为0,动压不变;

(2) 稳降阶段,伞-载系统绕重心作一个自由度转动。

根据上述假设,伞-载系统一维稳定性分析示意图如图6.27所示,其中 F_A、F_N 分别表示降落伞所受的轴向力和法向力;M 为作用在伞-载系统质心处的外力矩;α 为伞-载系统的迎角。则系统的运动方程为

$$I_z \ddot{\alpha} = \sum M_z \tag{6.85}$$

伞-载系统的外力矩由气动力矩和阻尼力矩组成,其计算公式为

$$\sum M_z = M(\alpha) + M(\dot{\alpha}) = [C_m(\alpha) + C_{mw}(\alpha)]q A_0 D_0 + [C_m(\dot{\alpha}) + C_{mw}(\dot{\alpha})]q A_0 D_0 \tag{6.86}$$

式中,$C_m(\alpha)$、$C_{mw}(\alpha)$ 分别为降落伞和载荷体的气动力矩系数;$C_m(\dot{\alpha})$、$C_{mw}(\dot{\alpha})$

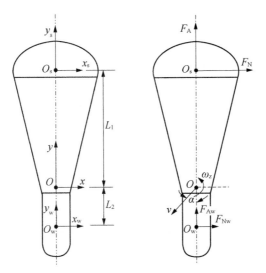

(a) 伞-载系统坐标系　　　(b) 伞-载系统受力及运动图

图 6.27　伞-载系统一维稳定性分析示意图

分别为降落伞和载荷体的阻尼力矩系数。在迎角不大时,降落伞及载荷体的力矩系数可近似呈线性关系,因此,

$$I_z \ddot{\alpha} = \left[(C_m^\alpha + C_{mw}^\alpha)\alpha + (C_m^{\dot\alpha} + C_{mw}^{\dot\alpha})\dot\alpha \right] q A_0 D_0 \tag{6.87}$$

式中,C_m^α、C_{mw}^α、$C_m^{\dot\alpha}$、$C_{mw}^{\dot\alpha}$ 为力矩系数对迎角和角速度的导数。

根据几何关系,$F_N \cdot L_1 = M_s(\alpha) \Rightarrow C_m = -C_N L_1 / D_0$

同理,

$$\begin{cases} C_m^\alpha = -C_N^\alpha L_1 / D_0 \\ C_m^{\dot\alpha} = -C_N^{\dot\alpha} L_1 / D_0 \\ C_{mw}^\alpha = -C_{Nw}^\alpha L_2 / D_0 \\ C_{mw}^{\dot\alpha} = -C_{Nw}^{\dot\alpha} L_2 / D_0 \end{cases} \tag{6.88}$$

将(6.88)式代入(6.87)式,可得

$$I_z \ddot{\alpha} + (C_N^\alpha \alpha + C_N^{\dot\alpha} \dot\alpha) q A_0 L_1 + (C_{Nw}^\alpha \alpha + C_{Nw}^{\dot\alpha} \dot\alpha) q A_0 L_2 = 0 \tag{6.89}$$

通常,载荷体的阻尼力矩远小于降落伞的阻尼力矩,令其为 0,则上式可简化为

$$I_z \ddot{\alpha} + C_N^{\dot\alpha} q A_0 L_1 \dot\alpha + (C_N^\alpha L_1 + C_{Nw}^\alpha L_2) q A_0 \alpha = 0 \tag{6.90}$$

上式也可写成如下形式:

$$\ddot{\alpha} + 2n\dot\alpha + p^2 \alpha = 0 \tag{6.91}$$

其中,

$$\begin{cases} n = \dfrac{C_N^{\dot\alpha} q A_0 L_1}{2 I_z} \\[3mm] p^2 = \dfrac{(C_{Nw}^\alpha L_2 + C_N^\alpha L_1) q A_0}{I_z} \end{cases} \tag{6.92}$$

则方程的通解为

$$\alpha = C_1 e^{(\sqrt{n^2 - p^2} - n)t} + C_2 e^{(-\sqrt{n^2 - p^2} - n)t} \tag{6.93}$$

当 $p^2 < 0$ 时, $\sqrt{n^2 - p^2} > n$, 无论 n 如何变化, 当 $t \to \infty$ 时, 必然 $\alpha \to \infty$, 为不稳定运动; 当 $p^2 > 0$, 分析结果如表 6.5 所示。

表 6.5　伞-载系统的一维扰动运动

参量 n 及 p^2 的符号			运动形式	图　　形
$p^2 > 0$	$n^2 < p^2$	$n > 0$	衰减运动	
$p^2 > 0$	$n^2 < p^2$	$n < 0$	扩散运动	
$p^2 > 0$	$n^2 > p^2$	$n > 0$	单调减小	
$p^2 > 0$	$n^2 > p^2$	$n < 0$	单调增加	

通过以上讨论, 可以将伞-载系统稳定运动条件归纳如下:

(1) 首先 $p^2 > 0$, 即要求 $C_{Nw}^\alpha L_2 + C_N^\alpha L_1 > 0$; 通常 $C_{Nw}^\alpha L_2 < C_N^\alpha L_1$, 所以要求 $C_N^\alpha > 0$, 即 $C_m^\alpha < 0$。 由此可知, 伞-载系统的静稳定性是系统稳定的必要前提。

(2) 其次要求 $n > 0$, 由(6.92)式可知 $C_N^{\dot\alpha} > 0$, 即 $C_m^{\dot\alpha} < 0$, 这是判断降落伞动稳定性的重要依据。

(3) p^2、n 分别代表伞-载系统的阻尼和阻尼率, 二者为正且越大, 阻尼性能越好,即系统的稳定性越好。

6.5.4　三维稳降阶段运动方程

伞-载系统稳降阶段的分析通常基于动力学方法进行。该方法以建立不同自由度下的动力学方程为基础,研究不同条件及添加扰动情况下的运动规律及稳定性情况。不同的自由度模型,复杂程度不一样,所达到的分析目的和适用范围也不尽相同。表 6.6 为当前常用的一些动力学模型的比较。

表 6.6　不同模型比较

模型类别	应用条件	主要获得结果
2DOF	降落伞阻力面积,系统总质量,降落伞附加质量	对称平面内和伞-载系统合速度
5DOF	降落伞几何特征,降落伞气动力系数,降落伞质量特性和载荷物质量,降落伞附加质量	三维空间伞-载系统的速度和俯仰、偏听偏航姿态
6DOF	在 5DOF 基础上增加滚转质量特性和几何特征	三维空间伞-载系统的速度和姿态
9DOF	在 6DOF 的应用条件上增加吊挂点及载荷物的质量特性和几何特征	载荷物和降落伞各自的速度、姿态以及中间铰接力
11DOF	在 9DOF 模型的基础上增加中间吊带的几何特征	载荷物和降落伞各自的速度、姿态以及中间吊带的拉力
12DOF	在 11DOF 模型的基础上增加中间吊带的应力应变关系	在 11DOF 的基础上增加中间吊带的变形量

由于轴对称降落伞滚转运动很小,如果我们忽略滚转运动,且不考虑伞-载之间连接件的运动及受力情况,则可以将降落伞和前置体视为一个整体,采用较简单的 5 自由度模型分析伞-载系统的摆动情况。

对于轴对称型降落伞,作如下假设:

(1) 伞-载系统由降落伞和载荷体刚性连接而成,为轴对称外形,伞衣完全张满后有固定的形状;

(2) 伞-载系统假设为质量集中在系统重心处的刚体,忽略系统绕降落伞对称轴的转动;

(3) 忽略载荷上的气动力和气动力矩;

(4) 降落伞压力中心在伞衣几何中心上,伞衣的质心和附加质量质心相同,附加质量不考虑方向性;

(5) 平面大地坐标系,不考虑风的影响。

定义两个右手正交坐标系,降落伞体轴坐标系 $o_s x_s y_s z_s$ 和地面坐标系 $ox_d y_d z_d$,

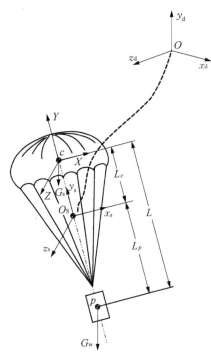

图 6.28 5 自由度动力学模型坐标系

它们之间的关系可以用偏航 φ、俯仰 ϑ、滚转 γ 三个欧拉角表示。体坐标系原点在伞-载系统质心处。c 为伞衣质心，p 为载荷体质心。L_c、L_p 分别为系统质心到伞衣质心和载荷体质心的距离，$L = L_c + L_p$ 为伞衣质心到载荷体质心的距离。如图 6.28 所示。

则伞-载系统在体轴坐标系上的动力学方程可以写成

$$m\left(\frac{\mathrm{d}}{\mathrm{d}t}\begin{bmatrix} v_x \\ v_y \\ v_z \end{bmatrix} + \begin{bmatrix} 0 & -\omega_z & \omega_y \\ \omega_z & 0 & -\omega_x \\ -\omega_y & \omega_x & 0 \end{bmatrix}\begin{bmatrix} v_x \\ v_y \\ v_z \end{bmatrix}\right)$$

$$= C_d^t \begin{bmatrix} 0 \\ -G \\ 0 \end{bmatrix} + \begin{bmatrix} F_x \\ F_y \\ F_z \end{bmatrix}$$

$$(6.94)$$

式中，(F_x, F_y, F_z) 为降落伞体轴方向上的气动力；系统质量 $m = m_s + m_w + m_f$。不考虑滚转角速度，即 $\omega_y = 0$，根据 2.1 节坐标系转换矩阵的关系，上式可以化为

$$\begin{cases} m\left(\dfrac{\mathrm{d}v_x}{\mathrm{d}t} - \omega_z v_y\right) = F_x - (m_w + m_s)g\sin\vartheta \\[2mm] m\left(\dfrac{\mathrm{d}v_y}{\mathrm{d}t} + \omega_z v_x - \omega_x v_z\right) = F_y - (m_w + m_s)g\cos\vartheta\cos\gamma \\[2mm] m\left(\dfrac{\mathrm{d}v_z}{\mathrm{d}t} + \omega_x v_y\right) = F_z + (m_w + m_s)g\cos\vartheta\sin\gamma \end{cases} \quad (6.95)$$

据图 6.25，系统的转动方程为

$$\begin{cases} (I_x + I_f)\dfrac{\mathrm{d}\omega_x}{\mathrm{d}t} = F_z L_c + (m_s g L_c + m_w g L_p)\cos\vartheta\sin\gamma \\[2mm] (I_z + I_f)\dfrac{\mathrm{d}\omega_z}{\mathrm{d}t} = -F_x L_c + (m_s g L_c + m_w g L_p)\sin\vartheta \end{cases} \quad (6.96)$$

作用在伞-载系统体轴上的气动力采用下式计算：

$$
\begin{cases}
F_x = \dfrac{1}{2}\rho v_s^2 C_N A_0 \dfrac{v_{sx}}{\sqrt{v_{sx}^2 + v_{sz}^2}} \\[4mm]
F_y = \dfrac{1}{2}\rho v_s^2 C_A A_0 \\[4mm]
F_z = \dfrac{1}{2}\rho v_s^2 C_N A_0 \dfrac{v_{sz}}{\sqrt{v_{sx}^2 + v_{sz}^2}}
\end{cases}
\tag{6.97}
$$

式中，C_N、C_A 分别为降落伞的法向气动力系数和轴向气动力系数；A_0 为伞衣名义面积；v_s 为降落伞质心的运动速度；v_{sx}、v_{sy}、v_{sz} 为降落伞质心速度在坐标系上的分量。其计算公式为

$$
\begin{cases}
v_{sx} = v_x - \omega_z L_c \\
v_{sy} = v_y \\
v_{sz} = v_z + \omega_x L_c
\end{cases}
\tag{6.98}
$$

转换至地面坐标系有如下运动关系式：

$$
\boldsymbol{v}_d = \boldsymbol{C}_t^d \boldsymbol{v}
\tag{6.99}
$$

地面坐标系下的姿态角为

$$
\begin{cases}
\dfrac{\mathrm{d}\vartheta}{\mathrm{d}t} = \omega_z \cos\gamma \\[4mm]
\dfrac{\mathrm{d}\varphi}{\mathrm{d}t} = -\omega_z \sec\vartheta \sin\gamma \\[4mm]
\dfrac{\mathrm{d}\gamma}{\mathrm{d}t} = \omega_x + \omega_z \tan\vartheta \sin\gamma
\end{cases}
\tag{6.100}
$$

6.5.5　伞-载系统稳定性影响因素

在相同条件下，增加降落伞的稳定性会使伞-载系统的稳定性有所提高。但是，伞-载飞行系统的稳定性是载荷体和降落伞的气动力特性以及互相影响的综合结果。对于稳定型降落伞，若作用点设计不合理，也会使伞-载系统变得不稳定。另一方面，载荷体尾流影响，也会导致稳定型降落伞工作不稳定。但不稳定的载荷体、不稳定的气动减速装置（降落伞），通过合理的连接设计或多伞配置，同样会使伞-载系统飞行稳定。影响伞-载系统稳定性的因素主要有如下几个方面。

1. 降落伞的稳定性

增加降落伞的稳定性,可以显著地改善伞-载系统的运动稳定性。根据 5.3.4 小节,具有底边延伸性或导向面的伞型、结构透气量大的伞衣都能提高降落伞的稳定性。此外,还可以通过合理的降落伞结构尺寸来提高降落伞的稳定性,主要表现在如下几个方面:

1) 伞衣尺寸

据上文伞-载系统一维稳定性的分析结果,当 $p^2 > 0$ 时,参数 $n = \dfrac{C_N^{\dot{\alpha}} q A_0 L_1}{2 I_z} > 0$,降落伞具有较好的稳定性,参数 n 越大,稳定性越好。因此,伞衣面积越大,稳定性越好。如对于密实平面圆形伞,当名义面积为 $0.6 \ \mathrm{m}^2$ 时,摆动角度能达到 ±40°;名义面积 $60 \ \mathrm{m}^2$ 时,摆动角度约为 ±30°;若面积增加至 $600 \ \mathrm{m}^2$,摆动角度则降到 ±15° 左右。

2) 伞绳长度

同理,据 $n = \dfrac{C_N^{\dot{\alpha}} q A_0 L_1}{2 I_z} > 0$,伞绳长度增加,阻尼率也增加,稳定性也会有所提高,但伞绳长度增加会导致降落伞质量及包装体积的增加,对于伞-载系统来说,也可以通过增加吊带长度提高系统的稳定性。

3) 收口绳及收边带

伞衣基本形式确定以后,也可以通过收口绳及收边带设计提高降落伞的稳定性。伞衣收口设计能改变充气伞衣的气动外形,使伞衣更为细长,径向流场力更加均匀,降落伞稳定性更好。

收边带也可以认为是一种特殊类型的收口设置,其结构如图 6.29 所示。根据工程经验,收边带总长约为底边周长的 14%,即 $l_b = 0.14 l_s$。 设置收边带后,导致伞衣裙处的充气外形发生变化(图 6.30),降落伞进气口投影直径有所减少 [投影当量圆周长可以采用 $c = n(2 l_1 + l_b)$ 近似计算],使伞衣周围气流分布更加均匀。另一方面,伞衣的有效透气量会有一定程度的增加,伞衣裙边和收边带之间构成了

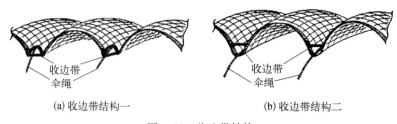

(a) 收边带结构一　　　　　　　　　　(b) 收边带结构二

图 6.29　收边带结构

结构透气外形,如名义直径为 6.8 ft 的锥形带条伞,有效透气量从 26% 增加至 33%。由于透气量的增加主要是布置在伞衣进气口,收边带的设置不仅会增加降落伞的稳定性,也会使降落伞充气加快。因此收边带设计是加快充气的一种重要措施。

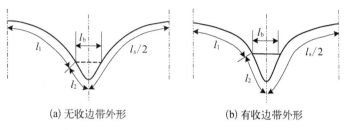

(a) 无收边带外形   (b) 有收边带外形

图 6.30 收边带造成的伞衣裙边外形变化

4) 伞顶孔

降落伞发展初期,伞衣上都没设计伞顶孔,那时的降落伞极不稳定。后来,在一次跳伞事故中,降落伞顶端被火烧了个大洞,没想到降落伞稳定性大为提高。可知,伞顶孔改变了周围的流场结构,提高了降落伞的稳定性。但是,伞顶孔面积增加,会降低降落伞的气动阻力,一般来说,顶孔直径约为名义直径的 4%~10%。

2. 载荷体质量特性

运动物体的质量特性包含质量及转动惯量两方面的内容。由 6.5.3 小节,若要提高系统稳定性,需要提高系统阻尼性能,即 $p^2 > 0$,$n > 0$。据(6.92)式,当载荷质量增加时,伞-载联合系统质心则越偏向载荷体质心,即 L_1 增加,L_2 减小,因而 p^2、n 增加。只要降落伞气动力矩系数满足稳定性条件,载荷质量越大,意味着阻尼性能增加,系统也将更加稳定。

当系统的转动惯量 I_z 增加时,p^2、n 都会减小,即阻尼性能降低,从而造成系统稳定性下降。

由此可知,载荷体的质量特性会对伞-载系统的稳定性造成一定程度的影响。但是为实现工程目的,载荷体质量特性很难改变。此时,改变吊挂方式或吊挂点位置便是更有效的改变稳定性的措施。

3. 吊挂方式

吊挂方式及作用点位置会改变力臂长度,从而影响伞-载系统的气动力矩。但有时吊挂方式或吊点位置会受到载荷体几何结构或工作任务的限制。为满足稳定性要求,对称形载荷体常采用单点连接、多点连接及多点交叉式连接的吊挂方式,如图 6.31 所示。单点连接最为简单,但稳定性差;多点交叉性连接是最为稳定的连接方式,但布置起来又非常复杂,除非特殊的非稳定对象,一般也很少采用;工程上采用比较多的是多点连接,即使对于非对称载荷前体,也通常采用这种方式。

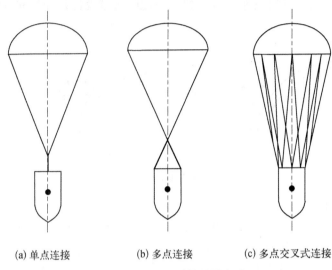

(a) 单点连接　　　　　　　(b) 多点连接　　　　　　(c) 多点交叉式连接

图 6.31　对称形前体吊挂方式

对于非对称前体,伞-载挂点连线有通过载荷体重心和偏离载荷体重心两种方式,如图 6.32 所示。当降落伞和吊挂点的连线通过前置体重心位置时,伞-载系统减速下降时会以零度迎角下降;对于空降空投或其他低速用降落伞,一般均要求通过合理的挂点设计,使载荷体重心位于中心线上。对于有些飞行载荷体,下降飞行过程中有时需要维持一定的滑翔性能,此时降落伞-吊挂点连线会偏离飞行载荷重心,载荷体将以一定的迎角飞行。对于偏离载荷重心的吊挂形式,在落地前,一般会通过转换吊带等形式使伞-载系统以 0°迎角下降。

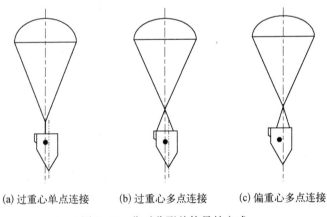

(a) 过重心单点连接　　　　(b) 过重心多点连接　　　　(c) 偏重心多点连接

图 6.32　非对称形前体吊挂方式

4. 运动工况参数

根据空气动力学的基本理论,物体的气动作用力不仅受外形的影响,还受当地飞行动压的影响。迎角的变化会造成分离点及投影面积发生变化,实质上就是面向气流的外形发生了变化。无论是降落伞还是载荷体,气动参数均会随迎角发生变化。根据(6.92)式,要增加伞-载系统的阻尼及阻尼率,也可以通过增加动压 q 来实现。当速度增加、高度降低时,运动动压加大,阻尼性能增加,系统稳定性增加;反之,则降低了系统的稳定性。

综上所述,影响伞-载系统飞行稳定性的因素很多,除了降落伞、载荷体各自的质量特性及气动特性以外,吊挂方式、吊挂位置及飞行工况都会影响伞-载系统的工作稳定。对于不稳定的高速飞行物体(如弹射座椅,非稳定高速弹头等),为满足载荷体减速及稳定飞行的要求,需要对吊挂方式及降落伞开展优化设计。

第7章 翼伞基础

7.1 概 述

从第一具降落伞在法国问世至今的200多年时间内,降落伞的结构和基本原理几乎保持不变。降落伞因其弹道系数小、可折叠,具有良好的稳定性和工作可靠性获得了广泛的使用。但是随着航空航天技术的发展,对降落伞提出了新的任务和要求,希望降落伞不仅能满足高度、速度、载荷指标外,还应具有更好的滑翔能力和可操纵能力。

最初改变降落伞的可操纵性是在常规伞型的基础上,利用不等长伞绳、不对称排气口或者改变伞衣平面形状的方法来获得一定的水平速度。如1930年德国人E. L. 霍夫曼发明的三角形伞,切去一角形成一个大排气口,可以获得约1.3 m/s的水平速度;1944年,富兰克·泰勒在普通的平面圆形伞衣上沿伞衣幅径向缝合部分开两个半月形的"泰勒"缝,使普通的圆形伞衣获得一定的滑翔性能和可操纵性,这是第一个具有滑翔性能的圆形伞。由于基本原理和结构形式的限制,这类伞的升阻比很小,理论上最大只能达到1.0,实际上,由于伞衣透气性等原因,最大只能达到0.8左右。

1964年,法国的勒穆瓦涅发明了一种"勒穆瓦涅伞",它是将圆形伞衣的伞顶用中心绳拉下一定高度,使充气后的伞衣更为扁平,并在伞衣前后开一系列帆状缝口,当空气流进这些缝口时产生一定的升力。这种伞衣在下降过程中可获得比下降速度稍大的前进速度,其升阻比达1.2。如果说在此以前降落伞的设计主要是为了获得更大的阻力而没有考虑升力,那么勒穆瓦涅伞的设计开始考虑如何在降落伞上获得更大的升力。

20世纪50年代末,美国在研制"双子星座"地球轨道飞船过程中提出用滑翔伞进行减速着陆的技术方案,从而开启了翼伞全面发展的阶段。当时有一种名叫"陆伽罗"的风筝,由于它是一种柔性翼且具有很好的滑翔性能因而被美国NASA选中。在此基础上,设计出了全柔性单、双龙骨式翼伞、帆式翼伞等典型结构,并进行了大量的试验研究。

单龙骨式翼伞伞衣由顶端向前,以短边作为后缘的两个平面等腰三角形组成,连接边形成龙骨并成为对称中心线,伞绳沿龙骨和前缘两侧安装,并沿弦向方向长度不等。双龙骨式翼伞则由两个平面等腰三角形的侧幅和一个矩形或梯形的中幅组成,连接边形成两条相同的龙骨。帆式翼伞是一种带三角形外幅的矩形翼伞,中间幅的下表面沿展向缝隙有 2～5 个三角形肋,同时可作为伞绳的连接件。如图7.1 所示。

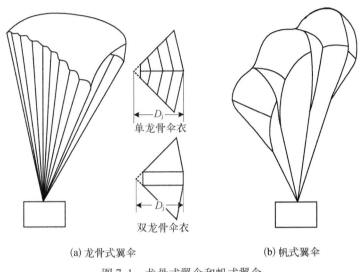

单龙骨伞衣

双龙骨伞衣

(a) 龙骨式翼伞   (b) 帆式翼伞

图 7.1 龙骨式翼伞和帆式翼伞

与此同时,法国人 Domina Jalbert 利用风筝和气球方面的经验发明了冲压式翼伞。冲压式翼伞由上、下两个翼面组成,上翼面主要承受气动力,下翼面承受开伞冲击力。由于翼伞由上、下两层翼面组成,下翼面的局部破损不会引起整个翼伞气动性能破坏。

最初的冲压式翼伞是一种柔性结构的矩形翼,由成型的翼肋沿展向将翼面分隔成若干气室。由于具有气室和成型肋片,冲压式翼伞具有较好的气动外形,具有更高的强度和更大的升阻比。相比龙骨式翼伞和帆式翼伞,冲压式翼伞具有更好的安全可靠性;相比轴对称类圆形伞,冲压式翼伞又具有良好的滑翔性能,已经成为运动表演类伞的主要伞型。

后来,为了减轻重量和改善操纵性,冲压式翼伞又出现了各种改型:如弦长的后半部分改为单层,或将翼面由矩形改成椭圆形等。翼伞技术的发展,其意义远不是替代降落伞的某些功能。随着新型翼伞的出现,加压式柔性翼的气动性能甚至可与刚性翼相媲美,但是在质量和经济性方面却远胜于后者,有着广阔的应用前景。

1970 年,NASA 的气动力减速器设计规范(SP - 8066)中,规定了龙骨式翼伞(parawing)、帆式翼伞(sailwing)、冲压式翼伞(parafoil)及改型冲压式翼伞(volplane)为柔性翼伞的四种基本形式,其结构及性能特点如表 7.1 所示。由于冲压式翼伞应用广泛,本书主要针对冲压式翼伞介绍其工作过程和性能特点。

表 7.1 典型翼伞外形及结构特点

名　　称	结　构　特　点	最大升阻比	稳定和操纵
龙骨式翼伞	单层截尖三角形伞衣,前缘,龙骨下系伞绳。为减小开伞动载,伞衣可开缝	单龙骨:2~2.5 双龙骨:2.6~3.2	纵向操纵拉后缘,航向操纵拉单边翼尖,稳定性较好
帆式翼伞	单层矩形伞衣,有三角形折倒外翼,下翼面沿展向有 2~5 个长三角幅,下端连伞绳	>2	纵向操纵拉后缘,航向操纵拉单边后缘,稳定性较好
冲压式翼伞	双层伞衣,翼型肋片沿展向分隔成若干密封室,前缘开口冲入空气,伞绳通过三角形肋片与下翼面相连	3~5	纵向操纵拉后缘,航向操纵拉单边后缘,稳定性良好
改型冲压式翼伞	在冲压式翼伞上改进。如弦长后端为单层伞衣;翼面改型;气室后端安置泄压阀,防止高速充气时伞衣破损	>6	纵向操纵拉后缘,航向操纵拉单边后缘,稳定性良好

7.2　冲压式翼伞基本结构

为保证开伞安全,冲压式翼伞同样具有引导伞和伞衣套等展开控制部件。针对翼伞单元,冲压式翼伞由伞衣、伞绳、操纵绳、稳定面、收口装置、吊带等组成,如图 7.2 所示。

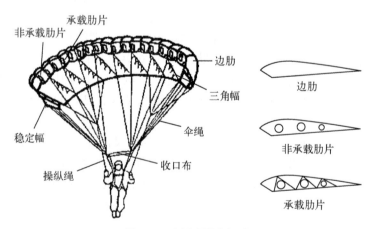

图 7.2　冲压式翼伞组成

翼伞伞衣由不透气涂层织物制成的上下翼面、中间肋片、边肋和稳定幅组成。伞衣前缘开有切口便于空气进入形成气室。为维持各气室压力均匀,保证伞衣迅速充气,中间肋片开有通气孔。中间肋片分为两种:一种下面连有伞绳,称承载肋片,除了保证伞衣充气后具有一定翼形外,还将作用在上、下翼面上的气动力通过伞绳传递到吊带上;另一种仅连接上、下翼面使伞衣充气后保持良好的翼形,称非承载肋片或成形肋片。习惯上将两承载肋片间的气室看作一个气室,一个气室通常含有两个半气室,通常用气室数量来命名冲压式翼伞。稳定幅有三角形、倒梯形等形式,直接与两侧边肋相连,也可通过伞绳与边肋相连,中间形成狭缝。稳定面的存在减少了翼稍涡,在刹车时还能起到一定的稳定作用。

冲压式翼伞上下两翼面的构成有弦向、展向两种基本结构形式,如图 7.3 所示。弦向结构是指构成上下两翼面的各幅是将织物的经线沿弦向从前缘到后缘裁剪而成的,受力好,易加工,是翼伞最常采用的结构形式。展向结构则是构成上、下两翼面的各幅是从翼伞的一侧到另一侧裁剪而成,由于其缝合部总长度较弦向结构短,因此采用展向结构较省料,质量、体积较小。

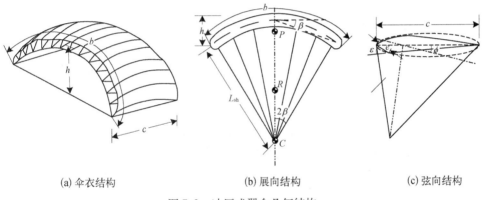

(a) 伞衣结构　　　　　　(b) 展向结构　　　　　　(c) 弦向结构

图 7.3　冲压式翼伞几何结构

表示冲压式翼伞结构的基本参数(图 7.3)如下。

弧长 b,在翼伞上表面距前缘 150 mm 处,沿前缘方向测量,测量时施加 25 N 张力所测得的尺寸。

弦长 c,翼剖面最前点和最后点间的直线距离。

展弦比 λ,$\lambda = \dfrac{b}{c}$。

名义面积 A_0,又称为特征面积,通常将伞衣上翼面面积当成名义面积,对于矩形翼伞,$A_0 = bc$。

安装角 ϕ,当翼伞作稳定滑翔时,翼剖面参考弦线与水平线的夹角。在伞-载坐标系中为参考弦线与 ox_s 轴的夹角,一旦弦向各组伞绳长度确定,安装角 ϕ 也就唯一确定了,因此也称为伞绳安装角。

伞绳特征长度 L_{sh}，伞绳汇交点（或各伞绳延长线的交点）与下翼面的垂直距离。

翼型厚度 d，是指翼伞弦向切面内切圆的直径，随弦长会发生变化。

切口角度 ε，翼型前缘切割线与下翼面前后缘连线的夹角。

切口高度 e，翼型前缘切割线与上、下翼面交点间线段的长度。

气室宽度 b'，沿展长方向测量的两加强肋之间的气室宽度。

下反角 β，下反角又称为冲压式翼伞的展向弯度，是指展向外侧伞绳与对称轴的夹角，下反角与展长及绳长的关系可以写成如下公式：$\beta = \dfrac{b}{2L_{sh}}$（单位为弧度）。

7.3　翼伞气动特性

7.3.1　二维气动特性

冲压式翼伞的翼剖面除前缘开有一个可充空气的切口外，其他与机翼的剖面相似。前缘切口的存在改变了翼剖面的一些气动力特性，其烟风洞流谱如图 7.4 所示。其主要特征为：

（1）上表面为曲线，近似绕曲面流动；下表面为直线，近似绕平板流动。

（2）当迎角 $\alpha < 0$ 时，上表面附体，下表面分离；迎角增加至约 2.4° 时，上下表面均分离，但分离宽度最窄；继续增加迎角，下表面渐渐附体，上表面渐渐分离。

（3）在迎角从负值逐渐增加的过程中，上表面的流态变化极其复杂。迎角较小时，绕流在上表面前缘附体。上表面压强随迎角增加而降低，后缘分离，分离点向前移动。当 $\alpha > 20°$ 时，气流从前缘离开物体，整个上表面负压较高，且沿弦向基本不变（图 7.5）。

（4）下表面近似为绕平板流动。迎角较小时，前缘分离，压强小。随着迎角增加，前缘分离减弱，前部压强升高。当达到一定数值时，下表面附体，前缘压强接近于驻点压强（图 7.5）。

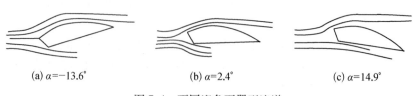

　　(a) $\alpha=-13.6°$　　　　　　(b) $\alpha=2.4°$　　　　　　(c) $\alpha=14.9°$

图 7.4　不同迎角下翼型流谱

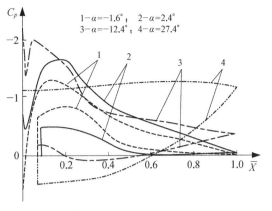

图 7.5 翼伞翼型压强分布

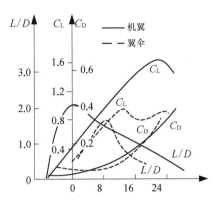

图 7.6 翼型剖面升阻力特性对比

图 7.6 为翼伞与机翼的翼剖面气动力特性曲线对比,从中可以看出二者的差别:

(1) 冲压式翼伞剖面在一定迎角下的升力线斜率与机翼剖面相近,但失速较早,最大升力系数较低,失速后分离现象非常复杂,升力曲线和机翼剖面明显不同,随迎角的增加,升力在下降后再一次增加,形成另一个峰值。

(2) 负迎角和小的正迎角时,冲压式翼伞剖面为阻力系数比较高,最小阻力系数要比机翼剖面大一倍以上。

(3) 阻力系数最小值时,升力系数和升阻比并不小。

尽管翼伞剖面的升阻特性要差于机翼,如最小阻力系数大和最小升力系数小,但升力曲线斜率和中等升力系数下的升阻比仍不算低,翼伞仍具有很好的实用性。

7.3.2 翼伞气动特性

根据机翼的升力线理论,平直翼的升、阻力系数有如下公式:

$$\begin{cases} C_{L} = \dfrac{C_{L\infty}^{\alpha}(\alpha - \alpha_{0})}{1 + \dfrac{C_{L\infty}^{\alpha}}{\pi\lambda}(1 + \tau)} \\[4mm] C_{D} = C_{D0} + \dfrac{C_{L}^{2}}{\pi\lambda}(1 + \sigma) \end{cases} \tag{7.1}$$

式中,$C_{L\infty}^{\alpha}$ 为升力线斜率;α_{0} 为零升力角;λ 为展弦比;C_{D0} 为二维翼型阻力系数;τ,σ 分别为非椭圆载荷系数和非椭圆诱导角系数。对于矩形翼面,τ,σ 和展弦比有关,其变化关系如图 7.7 所示。

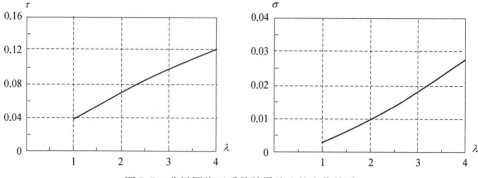

图 7.7 非椭圆修正系数随展弦比的变化关系

大多数情况下,翼伞的升、阻力系数通过实验得到。在缺少实验数据的情况下,可按照下面的方法估算冲压式翼伞的升力系数:

$$C_L = k(\alpha - \alpha_0)\cos^2\beta + k_1\sin^2(\alpha - \alpha_0)\cos(\alpha - \alpha_0) \tag{7.2}$$

式中,β 为下反角;k、k_1 分别为升力线斜率及升力线斜率修正系数。计算式如下:

$$\begin{cases} k = \dfrac{C_{L\infty}^{\alpha}\left(\dfrac{\pi\lambda}{C_{L\infty}^{\alpha}}\right)\mathrm{th}\left(\dfrac{C_{L\infty}^{\alpha}}{\pi\lambda}\right)}{1 + \dfrac{C_{L\infty}^{\alpha}}{\pi\lambda}\left(\dfrac{\pi\lambda}{C_{L\infty}^{\alpha}}\right)\mathrm{th}\left(\dfrac{C_{L\infty}^{\alpha}}{\pi\lambda}\right)(1+\tau)} \\ k_1 = 3.33 - 1.33\lambda \end{cases} \tag{7.3}$$

在不考虑伞绳及载荷阻力的情况下,冲压式翼伞的阻力系数用下式表示:

$$C_D = C_{D0} + C_{D1} + C_{D2} + C_{D3} \tag{7.4}$$

式中,C_{D0}、C_{D1}、C_{D2}、C_{D3} 分别代表进气口阻力系数(取为 0.05)、不光滑表面阻力系数(取为 0.015)、小展弦比附加阻力系数和诱导阻力系数。C_{D2}、C_{D3} 的计算式如下:

$$\begin{cases} C_{D2} = k_1\sin^3(\alpha - \alpha_0) \\ C_{D3} = \dfrac{k^2(\alpha - \alpha_0)^2}{\pi\lambda}(1+\sigma) \end{cases} \tag{7.5}$$

7.3.3 翼伞升阻比的影响因素

1. 展弦比的影响

按机翼理论,展弦比越大,其气动特性更接近于二维翼型,对于一定迎角,会使升力曲线斜率增加,从而升力系数增加;同时会使诱导阻力系数减小,升阻比增加。
图 7.8 为不同展弦比的升阻比曲线。但是展弦比过大,也会使伞绳数量增加,使总
阻力增加,升阻比降低。

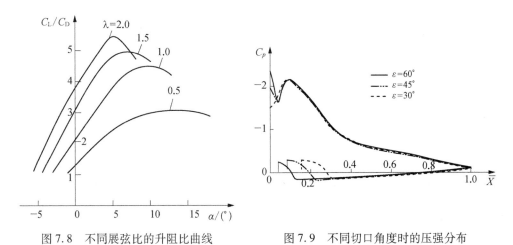

图 7.8 不同展弦比的升阻比曲线   图 7.9 不同切口角度时的压强分布

2. 前缘进气口的影响

前缘进气口主要是指切口的角度和高度。切口角度主要影响下表面前缘处的
压强分布(图 7.9),对升阻力曲线和升阻比不会有很大的影响。但切口高度对升
阻力特性影响明显。小切口的绕流情况较好,最大升力系数大,升力曲线斜率高,
最小阻力系数小;大切口正相反,如图 7.10 所示。可知,切口高度越大,进气口开
启面积增加,升阻比下降越明显。

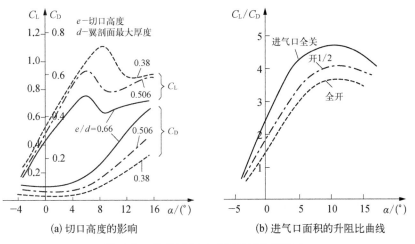

(a) 切口高度的影响   (b) 进气口面积的升阻比曲线

图 7.10 前缘进气口对气动特性的影响

3. 翼伞表面"鼓包"的影响

翼伞表面由伞衣、加强带等不同的纺织材料组成。在气动载荷、吊挂负荷及翼伞内腔气压的共同作用下,翼伞表面会产生凸起的"鼓包"。翼伞刚性越差,"鼓包"越明显。"鼓包"一方面使翼伞的实际展长减小;另一方面使上翼面的流动更加复杂,边界层分离加剧。因此,"鼓包"高度越高,升阻比越小。

4. 翼伞材料透气量的影响

冲压式翼伞在飞行时,内腔压力高于上、下翼面的静压。如果伞衣材料的透气量增加,将会使内腔泄压而减弱翼伞的刚性;另外,透过表面的气流破坏边界层的附着力,促使气体分离,从而降低翼伞的升阻力特性。这种影响尤以上翼面更为严重,因此翼伞一般采用低透气量织物,上翼面甚至采用零透气量材料。

5. 展向弯度影响

冲压式翼伞的展向弯度又称为下反角(图7.3)。当展向弯度(或下反角)增加时,气动力在展向上的分力增加,增加了翼伞展向上的抗压能力,即增加了翼伞的刚性;但在垂直方向上的分量减小,从而减小升力。由此可知,展向弯度增加,其升阻比减小,但伞衣刚性增加。

6. 伞绳长度影响

伞绳长度变化直接导致下反角发生变化。一方面,伞绳长度增加,下反角减小,翼面变平,翼伞伞衣面的升阻比增加。另一方面,伞绳长度增加,又会造成伞绳阻力增加,造成升阻比下降。因此,对于整个翼伞系统来讲,翼伞伞绳长度有个最佳值。图7.11为某翼伞升阻比和伞绳长度的变化关系。出于气动特性以及伞系统质量等方面的考虑,翼伞的伞绳与展长之比一般控制在0.8以内。

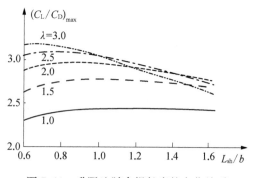

图 7.11　升阻比随伞绳长度的变化关系

7.4 翼伞系统静稳定性

7.4.1 翼伞系统静稳定性分析

翼伞系统静稳定性分析的目的在于确定翼伞系统的稳定滑翔姿态,并为系统设计和动稳定性计算提供依据。由于翼伞的主要运动平面为对称纵向平面,我们以纵向平面为例来讨论翼伞系统的静稳定性,即纵向静稳定性。

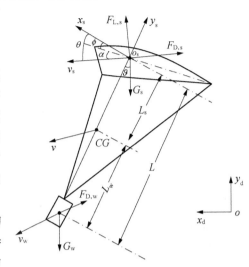

图 7.12 为翼伞系统对称平面内的运动示意图,因为是静态分析,因此 $\dot{\vartheta} = 0$, $v_s = v_w$。伞-载系统质心处的总力矩为

图 7.12 翼伞系统空中运动示意图

$$M_{CG} = M_s - L_w \left[F_{D,w} \cos(\alpha + \phi) + G_w \sin\vartheta \right]$$
$$+ L_s \left[F_{D,s} \cos(\alpha + \phi) - F_{L,s} \sin(\alpha + \phi) + G_s \sin\vartheta \right] \tag{7.6}$$

上式的无因次形式可以表示为

$$C_m = C_{m,s} - \frac{L_w (CA)_w}{c A_0} \cos(\alpha + \phi) + \frac{G_s L_s - G_w L_w}{0.5 \rho v^2 c A_0} \sin\vartheta$$

$$+ \frac{L_s}{c} \left[C_{D,s} \cos(\alpha + \phi) - C_{L,s} \sin(\alpha + \phi) \right] \tag{7.7}$$

式中, $C_{m,s}$ 为翼伞的零升力力矩系数,主要取决于翼型弯度; ϕ 为翼伞安装角; c 为翼伞弦长; A_0 为伞衣翼面面积。

在静态分析中不考虑翼伞的附加质量,即物、伞质量绕系统质心之力矩和为0。物、伞质心位置和质量有关,满足如下关系:

$$\begin{cases} L_w = \dfrac{m_s}{m_s + m_w} L \\[4mm] L_s = \dfrac{m_w}{m_s + m_w} L \end{cases} \tag{7.8}$$

将其代入(7.7)式后得

$$C_{\mathrm{m}} = C_{\mathrm{m,s}} + \frac{L}{c} \left\{ \frac{m_{\mathrm{w}}}{m_{\mathrm{s}} + m_{\mathrm{w}}} \left[C_{\mathrm{D,s}} \cos(\alpha + \phi) - C_{\mathrm{L,s}} \sin(\alpha + \phi) \right] \right.$$

$$\left. - \frac{m_{\mathrm{s}}}{m_{\mathrm{s}} + m_{\mathrm{w}}} \frac{(CA)_{\mathrm{w}}}{A_0} \cos(\alpha + \phi) \right\} \tag{7.9}$$

对于一定的翼伞系统,L、c、A 均为定值,因而 C_{m} 为迎角 α 的单变量函数。据(7.9)式可以作出力矩系数随迎角的变化曲线,如图 7.13 所示。可以看出,翼伞系统具有两个静稳定的平衡迎角位置。一般情况下,第二个平衡迎角处于失速区。因此,若翼伞系统几何尺寸、有效质量等完全确定之后,翼伞系统在空中的平衡迎角是确定的。

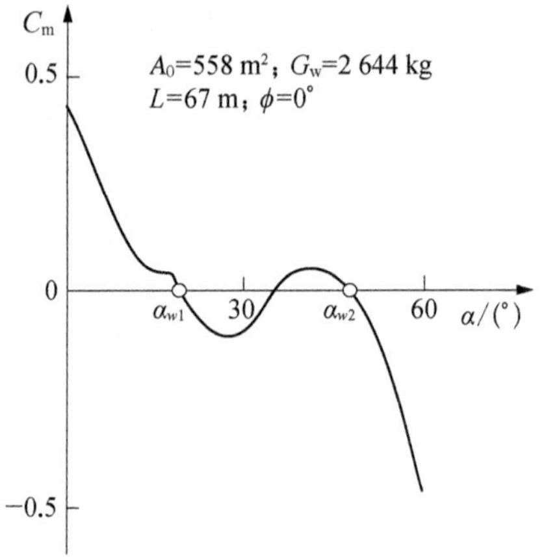

图 7.13 力矩系数随迎角的变化曲线

7.4.2 静稳定性影响因素

影响翼伞静稳定性的因素主要有翼型、安装角、系统长度、物体阻力特征等几个方面。下面分别加以论述。

1. 翼型

根据空气动力学理论,绕翼型焦点的力矩(即零升力力矩 $C_{\mathrm{m,s}}$)与弯度有关,弯度越大的翼型,$C_{\mathrm{m,s}}$ 负值较大,图 7.13 的力矩曲线将平行下移,导致稳定平衡迎角 α 减小。

除了改变肋片形状改变翼型弯度外,也可以通过襟翼操纵改变弯度。冲压式翼伞的操纵是通过翼伞后缘下偏形成襟翼偏角来实现的。操纵绳下拉,襟翼偏角增加,相当于翼型的弯度增加,稳定平衡迎角减小。图 7.14 为不同襟翼偏角下的力矩特性曲线。为了获得最有利的滑翔比,应该选择最大升阻比附近的迎角作为稳定滑翔的迎角。

2. 安装角

一般认为,令翼伞低头的安装角为正。图 7.14 为不同安装角下翼伞纵向力矩系数变化情况。随着安装角的增加,力矩曲线下移,稳定平衡迎角随之减小。由此可知,调整合适的安装角,就可以在线性升力范围内获得合适的平衡迎角。

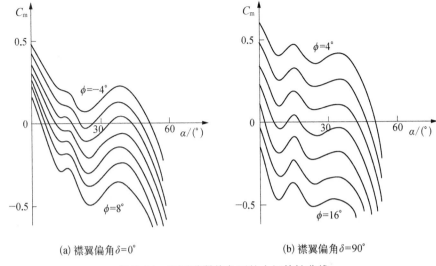

图 7.14　不同襟翼偏角下的力矩特性曲线

3. 系统长度

系统长度是指物体质心至翼伞压心之间的长度,主要取决于伞绳长度。不同伞绳长度对翼伞静稳定性的影响示于图 7.15。由图可知,伞绳长度增加,稳定滑翔范围的静稳定度增加,系统静稳定性加大,这点和轴对称伞非常类似。但同时会引起力矩系数第二个峰值增加,在大迎角时可能产生严重的摆动现象。

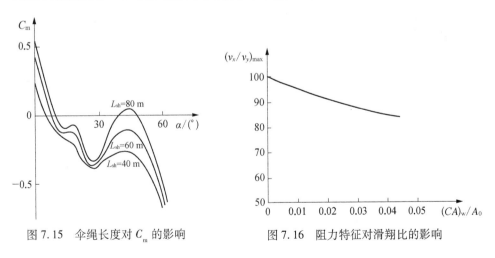

图 7.15　伞绳长度对 C_m 的影响　　　图 7.16　阻力特征对滑翔比的影响

4. 前置体阻力特征

据(7.9)式可知,前置体阻力特征会一定程度地影响力矩曲线的变化规律。

一般情况下，$\dfrac{(CA)_{\mathrm{w}}}{A_0}$ 都比较小，对系统的影响并不明显。只有当翼载荷较大时，前置体阻力将使系统平衡迎角减小（参考图 7.12），从而使升阻比下降；另一方面，由于增加了物体阻力，使系统总阻力增加，也会使滑翔比降低，如图 7.16 所示。

7.5　翼伞系统工作过程

根据任务需要，降落伞减速系统可能由多级伞串联组成，也可能只是简单的单伞结构。无论系统复杂与否，每一级伞都要经历拉直、充气、空中自由飞行几个过程，翼伞也不例外。虽然经历的阶段相似，但是由于翼伞的几何特征、气动特性和常规弹道类降落伞差别很大，因此各阶段的工作性能也和常规降落伞有一定的区别。各工作阶段总结如下所述。

1. 翼伞的拉出过程

该阶段是指引导装置从伞包内拉出收拢状的翼伞伞衣、伞绳、吊挂系统的阶段，如图 7.17 中（a）~（c）所示。由于拉出过程中的伞衣的质量密度较常规降落伞大，拉出载荷变化大，最大拉直力相对也比较高。和弹道型降落伞类似，描述翼伞拉出过程性能特征的重要参数同样包括拉直力 F_{L}、拉直时间 t_{L} 及拉直速度 v_{L}。

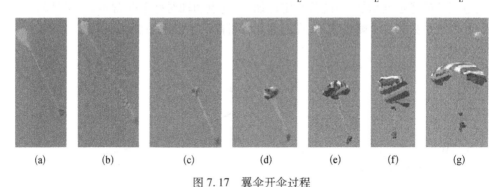

(a)　　(b)　　(c)　　(d)　　(e)　　(f)　　(g)

图 7.17　翼伞开伞过程

2. 翼伞充气过程

翼伞系统全长拉直后，伞衣开始充气，形状不断变化，气动特性也发生很大的改变。充气阶段的特性参数主要有开伞动载 F_{k}、充满时间 t_{m} 和充满速度 v_{m}。由于翼伞伞衣为多气室组合翼面结构，其充气过程较弹道型伞衣更为复杂。通常，翼伞的充气过程有如下三种模式：

（1）翼面先行展开模式。这种情况一般发生在无收口翼伞或薄翼型收口翼伞上。由于伞衣无收口约束以及进气口面积小,折叠时各气室处于不良充气状态。在高速气流作用下,伞衣面首先像方形伞一样展开,展开后各气室开始充气直至翼伞各气室完全充满。

(2) 中心气室先行增压模式。这种情况出现在大部分收口布控制翼伞上,一般分为初始增压和完全充满两个阶段。在初始增压段,收口布在气动阻力作用下向上滑行;同时冲压空气进入翼面下方及中心气室,压力增加,如图 7.17 中(c)~(d)所示。当收口布上方压力等于收口布的气动阻力和重力时,收口布开始下滑动,翼伞伞衣及各气室进一步展开充气,进入完全充气阶段,如图 7.17 中(f)~(g)所示。

(3) 两侧气室先行增压模式。这种模式和模式(2)的区别仅仅只是两侧气室比中心气室先充气。该模式容易造成外侧伞衣和伞绳之间发生缠绕,织物上的应力分布不均,从而出现局部破损,在展弦比很高的大型翼伞或具有较大进气口的翼伞上出现的比较多。为避免上述情况发生,实现各气室有序充气,通常对大型翼伞采用收口绳方法进行非连续性的多级控制。美国航天飞机 X-38 大型翼伞(伞衣面积 $5\,500\,\text{ft}^2$,约 $511\,\text{m}^2$,展弦比为 2.7)采用的就是这种控制方式,如图 7.18 所示。

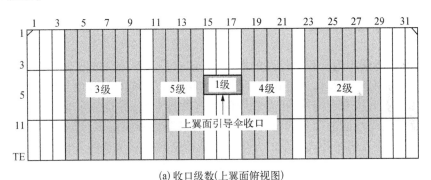

(a) 收口级数(上翼面俯视图)

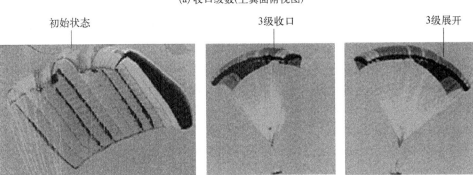

(b) 收口展开状态(空投试验)

图 7.18 X-38 大型翼伞展开充气过程

3. 翼伞系统滑翔飞行过程

翼伞充满后,气动力和重力并不平衡,伞-载系统还会发生姿态和速度的变化,直至达到力平衡状态,这一阶段称为非稳定滑翔飞行过程。达到力平衡状态后,若无外界干扰,翼伞系统将以确定的航迹进入到稳定滑翔阶段。翼伞系统滑翔飞行过程经历的时间长,衡量翼伞滑翔性能的重要参数主要有滑翔比 k 和滑翔距离 s。

4. 翼伞系统的减速雀降过程

临近着陆时,需要对翼伞系统进行操纵,改变其升阻特性,从而实现翼伞的迎风雀降着陆。由于这一阶段操纵较为复杂,对于非人用翼伞,出于安全性的考虑有时采用常规降落伞作为着陆伞。

由此可知,翼伞的工作过程主要包括开伞、滑翔飞行、减速雀降三个主要阶段。其中开伞过程时间非常短,但外形、载荷变化大;滑翔过程经历的时间长,决定了翼伞系统的滑翔工作性能;减速雀降阶段往往决定了伞-载系统最终着陆的安全性。

7.6 开 伞 过 程

7.6.1 开伞控制方法

高性能滑翔伞为了获得较高的滑翔比,伞衣采用不透气或超低透气量的涂层或轧光织物制造。同时,为了获得理想的气动外形,伞绳的配置也与传统降落伞不同,除了伞衣周边有伞绳外,在伞衣中间也有数排伞绳,并且各个伞绳长度也不相同,这就导致高性能滑翔伞的充气时间要较传统降落伞快得多,开伞冲击载荷也随之增大。试验表明龙骨式翼伞的开伞冲击载荷是同样开伞条件下相同面积的平面圆形伞的 3 倍。冲压式翼伞如果开伞控制装置失效,其开伞冲击力是有控开伞的 2~3 倍。另一方面,翼伞的开伞过程虽然时间非常短,但形状、载荷、姿态变化很大,很容易造成开伞失败。据统计,翼伞不完全开伞概率要远远高于常规弹道型降落伞。为了避免开伞失败,减小开伞动载,几乎所有的翼伞均需要对开伞实施控制。

最早冲压式翼伞由于没有找到理想的开伞控制方法,只能在直升机上以不大于 10 km/h 的飞行速度作跳伞表演,随着开伞控制方法的不断完善和对开伞冲击力的有效控制,冲压式翼伞的应用也从跳伞运动拓展到空降空投、航天回收等领域。因此可以说,开伞控制方法的进展决定了高性能滑翔伞的应用范围。目前,常用的冲压式翼伞开伞控制方法有收口绳和收口布两种方式。

1. 收口绳控制

收口绳方法可以灵活地布置在翼伞前缘、后缘、翼面或伞绳处,从而实现对上述部位的收口控制。

1）前缘进气口控制

利用收口绳部分地封闭冲压式翼伞前缘孔口面积,是冲压式翼伞减小开伞动载的重要措施。在前缘孔口处安装有上、下两排收口环,收口绳穿入收口环中,当收口绳拉紧时,两收口环相互贴近,使孔口面积减小,延缓充气,伞衣展开变慢因而使动载减小。前缘收口有连续绳收口和链式收口两种方式,如图 7.19 所示。前者简单,但各内腔充气不均匀,后者基本能保证各进气口均匀充气,但绳和收口环的摩擦力较大。

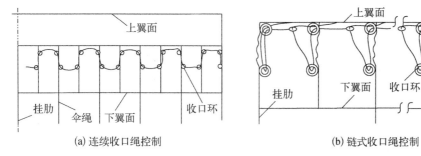

(a) 连续收口绳控制　　　　　　　　(b) 链式收口绳控制

图 7.19　前缘收口绳控制方法

2）后缘控制

后缘收口绳控制主要用于龙骨式翼伞,通常还和底边收口方式相结合,如图 7.20 所示。这种方式是翼尖向中间幅方向锁边。后缘锁边过于密封会使伞衣后缘兜进的冲压空气压力过高致使后缘破损,可以采用部分锁边的方式来处理。

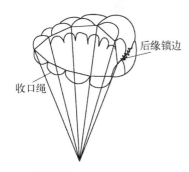

图 7.20　后缘锁边控制区

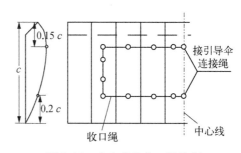

图 7.21　伞衣底边收口绳控制

3）翼面控制

翼面控制的主要原理是利用引导伞阻力控制收口绳,使翼面展开延缓,如图 7.21 所示。收口绳穿过下翼面四周的收口环,之后穿过翼伞中心的二环孔到上翼面然后与引导伞相连,收口绳的长度应使伞衣能完全张满。包伞时拉紧引导伞使收口绳收紧,翼伞伞衣就像一只被收紧的袋子。开伞时引导伞阻力拉紧收口绳,进入伞衣底边的空气使伞衣膨胀,当后者的力量超过引导伞阻力时,伞衣就逐渐张开。因此只要选择合适的引导伞面积就可得到不同的收口控制效果。应用这种原理可衍生出多种方案,如设置不同的收口环路线,或者收口环安装在上翼面等。这种方法简单,但是在开伞过程中收口绳与伞绳容易发生摩擦将伞绳灼断,多用于开伞载荷不大的人用伞。

2. 收口布控制

收口布控制是冲压式翼伞采用最多的开伞控制方式。所谓收口布是指一块矩形的帆绸,也称滑布,在其四角安装有四个金属环孔。装配时冲压式翼伞的所有伞绳分成四组,分别穿过一个金属环垫。包伞时收口布拉到伞衣底边;开伞时伞衣底边充气使伞绳向外扩开,从而对收口布的四个环孔产生压力,促使收口布沿伞绳向载荷体方向滑动。收口布的阻力以及环孔与伞绳的摩擦力使收口布的移动速度得到控制,从而控制了翼伞的张开速度,如图 7.22 所示。

(a) 收口布控制   (b) 收口布加引导伞控制

图 7.22　翼伞收口布控制方式

收口布的大小以下落到最低点后不影响各伞绳在空间的位置为准,太大的收口布会产生多余阻力,太小则影响伞衣的张开尺寸。收口布在完成开伞使命后会给翼伞的前进带来一定的阻力,特别是人用翼伞,收口布的存在妨碍了人员观察,收口布也可演变为收口带结构。当开伞速度大于 350 km/h 时,仅靠收口布来控制开伞还无法实现控制开伞速度、有效减小开伞动载的目的,此时可以采用收口布加引导伞的开伞控制方案。

值得特别注意的是,收口布方法是一种无间断的连续控制方法,对于大面积伞衣依然容易引起非对称充气,造成开伞困难、伞衣破损、开伞动载过大现象。此时常采用收口绳分级控制技术,在开伞过程中各收口绳逐步放开达到控制效果,美国空间站返回地球用的 X-38 翼伞回收系统就采用了该项技术,如图 7.18 所示。

7.6.2 充气过程运动模型

翼伞的开伞过程同样包括拉直和充气两个阶段。拉直阶段工作过程和伞衣的折叠包装方式有关,其工作原理及运动方程与弹道型圆伞类似,只是质量密度分布规律有所不同,在此不再赘述。本节主要介绍充气过程常用的几种动力学模型。

1. 简单质点模型

为简化翼伞充气过程的轨迹计算,作如下假设:

(1) 参考坐标为地球大地坐标系,不考虑风的影响;

(2) 伞-载系统视为集中在载荷体重心的质点,作平面运动;

(3) 忽略伞系统弹性及附加质量的影响,伞-载二者之间的相对位置保持不变;

(4) 翼伞初始充气阶段不考虑升力的作用,忽略载荷体的气动力作用。

根据上述假设,翼伞系统充气过程的受力情况如图 7.23 所示。载荷体在航迹坐标下的运动方程可以写成如下形式:

$$\begin{cases} m_{\mathrm{w}} \dfrac{\mathrm{d}v}{\mathrm{d}t} = - m_{\mathrm{w}} g \sin\theta - \dfrac{1}{2}\rho v^2 C_{\mathrm{F}}(t) A_0 \\ v \dfrac{\mathrm{d}\theta}{\mathrm{d}t} = - g\cos\theta \end{cases} \tag{7.10}$$

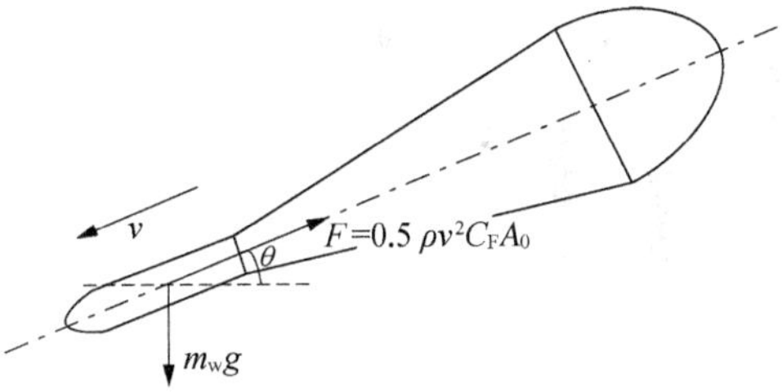

图 7.23 翼伞充气过程载荷系数法受力图

式中,$\dfrac{1}{2}\rho v^2 C_{\mathrm{F}}(t) A_0$ 表示翼伞的开伞载荷;C_{F} 为随时间变化的开伞载荷系数,冲压式翼伞采用下式计算:

$$C_{\mathrm{F}}(t) = \begin{cases} 1.5\left(\dfrac{t}{t_{\mathrm{m}}}\right)^3, & t \leqslant t_{\mathrm{m}} \\ 1, & t > t_{\mathrm{m}} \end{cases} \tag{7.11}$$

式中,t_{m} 代表充满时间,由下式计算得到:

$$t_{\mathrm{m}} = \frac{\alpha D_0}{v_{\mathrm{L}}} \tag{7.12}$$

对于滑布收口翼伞,α 取值范围为 12~18,通常取为 14。对于无滑布翼伞,$\alpha \approx 3.5$,D_0 为名义直径,采用下式计算:$D_0 = \sqrt{4A_0/\pi}$。

联立(7.10)式~(7.12)式,可以求出速度、轨迹角及开伞载荷,进而获得翼伞充气过程的运动轨迹。

2. 两质点模型

两质点模型将载荷体和翼伞视为两个质点,翼伞两体无相对运动,且不考虑翼伞充气过程的气动升力和载荷体的气动阻力,翼伞的阻力特征变化根据空投试验数据推导得出。

在航迹坐标系下,翼伞系统的运动方程可以写成如下公式:

$$\begin{cases} \dfrac{\mathrm{d}}{\mathrm{d}t}\left[(m_\mathrm{s} + m_\mathrm{f})v\right] = F_\mathrm{k} - \dfrac{1}{2}\rho v^2 (CA)_\mathrm{s} - m_\mathrm{s}g\sin\theta \\[2mm] \dfrac{\mathrm{d}v}{\mathrm{d}t} = -g\sin\theta - \dfrac{1}{m_\mathrm{w}}\left[F_\mathrm{k} + \dfrac{1}{2}\rho v^2 (CA)_\mathrm{w}\right] \\[2mm] v\dfrac{\mathrm{d}\theta}{\mathrm{d}t} = -g\cos\theta \end{cases} \quad (7.13)$$

附加质量和阻力特征为

$$\begin{cases} m_\mathrm{f} = \rho\dfrac{D^3}{3} \\[2mm] (CA)_{\mathrm{D,S}} = C_\mathrm{D}A(t) = C_\mathrm{D}\dfrac{\pi}{4}D^2 \end{cases} \quad (7.14)$$

充气过程中,冲压式翼伞特征直径随时间而变化,为

$$D = D_0\left(\dfrac{t}{t_\mathrm{m}}\right)^{1.5} \quad (7.15)$$

式中,充满时间 t_m 可以采用(7.12)式计算得到。

3. 分段经验法

分段经验方法将伞-载系统视为集中在载荷体重心的质点,不考虑充气过程中翼伞的附加质量及其变化,将翼伞充气过程简单分成初始充气段和充满段。初始充气阶段,气室还没有充气,此时阻力系数远远大于滑翔飞行时的阻力系数,气动升力可以忽略。充满阶段,伞衣前倾,气室开始充气,阻力系数渐渐降低,升力系数逐渐增加,直至伞衣充满,阻力系数、升力系数趋于稳定,转入滑翔阶段。

在上述假设下,翼伞系统航迹坐标系下的运动方程为

$$\begin{cases} m_s \dfrac{\mathrm{d}v}{\mathrm{d}t} = - m_s g\sin\theta + F_k - \dfrac{1}{2}\rho v^2 (CA)_{D,s} \\[2mm] m_w \dfrac{\mathrm{d}v}{\mathrm{d}t} = - m_w g\sin\theta - F_k - \dfrac{1}{2}\rho v^2 (CA)_{D,w} \\[2mm] (m_s + m_w)v \dfrac{\mathrm{d}\theta}{\mathrm{d}t} = - (m_s + m_w)g\cos\theta + \dfrac{1}{2}\rho v^2 (CA)_{L,s} \end{cases} \tag{7.16}$$

式中,$(CA)_{D,s}$、$(CA)_{L,s}$、$(CA)_{D,w}$ 分别表示翼伞的阻力特征、升力特征和载荷体的阻力特征。根据翼伞充气过程两阶段假设,其充气过程气动特征的变化情况如图 7.24 所示。图中,$(CA)_{D,1}$、$(CA)_{D,2}$ 分别为初始充气开始和结束时的阻力特征;$(CA)_{D,s}$、$(CA)_{L,s}$ 分别为充满稳定时的阻力特征和升力特征;t_{f1}、t_{f2} 则代表初始充气时间和充满时间。

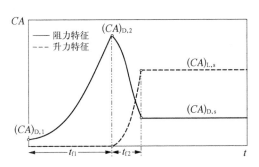

图7.24 翼伞充气过程气动特征变化曲线

因为伞衣充气速度很快,假设充气过程中各阶段气动特征随时间线性变化,则可以推出翼伞充气过程各阶段气动特征的表达式。

初始充气段 $(0 \leqslant t \leqslant t_{f1})$:

$$\begin{cases} (CA)_D = (CA)_{D,1} + \beta_1 t \\[2mm] (CA)_L = 0 \end{cases} \tag{7.17}$$

充满段 $(0 < t - t_{f1} \leqslant t_{f2})$:

$$\begin{cases} (CA)_D = (CA)_{D,2} - \beta_2 (t - t_{f1}) \\[2mm] (CA)_L = \beta_3 (t - t_{f1}) \end{cases} \tag{7.18}$$

初始充气时间和充满时间由下式确定:

$$\begin{cases} t_{f1} = \lambda_1 D_0 / v_L \\[2mm] t_{f2} = \lambda_2 D_0 / v_L \end{cases} \tag{7.19}$$

式中,修正系数 λ_1、λ_2 由试验确定,对于小展弦比人用翼伞,$\lambda_1 = 18$,$\lambda_2 \geqslant 2.5$。充满时的升、阻力特征已知,初始充气段开始及结束时的阻力特征可由下式确定:

$$\begin{cases} (CA)_{D,1} = (0 \sim 0.04)(CA)_{D,s} \\ (CA)_{D,2} = (0.65 \sim 0.8)A_0 \end{cases} \tag{7.20}$$

在确定初始充气时间及充满时间及对应时刻的气动特征量后，β_1、β_2、β_3 可以由边界条件唯一确定。

上述方法都可以得到运动轨迹及开伞载荷的动态变化情况，但较为烦琐。工程上，翼伞开伞过程的最大动载也可以采用载荷系数法进行估算：

$$F_{kmax} = \frac{1}{2}\rho v_L^2 CA_0 K_d K_j \tag{7.21}$$

式中，动载系数 $K_d \geqslant 2.0$；缩减系数 K_j 和翼伞单位面积的载荷有关，由实验确定。对于 $\frac{G_w}{A_0} = 100\,\mathrm{Pa}$ 的翼伞，缩减系数 K_j 可取为 0.2。

7.6.3 收口布三阶段模型

从上小节可以知道，只要知道充气过程中气动特征及附加质量的变化，就可以通过运动方程得到充气过程的运动轨迹和开伞载荷。由于翼伞有上、下两个翼面，且空中较常规伞更为扁平，因此翼伞的附加质量要远小于相同面积的圆伞。另一方面，翼伞附加质量的变化实际上和展开面积也息息相关。因此，翼伞气动特征的变化成为决定翼伞充气性能的最重要因素。

我们知道，不同的伞衣面积、不同的开伞控制方式，翼伞的充气模式都不一样，充气过程的气动特征变化规律自然并不相同，运动特点也不一致。针对最常用的翼伞收口布开伞控制方式，Potvin 提出了收口布三阶段运动模型。该模型不考虑充气过程中翼伞的附加质量及其变化，假设翼伞充气过程为垂直下降状态，无升力作用，将翼伞充气过程分为中心气室增压、外侧气室增压膨胀、翼伞展向扩张收口布下滑三个阶段，如图 7.25 所示。前两个阶段通常又称为"抽吸"或"收口布上升"阶段。此时，收口布受气动阻力及引导伞拉力作用，收口布上升；当气室内的压

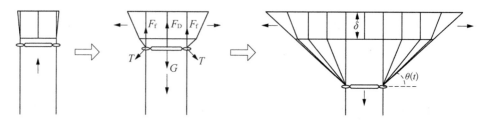

图 7.25 收口布运动过程示意图

强增加到足以克服收口布的气动阻力以及伞绳的静摩擦力时,收口布由上升阶段转入下滑阶段。下面对这三个阶段分别进行讨论。

1. 中心气室增压阶段

"中心气室"位于翼伞的中跨位置,其宽度与收口布相近。当伞衣从伞衣包拉出后,收口布迅速展开,空气进入中心气室造成中心气室增压。在这一阶段,折叠伞衣的外形如图 7.26 所示,阻力特征可以写成如下形式:

$$C_D(t)A(t) = C_D(t)\left[b_{slide}(c_{slide} + c_{tail})\right] + (CA)_{extra} = \overline{C}_D b_{slide} \frac{c_{slide} + c}{2} + (CA)_{extra}$$

$$(7.22)$$

式中,阻力系数取平均值 $C_D(t) = \overline{C}_D$, $\overline{C}_D$ 约在 1.1;$(CA)_{extra}$ 代表引导伞或伞包带来的附加阻力特征,无引导伞收口,该项可取为 0;b、c 代表翼伞的展长、弦长;加下标 slide 则代表收口布沿展向、弦向的长度;c_{tail} 代表折叠翼稍弦向长度,如图 7.26 所示。

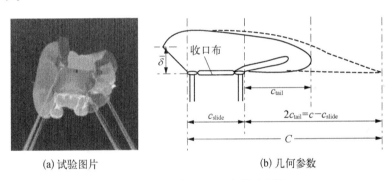

(a) 试验图片   (b) 几何参数

图 7.26 中心气室增压阶段示意图

假设气室内部压强等于外界大气压,根据进气流量可以确定第一阶段的充气时间:

$$t_{fl} = \frac{V}{q_v} = \frac{b_{slide}\delta\left(\dfrac{c_{slide} + c}{2}\right)}{v(t)b_{slide}\delta F_{inlet}} = \frac{c_{slide} + c}{2v(t)F_{inlet}}$$

$$(7.23)$$

式中,V、q_v 分别代表中心气室体积和净体积流量;δ 为气室高度,这里用翼型平均厚度表示;$v(t)$ 为进气口流速 $v(t)$,根据垂直向下运动假设,进气速度即为系统运动速度;F_{inlet} 为无量纲修正系数,是平均进气面积的修正量,一般取决于进气口结构尺寸和伞翼的低头状态,大多数情况下小于 0.2。

2. 外侧气室增压膨胀阶段

"外侧气室"指展向两侧气室及翼稍气室。外侧气室增压膨胀阶段工作过程和第一阶段类似,但是气室内部压力随时间变化渐渐大于外部气压,从而减缓了入口的进气速率,其工作过程如图 7.27 所示。

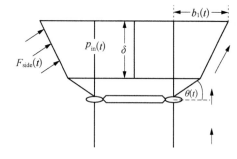

(a) 试验图片　　　　　　　　　　(b) 外侧气室几何参数

图 7.27　外侧气室增压膨胀阶段示意图

这一阶段伞衣瞬时阻力特征为

$$CA = C_D(t)A(t) = \overline{C}_D b(t)c(t) + (CA)_{\text{extra}} \tag{7.24}$$

式中,伞衣展向、弦向长度不断增加,可以采用下面公式估算:

$$\begin{cases} b(t) = b_{\text{slide}} + 2b_1(t) \\ c(t) = \dfrac{c + c_{\text{slide}}}{2} + \dfrac{b_1(t)}{\delta}\dfrac{(c - c_{\text{slide}})}{2} \end{cases} \tag{7.25}$$

式中,$b_1(t)$ 为外侧气室展向扩张宽度,受外侧气室进气流量的影响。根据体积公式,外侧扩张气室体积为

$$V_{\text{out, cells}} = b_1(t)c\delta = \int A_{\text{out, in}} u_{\text{in}}(t)\,\mathrm{d}t \tag{7.26}$$

式中,$V_{\text{out, cell}}$、$A_{\text{out, in}}$ 分别代表该阶段外侧气室体积和有效进气面积。由于伞衣柔软呈折叠状态,伞衣外侧进气面积通常很小,且受折叠方式、伞衣姿态影响很大,导致这一阶段有效进气面积 $A_{\text{out, in}}$ 常常会出现比较大的波动。$u_{\text{in}}(t)$ 代表瞬时进气速率,可通过伯努利方程计算得到:

$$u_{\text{in}}(t) = \sqrt{\dfrac{2}{\rho}[P_\infty - P_{\text{in}}(t)] + v^2(t)} \tag{7.27}$$

假设内外气室压力及气室边缘的气动力满足静力学平衡原理,如图 7.27(b) 所示。则气室内的压力 $P_{in}(t)$ 可以根据力平衡公式得到:

$$F_{side}(t) = \frac{1}{2}\rho v^2(t) C_N(t) c\delta + p_\infty \frac{c\delta}{2} \approx p_{in}(t) \frac{c\delta}{2} \qquad (7.28)$$

式中,$C_N(t)$ 为气流冲击气室外侧的法向气动力系数。根据(7.29)式和(7.30)式,可以得到瞬时进气速率的表达式为

$$u_{in}(t) = \sqrt{1 - 2C_N(t)}\, v(t) \qquad (7.29)$$

将(7.29)式代入(7.26)式,可以得到外侧气室的扩张速度 $b_1(t)$,进而由(7.25)式得到该阶段伞衣膨胀时的展向长度和弦向长度,最终得到该阶段的阻力特征。当收口布上升力小于绳间张力分量和重力时,收口布开始进入下降阶段,终止条件为

$$F_{D,\,slider} + F_f \leqslant T + G_{slider} \qquad (7.30)$$

式中,$F_{D,\,slider}$、G_{slider} 分别表示收口布所受的气动阻力和收口布重力;T、F_f 分别为伞绳阻止收口布运动垂直方向上的张力及摩擦力分量,它们的计算公式为

$$\begin{cases} F_{D,\,slider} = \frac{1}{2}\rho v^2(t) \left[(CA)_{slider} + (CA)_{extra} \right] \\ G_{slider} = m_{slider}\, g \\ F_f = \mu_s \left[\frac{1}{2}\rho v^2(t) CA(t) \cos\theta(t) \right] \\ T_y = \frac{1}{2}\rho v^2(t) CA(t) \left[1 - \sin\theta(t) \right] \end{cases} \qquad (7.31)$$

3. 收口布下滑阶段

当收口布上升力小于绳间张力分量和重力时,收口布转入下滑阶段,此时翼伞进入完全充满阶段。完全充满阶段的工作时间由收口布运动方程确定。

假设伞衣展向为倒梯形,下滑阶段收口布的运动状态如图 7.28 所示,收口布运动距离为 x,总行程为 $L_{sh} - x_0$。收口布的运动方程为

$$m_{slider} \frac{d^2 x}{dt^2} = \frac{1}{2}\rho v^2 (CA)_{slider} - T_y + F_f - G_{slider} \qquad (7.32)$$

式中,$(CA)_{slider}$ 为收口布的阻力特征;T_y、F_f 分别代表伞衣展向张开时垂直方向的

结构力及摩擦阻力,它们和翼伞展向张开速度有关。由于翼伞展向张开速度远小于翼伞系统的运动速度,则行程的时间二阶导数(收口布运动加速度)主要受收口布气动阻力的影响。因此(7.32)式又可以简化成如下公式:

$$m_{\text{slider}} \frac{\mathrm{d}^2 x}{\mathrm{d} t^2} = \text{const} \cdot v^2 \tag{7.33}$$

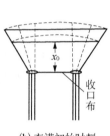

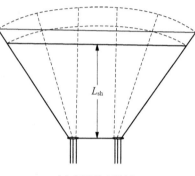

(a) 收口布空中运动状态　　　(b) 充满初始时刻　　　　　(c) 充满结束时刻

图 7.28　完全充满阶段收口布的运动状态

充气过程中,若翼伞以梯形方式展向膨胀(图 7.28),则翼伞阻力特征和收口布运动行程的关系为

$$(CA)_{\text{D,s}} = C_{\text{D}}(t) bc \frac{x(t)}{L_{\text{sh}}} \tag{7.34}$$

由上式,阻力特征的二阶导数有如下公式:

$$\frac{\mathrm{d}^2 (CA)_{\text{D,s}}}{\mathrm{d} t^2} = k v^2 \tag{7.35}$$

式中,k 为伞衣扩张系数,计算公式为

$$k = \frac{\overline{C}_D \rho A_0 (CA)_{\text{D,1}}}{2 k_1 (m_{\text{canopy}} + \rho c^3) L_{\text{sh}}} \tag{7.36}$$

式中,$(CA)_{\text{D,1}}$ 为收口布下滑初期翼伞的阻力特征面积;k_1 为无量纲修正系数,对于人用伞,$k_1 \approx 50$。

联立(7.32)式~(7.36)式,便可以获得翼伞的阻力特征、收口布的运动速度、收口伞的充满时间等参数,并最终得到翼伞充满阶段的运动轨迹。

收口布运动三阶段模型较细致地描述了收口布上升、下降阶段的运动情况,一定程度地反映了翼伞弦向展开、展向扩张的物理机制。但是由于涉及的物理量众多,且侧向进气面积、伞衣扩张系数等受伞衣结构尺寸、包装方式、收口方式等诸多因素的影响,较为复杂,限制了该模型的工程应用。

7.7　滑翔飞行过程

7.7.1　翼伞系统六自由度模型

翼伞开伞之后,进入滑翔阶段。要研究翼伞系统滑翔阶段的飞行性能及转动情况,首先应建立翼伞系统的运动方程。和弹道型降落伞类似,翼伞系统也有不同的自由度模型。一般来说,如果仅需了解纵向对称平面的运动情况,可以采用简单的三自由度模型,如果需要获得各个物体的运动及相互转动,则需要基于多体动力学理论建立九自由度甚至更高自由度的模型。大多数情况下,往往仅需要知道翼伞系统的运动情况,可以将翼伞和载荷体看成一个整体,建立六自由度运动模型。

首先对翼伞系统作如下假设:

(1) 翼伞展向对称,完全张满后具有固定的形状;

(2) 忽略载荷上的气动力和气动力矩;

(3) 翼伞、载荷体为对称物体,刚性连接,视为一个整体;

(4) 假设系统的压心、质心及各方向的转动中心均重合,忽略绕体轴系的偏航运动;

(5) 平面大地系统,不考虑风的影响。

为分析问题方便,建立翼伞系统飞行过程中的地面坐标系、体轴坐标系和气流坐标系基本模型,其受力情况如图 7.29 所示。

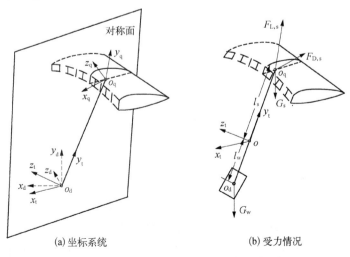

(a) 坐标系　　　　　　　　　　　(b) 受力情况

图 7.29　翼伞系统三维空间坐标系及受力情况

在体轴坐标系下,翼伞系统的运动方程为

$$\boldsymbol{M}\left(\frac{\mathrm{d}}{\mathrm{d}t}\begin{bmatrix} v_x \\ v_y \\ v_z \end{bmatrix} + \begin{bmatrix} 0 & -\omega_z & \omega_y \\ \omega_z & 0 & -\omega_x \\ -\omega_y & \omega_x & 0 \end{bmatrix}\begin{bmatrix} v_x \\ v_y \\ v_z \end{bmatrix} \right) = \boldsymbol{G} + \boldsymbol{F}_a \qquad (7.37)$$

转动方程为

$$\boldsymbol{I}\begin{bmatrix} \dot{\omega}_x \\ \dot{\omega}_y \\ \dot{\omega}_z \end{bmatrix} + \begin{bmatrix} 0 & -\omega_z & \omega_y \\ \omega_z & 0 & -\omega_x \\ -\omega_y & \omega_x & 0 \end{bmatrix}\boldsymbol{I}\begin{bmatrix} \omega_x \\ \omega_y \\ \omega_z \end{bmatrix} = \boldsymbol{M}_G + \boldsymbol{M}_a \qquad (7.38)$$

式中,$\boldsymbol{G}$、$\boldsymbol{F}_a$ 分别表示重力和气动力;$\boldsymbol{M}_G$、$\boldsymbol{M}_a$ 则表示重力力矩和气动力力矩;$\boldsymbol{M}$、$\boldsymbol{I}$ 为包含附加质量在内的系统质量及转动惯量矩阵。体轴坐标下的气动力和重力可以用下式表示:

$$\begin{bmatrix} F_{a,x} \\ F_{a,y} \\ F_{a,z} \end{bmatrix}_t = \boldsymbol{C}_q^t\begin{bmatrix} F_D \\ F_L \\ 0 \end{bmatrix}; \quad \begin{bmatrix} G_{s,x} \\ G_{s,y} \\ G_{s,z} \end{bmatrix}_t = \boldsymbol{C}_d^t\begin{bmatrix} 0 \\ G_s \\ 0 \end{bmatrix}; \quad \begin{bmatrix} G_{w,x} \\ G_{w,y} \\ G_{w,z} \end{bmatrix}_t = \boldsymbol{C}_d^t\begin{bmatrix} 0 \\ G_w \\ 0 \end{bmatrix} \qquad (7.39)$$

式中,下标 s、w 分别表示降落伞和物体。

若压心、质心及转动中心和坐标原点重合,根据附加质量的定义(参考 2.6 节),则翼伞的附加质量矩阵仅剩 6 项,$a_{ij} = 0 (i, j = 1, 2, \cdots, 6; i \neq j)$。对于平直三维翼面,若 x、y、z 分别代表弦向、轴向和展向,则附加质量矩阵可以写成如下形式:

$$\begin{cases} a_{11} = \rho k_A \pi (e^2 b/4) \\ a_{22} = \rho [\lambda/(1+\lambda)] \pi (c^2 b/4) \\ a_{33} = \rho k_B \pi (e^2 c/4) \\ a_{44} = 0.055\rho [\lambda/(1+\lambda)] b^3 c^2 \\ a_{55} = 0.055\rho b^3 e^2 \\ a_{66} = 0.0308\rho [\lambda/(1+\lambda)] bc^4 \end{cases} \qquad (7.40)$$

式中,e 表示翼型的最大厚度;b、c 分别表示展长和弦长;λ 表示展弦比;k_A、k_B 为修正系数,$k_A = 0.85$,k_B 系数受结构三维效应影响较为敏感,取值范围在 $0.4 \sim$

1.25,完全椭球形,取值小,翼伞可取为 1.0。

对于具有展向弯度的翼伞,其几何结构如图 7.2 所示,附加质量可以写成下面的形式:

$$
\begin{cases}
m_{fx} = \left[1 + (8/3)(h^*)^2 \right] a_{11} \\
m_{fy} = a_{22} \\
m_{fz} = (L_{sh}^2 a_{33} + a_{44})/y_{PC}^2 \\
I_{fx} = L_{sh}^2 a_{33} + a_{44} \\
I_{fy} = \left[1 + 8(h^*)^2 \right] a_{55} \\
I_{fz} = \left[1 + (h^*)^2 (e/c)^2 (\pi/6)(1 + \lambda)/\lambda \right] a_{66}
\end{cases}
\tag{7.41}
$$

式中, h^* 为无量纲伞衣展向高度, $h^* = h/b$ 。

联立(7.37)式~(7.41)式,便可以求解翼伞系统三维空间体轴坐标系的运动方程。如果需要获得地面坐标下的运动情况,可以参考第 2 章体轴坐标系和地面坐标系运动状态的关系,进行相应的坐标变换便可。

通过翼伞系统动力学分析,不仅仅可以获得系统的轨迹速度,更可以获得系统的姿态摆动情况,判别动态不稳定是否会发生,伞系统是否能够顺利地从一个状态转移到另一个状态。对于翼伞设计者来说,增加飞行高度或增加翼伞系统的无量纲质量比(弹道系数)都可以提高系统的动稳定性。

7.7.2　翼伞系统平面运动模型

翼伞系统的主要运动状态处于对称平面上,因而在初步设计中,为快速估计翼伞的飞行性能,通常仅对伞-载系统的对称平面进行分析。首先对翼伞系统作如下的假设:

(1) 翼伞系统是个双质点系统,仅在纵向对称平面内运动;

(2) 翼伞的质心位于翼弦面上,并与压力中心重合,其位置在运动过程中保持不变;

(3) 前置体压力中心与其质心重合,其升力不予考虑;

(4) 物、伞两者之间为刚性连接,系统质心相对物、伞之距离保持不变;

(5) 翼伞的气动力仅与瞬时迎角和瞬时速度有关,加速度对气动力的影响忽略不计,不考虑附加质量的影响。

图 7.30 为翼伞系统对称平面内的运动及受力情况,由此可以得到对称平面内体轴坐标系下三自由度的运动方程:

$$\begin{cases} m\dfrac{\mathrm{d}v_x}{\mathrm{d}t} - m\dot{\vartheta}v_y = -F_{\mathrm{D,s}}\cos\theta_\mathrm{s} - F_{\mathrm{D,w}}\cos\theta_\mathrm{w} + F_{\mathrm{L,s}}\sin\theta_\mathrm{s} - (G_\mathrm{s} + G_\mathrm{w})\sin\vartheta \\[2mm] m\dfrac{\mathrm{d}v_y}{\mathrm{d}t} - m\dot{\vartheta}v_x = F_{\mathrm{D,s}}\sin\theta_\mathrm{s} + F_{\mathrm{D,w}}\sin\theta_\mathrm{w} + F_{\mathrm{L,s}}\cos\theta_\mathrm{s} - (G_\mathrm{s} + G_\mathrm{w})\cos\vartheta \\[2mm] I_z\dfrac{\mathrm{d}\dot{\vartheta}}{\mathrm{d}t} = M_0 + L_\mathrm{s}(F_{\mathrm{D,s}}\cos\theta_\mathrm{s} - F_{\mathrm{L,s}}\sin\theta_\mathrm{s}) - L_\mathrm{w}F_{\mathrm{D,w}}\cos\theta_\mathrm{w} - (G_\mathrm{s}L_\mathrm{s} - G_\mathrm{w}L_\mathrm{w})\sin\vartheta \end{cases}$$

$$\text{(7.42)}$$

系统的质量和转动惯量为

$$\begin{cases} m = m_\mathrm{s} + m_\mathrm{w} \\ I_z = I_\mathrm{s} + I_\mathrm{w} + m_\mathrm{s}L_\mathrm{s}^2 + m_\mathrm{w}L_\mathrm{w}^2 \end{cases} \tag{7.43}$$

(7.42)式中,$F_{\mathrm{D,s}}$、$F_{\mathrm{L,s}}$、$F_{\mathrm{D,w}}$ 分别代表翼伞的气动阻力、气动升力和前置体的气动阻力;M_0 为翼伞系统的气动力矩;气动力系数受气动迎角影响,迎角变化满足如下公式:

$$\alpha_\mathrm{s} = \theta_\mathrm{s} - \phi \tag{7.44}$$

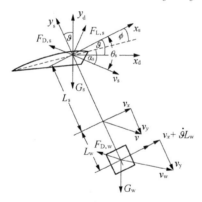
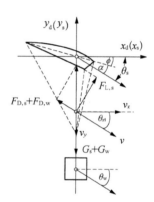

(a) 对称平面运动情况　　　　　　(b) 稳定滑翔运动情况

图 7.30　冲压式翼伞纵向对称平面的受力及运动情况

据图 7.30(a),各运动学状态量关系式为

$$\begin{cases} v_\mathrm{s} = \sqrt{(v_x - \dot{\vartheta}L_\mathrm{s})^2 + v_y^2} \\[2mm] v_\mathrm{w} = \sqrt{(v_x + \dot{\vartheta}L_\mathrm{w})^2 + v_y^2} \\[2mm] \theta_\mathrm{s} = \arctan\dfrac{-v_y}{v_x - \dot{\vartheta}L_\mathrm{s}} \\[2mm] \theta_\mathrm{w} = \arctan\dfrac{-v_y}{v_x + \dot{\vartheta}L_\mathrm{w}} \end{cases} \tag{7.45}$$

7.7.3 稳定滑翔运动

1. 滑翔轨迹

随着姿态、速度的变化,翼伞系统很快进入稳定滑翔阶段,在稳定运动时,由于系统的加速度为 0,且系统没有转动,因此伞坐标系和地面坐标系重合,如图 7.30(b)所示。此时,前置体、翼伞、系统的轨迹角均相等,该轨迹角也称为滑翔角。

稳定滑翔运动情况下,纵向平面控制方程如下:

$$F_{L,s} \sin \theta_{xt} - (F_{D,s} + F_{D,w}) \cos \theta_{xt} = 0 \tag{7.46}$$

$$F_{L,s} \cos \theta_{xt} + (F_{D,s} + F_{D,w}) \sin \theta_{xt} - (G_s + G_w) = 0 \tag{7.47}$$

据(7.46)式,可得

$$F_{D,s} + F_{D,w} = F_{L,s} L \frac{\sin \theta_{xt}}{\cos \theta_{xt}} \tag{7.48}$$

将上式代入(7.47)式得

$$F_{L,s} = (G_s + G_w) \cos \theta_{xt} \tag{7.49}$$

根据气动升力的计算公式,可以得到

$$v = \sqrt{\frac{2(G_s + G_w) \cos \theta_{xt}}{\rho C_L A_s}} \tag{7.50}$$

由图 7.30(b)的速度关系,可见

$$\frac{v_x}{v_y} = \cot \theta_{xt} = \frac{F_{L,s}}{F_{D,s} + F_{D,w}} = \frac{C_L}{C_{D,s} + C_{D,w}} = k \tag{7.51}$$

式中,k 为系统的滑翔比,也为升阻比。当系统的升阻比确定后,稳定滑翔的轨迹角即是与高度无关的常数,滑翔轨迹是一条直线。因此水平滑翔距离可按开始滑翔高度求得:

$$x = h_0 \cot \theta_{xt} \tag{7.52}$$

则滑翔总时间为 $t_{glide} = \sum_{i=1}^{n} \frac{\Delta h_i}{v_{yi}}$。

2. 风场对滑翔比的影响

在气象学上,高空风场使用风向(风速矢量的方向)和风速(风速矢量的绝对值)两个参数表示,通常为高度的函数。根据(7.51)式,滑翔比也为水平速度和垂直速度的比值,在有风情况下,伞-载系统(尤其是翼伞)的气动性能会发生变化,滑翔轨迹随之也会有所改变。如果忽略垂直方向的风效应,则外界风场对翼伞系统的作用表现为顺风、逆风和侧风三种情况。

图7.31为翼伞系统在不同水平风场下的运动示意图,水平向的合速度为:$u = v_x + \omega$。因此,逆风飞行时,系统的滑翔比为

$$k_{yf} = \cot \theta_{yf} = \frac{v_x - w}{v_y} \tag{7.53}$$

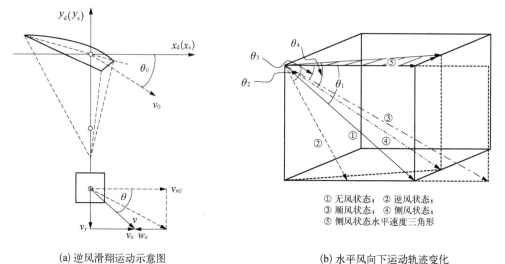

(a) 逆风滑翔运动示意图　　　　(b) 水平风向下运动轨迹变化

① 无风状态；② 逆风状态；
③ 顺风状态；④ 侧风状态；
⑤ 侧风状态水平速度三角形

图 7.31　翼伞水平风场影响下运动示意图

从(7.53)式及图7.31可以看出,逆风飞行,滑翔比减小,轨迹角增加;顺风滑翔,则轨迹角减小;侧风情况下,则会造成滑翔轨迹的偏转。有风时的滑翔比,我们一般称为合成滑翔比;伞-载系统的升阻比,我们称为系统滑翔比;不考虑前置载荷体的气动阻力,仅仅考虑翼伞的升阻比,我们称为翼伞滑翔比,显然翼伞滑翔比大于系统滑翔比。

7.7.4　翼伞滑翔性能

根据(7.50)式及稳定滑翔时 $\theta_{xt} = \alpha_s + \phi$,可以推导出如下公式:

$$\frac{2G_{xt}}{\rho A_s} = \frac{C_L}{\cos(\alpha_s + \phi)}(v_x^2 + v_y^2) \tag{7.54}$$

由此可以得到滑翔速度之间的关系：

$$v_y^2 = \frac{(2G_{xt}/A_s)}{\rho C_L}\cos(\alpha_s + \phi) - v_x^2 \tag{7.55}$$

通过解滑翔运动的控制方程,可以得到稳定滑翔时 v_x 随 v_y 的变化曲线,见图 7.32。曲线上依次由 $A-B-C-D$ 反映了平衡迎角不断增加时,滑翔比的变化。A、D 两点分别代表最小、最大设计迎角。在 A、D 两点之间,通过改变安装角 ϕ 或使后缘偏转等方法来调整滑翔比。B、C 为两个特性点。相切点 B 为最大滑翔比点,所对应的升阻比最大,可以得到最大的水平速度。C 点为最小下降速度点,即用 C 点的迎角滑翔,可获得最大的留空时间。

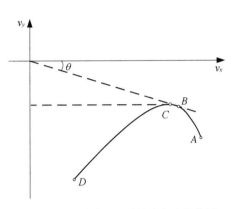

图 7.32 不同升阻比下的速度变化曲线

由此可知, B、C 两点是决定翼伞滑翔性能的重要特性点。

根据能量守恒原理,滑翔运动时系统单位时间做的功等于系统位势能的变化,因为升力沿轨迹方向做的功为 0,因此,

$$F_{D,xt}v = G_{xt}v_y \tag{7.56}$$

根据(7.50)式、(7.56)式,可以得到系统的下降速度：

$$v_y = \frac{\sqrt{2/\rho}\sqrt{G_{xt}/A_s}}{(C_L^{3/2}/C_D)}(\cos\theta)^{3/2} \tag{7.57}$$

(7.57)式也可以写成如下形式：

$$v_y = \sqrt{\frac{2G_{xt}}{(\rho A_0)}\frac{1}{C_D[1+(C_L/C_D)^2]^{3/2}}} \tag{7.58}$$

在此引入平直翼假设,根据(7.1)式,系统的升阻比可以写成如下公式：

$$k = \frac{C_L}{C_D} = \frac{C_L}{C_{D0} + \frac{C_L^2}{\pi\lambda}(1+\sigma)} = \frac{C_L}{C_{D0} + \varepsilon C_L^2} \tag{7.59}$$

最大升阻比下满足极值条件: $\dfrac{\mathrm{d}(C_L/C_D)}{\mathrm{d}C_L} = 0$, 从而得到 B 点的升力系数:

$$C_{L,B} = \sqrt{C_{D0}/\varepsilon} \tag{7.60}$$

则 B 点的阻力系数为

$$C_{D,B} = C_{D0} + \varepsilon C_L^2 = 2C_{D0} \tag{7.61}$$

因此翼伞的最大升阻比为

$$k_B = \frac{C_L}{C_D} = \sqrt{\frac{1}{4\varepsilon C_{D0}}} \tag{7.62}$$

据图 7.32 曲线, 从 B 点开始, 如果使迎角增大至 C 点, 系统的下降速度最小, 轨迹角 θ 随之增加。而据 (7.57) 式, $\cos\theta$ 也在减小。因此, 只有当分母 ($C_L^{3/2}/C_D$) 为最大值时, 才有可能出现下降速度的最小值。即

$$\frac{\mathrm{d}(C_L^{3/2}/C_D)}{\mathrm{d}C_L} = \frac{\mathrm{d}\left[C_L^{3/2}/(C_{D0} + \varepsilon C_L^2)\right]}{\mathrm{d}C_L} = 0 \tag{7.63}$$

从而得到

$$C_{L,c} = \sqrt{3C_{D0}/\varepsilon} \tag{7.64}$$

则 C 点的阻力系数为

$$C_{D,B} = C_{D0} + \varepsilon C_L^2 = 4C_{D0} \tag{7.65}$$

此时的升阻比为

$$k_C = \frac{C_L}{C_D} = \frac{1}{4}\sqrt{\frac{3}{\varepsilon C_{D0}}} \tag{7.66}$$

因此, B, C 两点滑翔比之间的比值: $k_B/k_C = 1.155$。根据两特性点的升阻力系数及单位面积的载荷体质量, 可以得到此时的滑翔运动速度。

从 (7.57) 式可以看出, 增加伞衣负荷 (G_{xt}/A_0) 会提高系统的滑翔速度。上述滑翔性能的经验分析方法同样适用于龙骨式翼伞。图 7.33 为某龙骨式

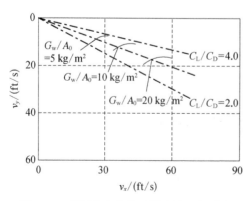

图 7.33 不同伞衣负荷下翼伞的滑翔性能

翼伞的滑翔性能曲线。从中可以看出,伞衣承载质量增加,滑翔速度增加。值得注意的是,如果系统的升阻比保持不变,滑翔比并不随伞衣负荷变化而变化。

7.8 牵引升空过程

不是所有的翼伞都需要折叠包装在伞包中,有的翼伞可以用一根较长的拖曳绳,像放风筝一样,将这些能产生升力的伞及其载荷体牵引上升到一定高度后,然后再松弛拖绳,伞载系统随之滑翔下降,用于拖曳的动力有汽车、快艇、绞盘等。由于翼伞升空过程比用飞机、气球更为简便,因而在体育运动、旅游,飞行员或伞兵训练等方面得到广泛的使用。

拖曳式翼伞的牵引升空过程可分三个阶段。

第一阶段为充气旋转上升阶段。最初,伞衣以一定迎角展开。当牵引绳牵动伞衣迎角前进时,此时伞衣充气并绕牵引点旋转到某一稳定位置。伞衣合速度 v 由向前的牵引速度 v_0 及绕悬挂点 A 的旋转速度 v_c 构成。作用在伞衣上的阻力 F_D 与 v 方向一致,升力 F_L 和 v 相垂直,在升力 F_L 的作用下伞衣将继续绕 A 点旋转,直到旋转到稳定位置,此时气动合力 F_a 与悬挂重量 G 和牵引力 T 的合力 Q 在同一直线上但方向相反。如图 7.34 所示。

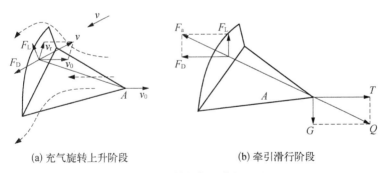

(a) 充气旋转上升阶段　　　　　　　　(b) 牵引滑行阶段

图 7.34　翼伞牵引升空过程

第二阶段为牵引滑行阶段。伞衣保持前一阶段的姿态被继续牵引前进。随着牵引速度的增加,作用在伞衣上的气动合力 F_a 也不断增加,直到与悬重和牵引力的合力 Q 相等为止。在此,伞-载系统仅沿地面滑动并没有向上运动。

第三阶段为牵引上升阶段。继续增加牵引速度,则伞衣上的气动合力 F_a 将大于牵引合力 Q,于是伞衣便将悬挂继续向上提升。悬挂物的提升速度取决于牵引速度、悬挂物重量、牵引绳的长度和角度等因素。

在推导运动方程前先作如下假设:

(1) 牵引绳无质量且不能伸长;

（2）牵引升空过程中伞相对气流的姿态不变,因而 C_D , C_L 为常数;

（3）牵引升空过程在垂直平面内进行;

（4）牵引车迎风做水平直线匀速运动,即 v_0 为常量;

（5）伞-载系统为质量为 m_{xt} 的单质点。

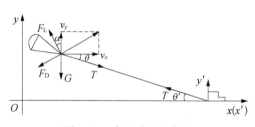

图 7.35 牵引升空示意图

图 7.35 是牵引升空示意图,坐标系 $o'x'y'$ 固定在牵引车上随牵引车一起运动。坐标系 oxy 为大地坐标系。

在坐标系 oxy 中有

$$\begin{cases} m_{xt} \dfrac{\mathrm{d}v_x}{\mathrm{d}t} = T\cos \theta - F_D\cos \alpha - F_L\sin \alpha \\[3mm] m_{xt} \dfrac{\mathrm{d}v_y}{\mathrm{d}t} = F_L\cos \alpha - F_D\sin \alpha - G - T\sin \theta \end{cases} \tag{7.67}$$

在坐标系 $o'x'y'$ 中有

$$\begin{cases} \Delta y' = l\big[\sin(\theta' + \Delta\theta') - \sin \theta' \big] \\[3mm] v_{y'} = \lim\limits_{\Delta t \to 0} \dfrac{\Delta y'}{\Delta t} = l(\sin \theta') \dfrac{\mathrm{d}\theta'}{\mathrm{d}t} = l\cos \theta' \dfrac{\mathrm{d}\theta'}{\mathrm{d}t} \end{cases} \tag{7.68}$$

同样,可得

$$v_{x'} = - l\sin \theta' \frac{\mathrm{d}\theta'}{\mathrm{d}t} \tag{7.69}$$

所以, $\dfrac{v_{x'}}{v_{y'}} = - \tan \theta'$ 。 转换到 oxy 坐标系中有

$$v_x = v_0 + v_{x'} = v_0 + v_{y'}\tan \theta' \tag{7.70}$$

因为牵引车沿 x 轴作直线匀速运动,牵引绳不考虑质量。因此, $\theta = \theta'$, $v_{y'} = v_y$ 。 所以(7.70)式可以写成

$$v_x = v_0 + v_y\tan \theta \tag{7.71}$$

根据初始状态参数,求解常微分方程组(7.67)式和(7.71)式,便可以得到牵引升空的速度 v_y ,牵引高度 H 和牵引力 T 。

在很多场合,牵引绳的长度会随着牵引距离的增加不断减小,其值可以用下式给出:

$$l = l_0 - v_0 t \tag{7.72}$$

因此牵引绳和地面坐标系的夹角为

$$\theta = \arcsin \frac{H}{l_0 - v_0 t} \tag{7.73}$$

将 l, θ 表达式替代原运动方程,同样可以计算变长度牵引过程的运动参数。

7.9 翼伞操纵及减速雀降过程

7.9.1 翼伞的操纵

翼伞最大的特点是具有很好的滑翔能力和操纵性能,一个无法操纵的翼伞是很难投入实际应用的。滑翔伞的操纵系统由操纵带、操纵绳(刹车绳)和套圈(操纵棒)等构成,在伞衣中心线两侧对称分布,呈叉联结构。左、右操纵带各分为前后两根,前操纵带上端和前缘的多组伞绳相连,后操纵带上端则与后缘最后一组或两组伞绳相连接。有的翼伞,为了减轻质量或使操纵更为简便,仅有后操纵绳,上端"Y"形以多点直接与伞衣后缘相连接。如图 7.2 所示。

冲压式翼伞左右两根操纵绳同时下拉,将会改变翼伞的俯仰角度,导致迎角及滑翔比发生变化。航向操纵主要有两种方法:第一种是拉下一边后缘;第二种用操纵绳关闭外翼一侧几个进气口,从而使翼伞的单边外翼折倒。当下拉左侧操纵绳时,向左转弯;下拉右侧,则右转。图 7.36 为航向操纵示意图。

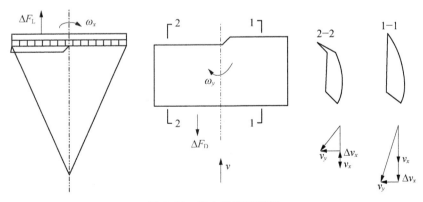

图 7.36 航向操纵示意图

一般说来,冲压式翼伞具有良好的操纵性能和稳定性。但是当单侧下拉过大时,升力和阻力增加的趋势并不一致:升力增加在横向平面内产生一种侧滚的趋势;阻力增量则主要在水平面内造成航向偏转。由于翼伞绕航向轴和绕滚转轴转动惯量相差很大,同时前置体对滚转起阻碍作用,因此偏航运动比滚转运动更为明显。当偏航角速度增加,翼面两侧的有效速度和有效迎角的差别增加。当差别达到某种程度,便进入单边翼面失速状态。为避免这种现象,实际操纵时,要控制操纵力和操纵量,动作必须柔和,切不可猛拉猛放。

如果要减小飞行速度,可以将双侧控制绳子下拉,尾缘下垂以增加阻力。减速的大小和操纵行程有关。如果以达到失速前的行程作为全行程,通常对人用翼伞,当拉下 25% 的全行程时,翼伞可获得最小的垂直下降速度但前进速度并不减小,此时可得到最大的滑翔距离。当拉下 50% 的全行程时,前进速度将是全滑翔时的一半,而下降速度也比全滑翔时稍小。当拉下全行程时,下降速度和前进速度均将减到最小值。

若操纵绳下拉超过全行程,此时翼伞的前进速度突然消失,而垂直下降速度将会从最小值而迅速增大到某一极值,伞衣产生摆动,这一状态称为失速。这是因为,翼伞后缘弯曲到一定程度后,上翼面的气流完全分离、升力突然消失和阻力迅速增加。操纵绳突然下拉还会造成迎角增加,新的迎角在很短的时间内产生很大的升力,接着升力突然消失或伞衣由于失去前进速度而失速,这种状态称之为动力失速。因此操纵过程中,切不可对操纵绳突然下拉,若出现失速现象,应该将操纵绳缓缓放回。

如果不拉操纵绳,而是拉下前吊带,则由于翼伞迎角减小,伞衣会以比全滑翔时更大的前进速度和下降速度滑翔。为减小着陆偏差,防止着陆冲击,翼伞应该采用逆风着陆方式。

图 7.37 为展弦比 2.5,伞衣面积 36 m² 的某型翼伞进行操纵时翼伞的运动响应情况,能够看出翼伞的滑翔角、迎角、系统的姿态角都会发生变化,由此造成气动性能发生改变,水平速度出现比较大的减小,滑翔性能降低。

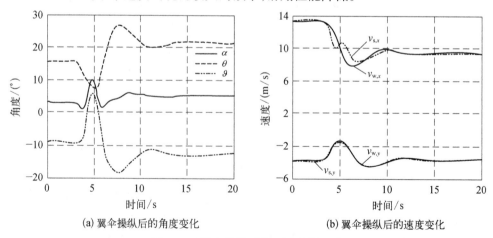

(a) 翼伞操纵后的角度变化　　　　　　　(b) 翼伞操纵后的速度变化

图 7.37　翼伞操纵时的运动变化曲线

7.9.2　翼伞的雀降着陆运动

雀降是翼伞的一种重要性能。当翼伞以滑翔状态接近地面时,如果以较快的速度将两操纵绳同时拉下,在很短的时间内翼伞的前进速度和垂直着陆速度将会迅速减小到极小值(接近零)。如果开始操纵的高度选择适当,使落地时的速度正好达到极小值,此种操纵着陆便称为雀降着陆。雀降在本质上是一种小心操纵的动力失速。

在推导减速雀降运动方程时先作如下假设:

(1) 伞-载系统看成质量集中在质心处的质点;

(2) 不考虑雀降过程中绕质心处的旋转;

(3) 雀降开始前,系统作稳定滑翔,没有受到干扰;

(4) 雀降过程中,系统的对称面始终在铅垂平面内;

(5) 不考虑前置体的气动力。

图 7.38 为翼伞雀降运动时的轨迹及气动性能,在航迹坐标系下,建立系统运动方程如下:

$$\begin{cases} m_{xt} \dfrac{\mathrm{d}v}{\mathrm{d}t} = -F_{D} - m_{xt}g\sin\theta \\[3mm] m_{xt} v \dfrac{\mathrm{d}\theta}{\mathrm{d}t} = F_{L} - m_{xt}g\cos\theta \end{cases} \tag{7.74}$$

将阻力计算公式、升力计算公式分别代入上两式,可得

$$\begin{cases} \dfrac{\mathrm{d}v}{\mathrm{d}t} = -g\sin\theta - \dfrac{\rho v^2}{2m_{xt}}C_{D}(t)A_0 \\[3mm] \dfrac{\mathrm{d}\theta}{\mathrm{d}t} = -\dfrac{g\cos\theta}{v} + \dfrac{\rho v^2}{2m_{xt}}C_{L}(t)A_0 \end{cases} \tag{7.75}$$

翼伞的气动力系数随尾翼偏角发生变化,而这个变化受操纵绳的影响。因此气动系数可以表达成操纵行程的函数,该函数可以通过试验得到,如图 7.38(b)所示。如果以操纵速度 v_t 下拉操纵绳,则行程:

$$\Delta l = v_t \cdot t \tag{7.76}$$

此时,气动系数可以表达成工作时间的函数,将气动系数代入(7.74)式,便可以得到雀降着陆过程的运动轨迹。

小型翼伞雀降操纵比较容易实现,但是对于大型翼伞,雀降时的水平速度往往

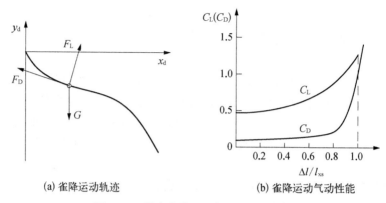

(a) 雀降运动轨迹　　　　　　　(b) 雀降运动气动性能

图 7.38　翼伞雀降运动轨迹及气动性能

随着伞衣面积的增加而增加,这对安全着陆是不利的。因此对于大型翼伞飞行系统,出于安全着陆考虑,有时采用弹道型降落伞进行最后的减速着陆,此时称该弹道型降落伞为着陆伞。

第8章 气动减速系统设计

充气式减速器大多用于超音速飞行器减速,主要包括拖尾式和附贴式两大类型。本书以其典型代表——气球伞和充气式再入器为例对其设计过程进行介绍。

8.1 充气式减速器设计

8.1.1 气球伞设计

1. 外形设计

我们知道,气球伞有球形、水滴形、等张力面型等多种形式,不同的外形,其气动阻力性能必定不一致。因此,设计气球伞首先要确定气球伞的基本外形。气球伞为轴对称形状,子午线形状是气球伞设计的关键。

薄膜为充气式气动减速器的主要材料,如果拉伸载荷在一个方向上消失就会产生局部褶皱,造成气动表面的不规则变形,形成局部应力集中和局部受热过度。气动外形设计希望通过合理的伞衣幅形状,使伞衣上每个单元应力分布比较平均。下面我们基于等张力面理论来介绍气球伞子午线的设计。

等张力面理论认为,气球伞伞衣主要由单向载荷的径向加强带和受双向载荷的伞衣构成,伞衣在两个主方向应力相等,并在整个表面上保持定值。同样地,径向带内拉伸载荷在整个长度上为定值。

假设伞衣单元由代表径向带的直线条簇和两条斜线簇组成;伞衣变形很小;径向带方向为最大主应力方向,斜线簇集合在一起形成均匀应力场。伞衣上的受力情况如图8.1所示,则主应力 σ_1、σ_2 有如下计算公式:

$$\begin{cases} \sigma_1 = \sigma_s + \sigma \\ \sigma_2 = \sigma \end{cases} \tag{8.1}$$

式中,σ 为伞衣上的织物应力;σ_s 代表伞衣结构径向带所受应力,随着与旋转轴的距离 x 的变化而变化,可以用关系式 $\sigma_s = nT_m/2\pi x$ 表示,其中 n 表示等张力面上的径向带数量,T_m 表示每条径向带所受的力。最大主应力因而可以写成

$$\sigma_1 = \sigma + \frac{nT_m}{2\pi x} \tag{8.2}$$

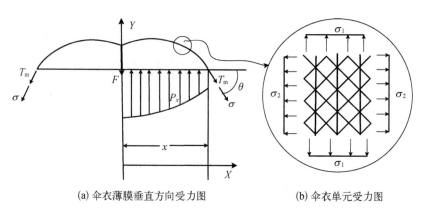

(a) 伞衣薄膜垂直方向受力图　　　　　(b) 伞衣单元受力图

图 8.1　气球伞伞衣受力情况

在 $x = 0$ 处,由于径向带交汇并产生集中应力, σ_1 趋于无限大;如果此处伞衣薄膜斜率不为 0,需添加一个额外的轴向载荷 F 以达到伞衣的受力平衡。在垂直方向上满足力平衡公式:

$$\int_0^x 2\pi x P_x \mathrm{d}x + (nT_m + 2\pi x\sigma)\sin\theta = F \tag{8.3}$$

式中, F 、 P_x 分别代表垂直方向所受载荷和薄膜内外压差。在伞衣对称轴上, $P_x = P_0$,最大投影处半径为 R_0 。上式各项除以 $P_0\pi R_0^2$,无量纲化后获得

$$2\int_0^{\frac{x}{R}} \frac{x}{R_0}\frac{P_x}{P_0}\frac{\mathrm{d}x}{R_0} + \left(\frac{nT_m}{P_0\pi R_0^2} + \frac{x}{R_0}\frac{2\sigma}{P_0 R_0}\right)\sin\theta = \frac{F}{P_0\pi R_0^2} \tag{8.4}$$

为了表述方便,作如下定义:

$$\begin{cases} I_x = 2\int_0^{\frac{x}{R_0}} \frac{x}{R_0}\frac{P_x}{P_0}\frac{\mathrm{d}x}{R_0} \\ k = \dfrac{nT_m}{P_0\pi R_0^2} \\ \rho = \dfrac{F}{P_0\pi^2 R_0} \end{cases} \tag{8.5}$$

式中, k 、 ρ 分别代表径向带系数和轴向载荷系数,则(8.4)式可以写成如下形式:

$$I_x + \left(k + \frac{x}{R_0}\frac{2\sigma}{P_0 R_0}\right)\sin\theta = \rho \tag{8.6}$$

将 $\sin\theta = \dfrac{\mathrm{d}y}{\mathrm{d}x}\Big/\sqrt{1 + \left(\dfrac{\mathrm{d}y}{\mathrm{d}x}\right)^2}$ 代入,并将 $\dfrac{\mathrm{d}y}{\mathrm{d}x}$ 移到等式左边,得

$$\frac{\mathrm{d}y}{\mathrm{d}x} = \pm \frac{1}{\sqrt{\left[\left(k + \dfrac{x}{R_0}\dfrac{2\sigma}{P_0 R_0}\right)\Big/(\rho - I_x)\right]^2 - 1}} \tag{8.7}$$

假设在最大投影处, $\theta = -90°$, 即 $x/R_0 = 1$, $\sin\theta = -1$ 时。由(8.6)式可以得到伞衣应力和载荷之间的相互关系:

$$\frac{2\sigma}{P_0 R_0} = I_{R_0} - k - \rho \tag{8.8}$$

再将(8.8)式代入式(8.7)即得

$$\frac{\mathrm{d}y}{\mathrm{d}x} = \frac{\pm 1}{\left[\left(\dfrac{k + \dfrac{x}{R_0}(I_{R_0} - k - \rho)}{\rho - I_x}\right)^2 - 1\right]^{0.5}} \tag{8.9}$$

在给定伞衣应力、径向带张力及内外压差分布的情况下,通过(8.9)式积分便可以得到各位置处的斜率,从而得到一系列等张力面。

气球伞由前后两部分组成,它们的压差分布及轴向载荷并不相同,但在最大直径处的径向带张力和织物应力前后一致。若用下标 f, r 分别代表气球伞的前部和后部,则前后两部分的伞衣应力和载荷之间的关系为

$$\begin{cases} \dfrac{2\sigma}{P_0 R_0} = I_{R_0,\,\mathrm{f}} - k - \rho_f \\[3mm] \dfrac{2\sigma}{P_0 R_0} = I_{R_0,\,\mathrm{r}} - k - \rho_r \end{cases} \tag{8.10}$$

因而有

$$I_{R_0,\,\mathrm{f}} - \rho_\mathrm{f} = I_{R_0,\,\mathrm{r}} - \rho_\mathrm{r} \tag{8.11}$$

根据风洞测试结果,气球伞前部锥角小于 80° 时具有良好的气动稳定性。因此对于气球伞前部,假设 $x/R = 0.5$, $\theta = -50°$, 将其代入(8.6)式,则有

$$I_{0.5R_0,\,\mathrm{f}} - 0.766\left(k + \frac{y}{P_0 R_0}\right) = \rho_\mathrm{f} \tag{8.12}$$

联立方程(8.10)式~(8.12)式,并消去 $2f/PR$ 和 ρ_f,得到如下公式:

$$k = 1.61(I_{R_0, \text{r}} - \rho_\text{r}) - 2.61(I_{R_0, \text{f}} - I_{0.5R_0, \text{f}}) \tag{8.13}$$

给出气球伞压力分布情况及 ρ_r 值,即可解出 k。ρ_f 和 $2\sigma/P_0R_0$ 也可根据(8.10)式~(8.12)式求出。然后对(8.9)式积分即可获得气球伞的前半部和后半部的包络线。

　　气球伞后部处于尾流分离区,也可以认为后部压差分布为常数,即 $P_x = P_0$。因此有:$I_x = x^2/R_0^2$,$I_{R_0} = 1$,则(8.9)式转化为

$$\frac{\text{d}y}{\text{d}x} = \frac{\pm 1}{\left[\left(\dfrac{k + \dfrac{x}{R_0}(1 - k - \rho)}{\rho - \dfrac{x^2}{R_0^2}}\right)^2 - 1\right]^{0.5}} \tag{8.14}$$

　　给定不同的 ρ,k 值,对(8.14)式积分,可以得到各类曲线簇,如图8.2所示。当 $\rho = 0$ 时,若径向带上不受力($k = 0$),积分曲线为半圆,即后部为半球面。气球伞的径向带系数 k 一般在 0.4~0.6 效果最好。

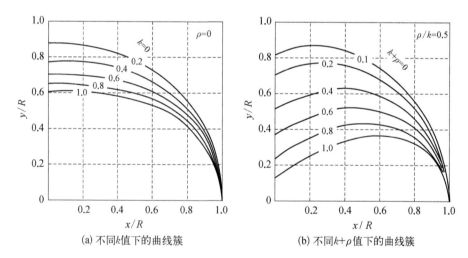

(a) 不同 k 值下的曲线簇　　　　　　(b) 不同 $k+\rho$ 值下的曲线簇

图8.2　内外压差恒定时的等张力曲线簇

　　采用上述方法确定等张力面球伞前、后部的包络线较为烦琐。工程上也可以根据已有的等张力面型结构尺寸及设计指标进行相似设计,表8.1为某受力均匀的气球伞的无量纲几何外形坐标。

表 8.1 气球伞无量纲几何坐标

$x/(2R_0)$	0	0.2	0.3	0.45	0.5	0.45
$y_r/(2R_0)$	1.177	1.158	1.118	0.975	0.790	0.574
$x/(2R_0)$	0	0.05	0.12	0.25	0.35	0.45
$y_j/(2R_0)$	0	0.083	0.202	0.312	0.425	0.574

2. 总体参数确定

气球伞设计上主要遵循如下原则:

(1) 具有很好的开伞可靠性,开伞载荷满足气球伞的强度要求;

(2) 减速系统满足弹道设计指标要求;

(3) 在满足弹道系数前提下,有尽可能大的阻力系数;

(4) 满足静稳定性和动稳定性的要求。

决定气球伞结构外形的基本尺寸有结构当量直径 D_j、半锥角 θ、连接绳长度 L_{sh}、扰流环及进气口尺寸,如图 8.3 所示。

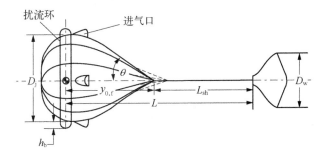

图 8.3 气球伞外形

气球伞设计首先要确定半锥角大小,这是确定包络外形、阻力系数的重要依据。出于气动阻力、稳定性、气动热等方面的综合考虑,气球伞的半锥角一般在 $30° \sim 45°$。

气球伞主要依靠气动阻力进行减速,因此可以根据减速稳定的弹道指标要求进行气球伞尺寸设计。假设系统稳定后为垂直于地面方向。根据弹道式减速器的工作原理,稳定平衡状态下满足如下公式:

$$C_D\left(\frac{\pi}{4}D_j^2\right) = \frac{2G}{\rho v^2} \qquad (8.15)$$

式中,ρ,v 为平衡稳定高度下对应的密度和速度;C_D 为气球伞的阻力系数,随气动外形(如半锥角、扰流环结构等)及马赫数的变化而变化,需要通过实验或数值计算来确定,一般在 $0.8 \sim 1.4$。根据设计指标及气球伞的阻力系数,由(8.15)式便可以得到减速器的结构当量直径。

大多数气球伞都采用冲压式进气方式,分别有四周进气和前端进气两种形式。前端进气结构简单,但进气口总面积较小,充气较慢;因此一般采用四周进气方式。进气口的设计目前没有固定的标准,可以据质量守恒原理,根据期望的充气时间进行估算:

$$\frac{m_{\text{gas}}}{t_{\text{m}}} = n\rho v_{\text{in}} A_{\text{in}} \tag{8.16}$$

式中,m_{gas}、t_{m} 分别代表气球伞时的气体质量和充满时间;v_{in}、A_{in} 分别代表进气速度和进气口面积,亚音速时可取来流速度,超音速时为当地音速;n 为速度修正系数。目前,气球伞充满时间一般不到 1 s,在伞衣前半部分均匀布置 4 个进气口,这种方式充气较快且均匀。为了减小充气时的初始膨胀压力,有时要延缓充气,必须控制进气口的入口尺寸。

为增加稳定性,亚音速气球伞一般都设计有扰流环。扰流环位置通常设计在气流最易分离的最大直径区域,为维持压力平衡,在扰流环和气球伞蒙皮之间常常开有通气孔。一般扰流环中心圆直径和气球伞结构当量直径一致,因此扰流环外形尺寸由扰流环高度 h_{b} 唯一确定(图 8.3),设计原则为

$$h_{\text{b}} = (0.05 \sim 0.1) D_{\text{j}} \tag{8.17}$$

为避免尾流影响,气球伞均通过一定长度的连接绳和载荷体相连。气球伞和载荷之间可以采用多点交叉连接也可以采用单点连接。无论哪种连接方式,载荷和连接绳的位置由当量连接绳长度 L_{sh} 确定,其计算公式为

$$\begin{cases} L_{\text{sh}} = L - y_{0,\text{f}} \\ L = (8 \sim 12) D_{\text{w}} \end{cases} \tag{8.18}$$

式中,L、L_{sh} 分别代表气球伞直径最大处和前置载荷连接点的距离以及连接绳的当量长度;D_{w} 表示载荷体最大投影直径;$y_{0,\text{f}}$ 表示气球伞前半部分高度。如图 8.3 所示。

8.1.2　充气式再入器设计

充气式再入器既是一种气动减速装置,也是一种再入式航天飞行器。对于这一类减速器的设计,必须满足如下原则:

(1) 满足峰值载荷要求。热流密度峰值、过载峰值、动压峰值都应小于设计指标。

（2）满足总载荷要求。再入飞行过程中,要求总热载荷、总过载以及能量损耗最小。其中总过载是指法向过载沿飞行轨迹的积分。

（3）满足落点要求。

此外,我们还希望充气式再入器滑翔距离最远、轨迹倾角最小、飞行时间最短。但是这些指标往往又相互矛盾。比如滑翔性能提高,亦即意味着飞行时间延长,难以满足总的热载荷要求。为寻求一个合理的设计结果,充气式再入器的设计往往需要进行气动力、气动热、飞行轨迹的多次评估,以满足各项载荷峰值及总载荷的要求。图 8.4 为充气式减速器的一般设计流程。气动力、气动热及飞行轨迹的分析可以采用工程经验方法、数值计算方法,也可以通过试验得到,在第 4 章已经作了一定的介绍,本章不作深入探讨,仅介绍充气式减速器总体参数的初步确定方法。

球头钝-锥外型被大量用于地球再入和行星进入的飞行器迎风面外形,柔性充气式再入器也不例外。无论是堆叠圆环型还是等张力面型,其基本结构参数均有半顶角 θ、钝头曲率半径 R_n、底部结构直径 D_j、内部圆环半径 R_i 和最外圈圆环半径 R_o,如图 8.5 所示。

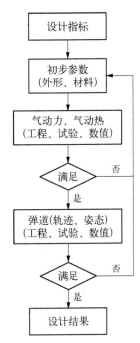

图 8.4　充气式减速器设计流程

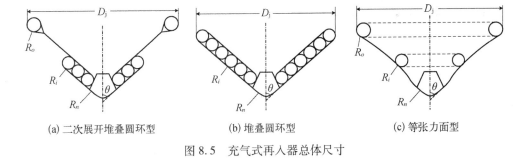

(a) 二次展开堆叠圆环型　　(b) 堆叠圆环型　　(c) 等张力面型

图 8.5　充气式再入器总体尺寸

球头与尖头相比,对阻力系数影响不大,但因为驻点热流密度与头部曲率半径的平方成反比,因此前者极大地改善了头部的气动加热环境。然而头部钝化的负面效应使轴向静稳定性降低,因此头部的钝度选择需要综合气动加热与静稳定性这两个因素。

影响钝度的主要因素有半顶角和钝头曲率半径。较大的半顶角意味着头部更钝,增大阻力系数并改善了气动加热环境;而较小的半顶角可以获得更好的稳定性。综合考虑阻力锥型减速器的气动减速性能和稳定性能,半顶角在 45°～60° 效果较好。

钝头曲率半径 R_n 越大,抗气动热能力越强,但气动阻力降低。圆环结构作为阻力锥骨架,比等张力面型阻力锥具有理强的抗载能力。目前,钝头曲率半径 R_n 和各圆环半径都没有设计标准,通常根据底部直径,采用如下公式得到:

$$\begin{cases} R_n = (0.125 \sim 0.25)D_j \\ R_o = 0.025D_j \\ R_i = (0.9 \sim 1.0)R_o \end{cases} \tag{8.19}$$

底部直径 D_j 可以参考气球伞的设计方法,根据减速稳定所必须达到的高度、速度指标,通过(8.15)式计算得到。

充气式再入器的头锥形状和减速器边缘设计需考虑高速气体绕流的影响、气流对结构飞行稳定性的影响等。由于气动性能和大气密度息息相关,因此对于不同的减速进入环境,需要进行具体分析。合理的方案是对结构进行气动外形的优化设计,将超声速气动特性、最大过载、再入时间和再入迎角等作为目标,实现阻力面外形与结构稳定性之间的权衡。

充气式再入器背风面都近似为喇叭形空腔,有利于系统稳定。在充气再入初期,由于充气和结构约束带设计方面的原因,有可能会出现倒向飞行的情况,但由于此时重心远在压心后,气动力矩也会促使它迅速恢复到正向飞行的稳定姿态。

8.1.3 充气式减速器材料选择

主要由柔性织物材料构成的充气式减速器主要用于高超音速场合,飞行过程中不仅要承受巨大的减速过载、气动过载,同时还要受到巨大的气动热作用。下面从强度设计和热载荷设计两个方面来介绍充气式减速器的材料选择。

1. 强度设计

拖尾式气球伞和附贴式充气式阻力锥是充气式减速器的两种主要结构形式,通常用于高超音速飞行器的初级减速。在减速器的工作过程中,通常会受到拉直展开动载、充气动载、减速过载、气动过载等的作用。在相同的载荷强度下,动载荷更易使材料破损。

气球伞由伞绳、吊带和飞行器相连,其工作过程和降落伞非常相似,先后都经历了拉直、充气、减速稳定几个过程。由于气球伞沿拉出方向质量密度小,拉出力并不大,气球伞工作过程的最大动载为开伞载荷。

充气式阻力锥为附贴式结构,一般用于高空低密度场合,需要自带气瓶充气,工作过程包括充气初期、充满期及减速稳定几个阶段。为了保证展开充气过程的可靠性,充气式阻力锥通常在地球高空或大气层外充气,动压很低,充气时间很长,因此充气动载并不大,减速过载及气动过载是我们要重点关注的载荷。

如忽略地球自转影响,假设充气式减速锥为二维质点运动,则减速过载为

$$n = - \sin \theta - F_{D}/G \qquad (8.20)$$

式中,θ 为航迹倾角(为负);F_{D}、G 分别为气动力和系统重力。由于 $\sin \theta$ 变化相对较小,因而减速过载主要受气动力影响。考虑到超音速工况下充气式阻力锥的阻力系数几乎为常数,因而减速过载、气动过载实质都仅仅受动压影响。图 8.6 为某堆叠圆满环型减速锥在 110 km 高空再入地球过程中的气动力、减速过载及动压的变化曲线,三条曲线几乎在同一高度出现载荷峰值,减速过载略小于气动过载。因而,可以采用最大动压处的气动载荷进行充气式减速锥的强度计算。

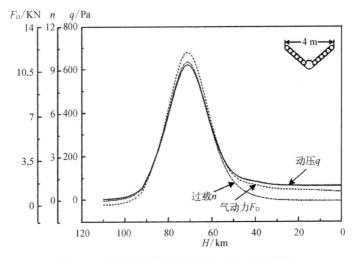

图 8.6　充气式阻力锥再入过程动载变化曲线

柔性充气式减速器主要由薄膜材料组成,仅能承受拉力作用,在此忽略弯曲内力的影响,曲面微元的受力情况如图 8.7 所示,由此可以建立薄膜微元的力平衡方程:

$$\Delta p \cdot (\mathrm{d}s_1 \mathrm{d}s_2) = 2\left(\sigma_1 \mathrm{d}s_2 \frac{\alpha_1}{2} + \sigma_2 \mathrm{d}s_1 \frac{\alpha_2}{2}\right) \qquad (8.21)$$

式中,$\mathrm{d}s_1$、$\mathrm{d}s_2$ 分别为微元面两段正交圆弧;互相垂直的两平面内的曲率半径分别为 R_1、R_2,圆心角分别为 α_1、α_2。根据曲面的几何关系,有 $\alpha_1 = \mathrm{d}s_1/R_1$,$\alpha_2 = \mathrm{d}s_2/R_2$。假设薄膜为各向同性材料,即 $\sigma_1 = \sigma_2$,令其为 σ。则(8.21)式可以简化成如下公式:

$$\Delta p = \sigma \left(\frac{1}{R_1} + \frac{1}{R_2} \right) \qquad (8.22)$$

充气式阻力锥主要由热防护层和充气圆环组成,热防护可层近似为圆锥外形。由它们的曲面外形(图 8.8)可以得到各自的曲率半径分别为

热防护层:$R_1 = R_s$,$R_2 = \infty$。R_s 取刚性头锥与柔性防护层连接处的曲率半径。

内部充气圆环:$R_1 = r$,$R_2 = 0.5D_1$。式中,r、D_1 分别为最前端圆环内径和圆环中心圆直径。

由(8.22)式,则可以计算出热防护层及内部充气环的应力:

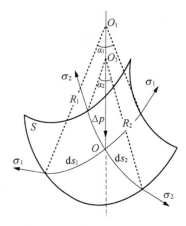

图 8.7　薄膜微元的受力情况

$$\begin{cases} \sigma_T = R_s \Delta p \\ \sigma_c = \dfrac{0.5D_1 r}{r + 0.5D_1} \Delta p \end{cases} \qquad (8.23)$$

式中,下标 T、c 分别代表热防护层和内部充气圆环;Δp 为充气式阻力锥工作时的最大动压。

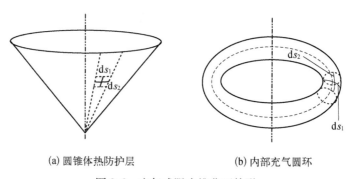

(a) 圆锥体热防护层　　　　　(b) 内部充气圆环

图 8.8　充气式阻力锥曲面外形

气球伞由伞衣、径向加强带及伞绳组成。假设冲压式气球伞的开伞载荷主要由后部伞衣承担,且内外压差沿伞衣均匀分布,如图 8.8 所示,则气球伞内外压差和开伞动载的关系为

$$\Delta p = \frac{F_{k\max}}{\pi r_w^2} \qquad (8.24)$$

式中,r_w 为最大开伞动载时气球伞充满部分的展开半径,可取充气过程展开半径的平均值,即 $r_w \approx 0.5R_0 = 0.25D_0$。若后部伞衣为半球形(图 8.6),根据(8.22)式,

气球伞伞衣应力为

$$\sigma = \frac{\Delta p \cdot r_w}{2} \approx \frac{2F_{k\max}}{\pi D_0} \tag{8.25}$$

根据几何关系(图 8.9),径向加强带、伞绳的张力由下式确定:

$$\begin{cases} T_m = \dfrac{F_{k\max}}{n\sin\theta_1} \\[3mm] T_{sh} = \dfrac{F_{k\max}}{n_{sh}\sin\theta_2} \end{cases} \tag{8.26}$$

式中,θ_1、θ_2 分别为最大开伞载荷时,加强带及伞绳和中心对称轴的夹角,它们满足如下关系:$\theta_2 < \theta_1 < \theta$($\theta$ 为气球伞半锥角)。n、n_{sh} 分别为径向带根数和伞绳根数。

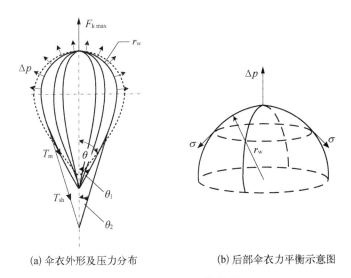

(a) 伞衣外形及压力分布　　　(b) 后部伞衣力平衡示意图

图 8.9　气球伞伞衣简化模型

获得伞衣或薄膜的应力、加强带及伞绳张力后,根据设计标准所要求的安全系数便可选择柔性织物材料。一般薄膜型织物的安全系数取为 1.5~3.0,伞绳及加强带可取为 2.0~4.0。

2. 热载荷设计

超音速气动减速装置阻力面为柔性织物材料,在大气中作超音速飞行还将承受严重的气动热的作用,必须根据减速过程中的最大热流密度及织物表面温度来选择合适的织物材料。充气式阻力锥即是一种气动式减速装置,也是一种超音速再入器,其飞行过程中的热负荷及表面温度可以参考第 3 章再入器的分析方法,在此不再赘述。仅介绍气球伞表面温度的计算方法。

气球伞为拖尾式减速装置,伞衣表面温度满足如下方程:

$$C_{sy} m_{sy} \frac{dT_{sy}}{dt} = \alpha A_{sy}(T_r - T_{sy}) - \sigma \varepsilon A_{sy}(T_{sy}^4 - T_k^4) \tag{8.27}$$

稳态下,伞衣表面温度采用下式计算:

$$\alpha A_{sy}(T_r - T_{sy}) = \sigma \varepsilon A_{sy}(T_{sy}^4 - T_k^4) \tag{8.28}$$

式中,C_{sy}、m_{sy} 分别表示伞衣的比热和伞衣质量;T_r、T_{sy}、T_k 分别表示附面层温度、伞衣表面温度和空气温度,附面层温度可参考第 3 章(3.43)式计算;α 为对流换热系数。不同的部位,气球伞伞衣的对流换热系数并不一致。

在伞衣前部、进气口及扰流环处,所受的气动热比较大,一般根据这几处部位的表面温度选择材料。它们的对流换热系数可以采用如下公式进行计算:

$$\begin{cases} \alpha_f = 0.029\,6\, \frac{\lambda}{x} Re^{0.8} Pr^{1/3} \\ \alpha_{ib} = 0.385\, \frac{\lambda}{D} Re^{0.56} Pr^{0.3} \end{cases} \tag{8.29}$$

式中,λ 为导热系数;x、D 为特征尺寸,分别表示子上线距前缘中心处的长度以及进气口(或干扰环)的直径;下标 f 表示伞衣前部;下标 ib 表示进气口或扰流环。

联合(8.28)式、(8.29)式,可获得气球伞不同部位的表面温度。图 8.10 为某气球伞在 26 km 高空、620 m/s 减速飞行时,前部、进气口及扰流环处的温度变化情况。气球伞一般在冲压空气入口处温度比较高。通常,我们希望气球伞薄膜材料至少能承受 350℃ 的温度;而充气式阻力锥织物需要承受 1 000℃ 以上的驻点温度。

3. 防热设计

充气式减速装置阻力面为柔性织物材料,抗高温性能较差。充气展开的柔性材料不仅要求质量最轻,具有良好的力学性能和防热性能,而且要能经受再入过程中超高声速气流与结构之间相互作用产生的气动热载荷。如何设计和研制既能柔性折叠又符合轻质高强度要求的薄膜防热材料是充气式减速器研究的关键问题之一。

为满足超音速再入过程的弹道性能及热载荷要求,这就要求发展轻质柔性耐高温材料技术。首先,柔性材料必须在高温气动热条件下力学特性稳定;其次,为

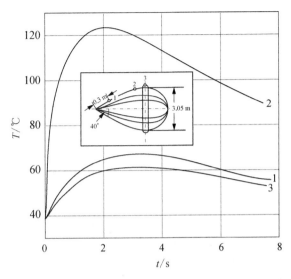

图 8.10　气球伞伞衣表面的温度变化

降低发射成本,充气式减速装置的柔性材料必须质量轻;不能承受充气、减速过程的高过载要求,柔性材料还必须要有很高的强度、韧性和气密性。可以说,轻质防热材料的设计是柔性充气式气动减速技术的核心。根据一般的地球再入任务,通常要求柔性热防护材料至少能满足再入最大热流 25 W/cm^2,最大热流作用时间达到 100 s,再入温度可达 1 200℃。

　　柔性充气式再入器的热防护系统一般由三层组成:外层是热防护层,中间为隔热层,内层为气密层及承力层,每一层具有不同的功能。热防护层直接暴露在气动环境中,承受最高的温度和剪切应力,主要用来阻隔热流,多使用高强轻质的柔性编织材料,如氧化铝纤维、碳纤维等,它们能抵抗 3 500℃以上的高温。有时,为了提高防热效果,也可以增加柔性硅橡胶烧蚀结构。隔热层承受的温度较防热层低,主要用来防止热量向内层传递。隔热层多使用碳纤维隔热毡、二氧化硅隔热毡、聚酰亚胺隔热毡、气凝胶等,一般要求在 1 000℃左右能可靠工作。气密承力层用来连接热防护系统和充气结构,承受飞行过程中的力学载荷并防止热流向内部气囊渗漏,保持充气结构的形状,多使用芳纶(Kevlar)织物和聚酰亚胺(Kapton)薄膜。实验表明,Kapton 薄膜在 500℃时依然具有较好的力学性能。

　　当前,各类充气式减速器的柔性热防护结构都比较类似,区别在于隔热材料的不同。俄罗斯和美国在柔性隔热材料研制方面遥遥领先,中国航天经历几十年的发展之后在高温隔热材料方面取得了众多成果,但是柔性隔热材料技术,尤其是应用在较高温区的柔性纤维和编织物研究还有待进一步发展。

8.2　弹道型降落伞设计

8.2.1　结构设计

任何一种用途的降落伞,原则上都应满足以下要求:

(1) 具有良好的开伞程序;

(2) 拉直力和开伞动载不得超过额定指标;

(3) 下降稳定;

(4) 着陆速度不得超过规定指标;

(5) 重量轻、体积小、工艺性良好、包装与使用维护方便。

降落伞设计主要包括伞衣、伞绳和连接绳的设计。不同伞型采用的结构计算模型不完全相同,但设计步骤基本相同。下面以圆形伞为例,介绍降落伞结构设计的一般步骤。

伞衣面积根据着陆速度确定,据着陆时的力平衡条件:

$$G_{xt} = \frac{1}{2}\rho_0 v_z^2 (C_s A_0 + C_w A_w) \tag{8.30}$$

式中, $G_{xt} = G_w + G_s$ 为伞-载系统的总重量,由于降落伞的质量为未知量,可以预估输入。对于常规材料用降落伞,考虑到金属件、伞绳等的质量,初步设计时可初定降落伞系统的质量在 $0.25\ \text{kg/m}^2$ 左右。C_s 为降落伞的阻力系数,根据伞型经验确定,平面圆形伞可以选为 0.8。

因此,降落伞的名义面积为

$$A_0 = \frac{2G_{xt}}{\rho C_s v_z^2} - \frac{C_w}{C_s}A_w \tag{8.31}$$

对于大多数的圆形伞、导向面伞和带条伞等,由于制造工艺上要求,保证径向加强带不会重叠,均开有伞顶孔。伞顶孔增大能提高伞衣稳定性,减小开伞动载,但阻力系数下降,影响开伞性能。目前伞衣设计中,伞顶孔直径 $D_d = (0.04 \sim 0.1)D_0$。 对于环帆伞、环缝伞等伞型,则可以通过调整伞顶孔大小来调整伞衣的结构透气量,并保证伞衣幅用料的经济性。

伞绳设计首先要确定伞绳的数量。伞绳数量增加能使伞衣进气口投影面积增加,从而提高伞衣的临界充满速度和阻力系数。但伞绳过多形成"绳罩",会阻碍气流流入伞衣,使临界充满速度下降;另一方面,会使降落伞成近似流线型,降低阻力系数,同时会增加伞系统重量和体积。根据经验,一般对于几十平方米

的降落伞,伞绳在伞衣底边处的间距为 800 ~ 1 250 mm 为宜,也可以采用下式计算:

$$n = (2.5 \sim 3.9)D_0 \tag{8.32}$$

对于面积只有几平方米的小伞,为了保证伞形,伞绳在伞衣处的间距必须减小,常取:

$$n = (6 \sim 15)D_0 \tag{8.33}$$

伞绳长度越长,对阻力系数、稳定性、临界充满速度越有利,但同时会使伞系统重量、体积、成本增加,设计时必须选取最佳值,目前以伞绳长度对阻力系数的影响作为伞绳长度选取的依据。图 8.11 为平面圆形伞不同伞绳长度对伞衣投影面积、阻力系数变化的影响。从图中可知,投影面积随着伞绳长度增加而增加,当伞绳长度增加到大于伞衣直径时,对伞衣投影面积的变化已很小,因而从增大阻力系数的角度来讲,伞绳长度与伞衣直径的最佳比值定为 1 或稍大于 1。但是从防止干扰或稳定性等方面的考虑,这个比值会有所变化。如人用备份伞,为了避免和主伞干扰,伞绳长度取 $L_{sh} = (0.6 \sim 0.7)D_0$;但有的航弹伞,从系统稳定性角度考虑,伞绳长度甚至达到名义直径的 2 倍。

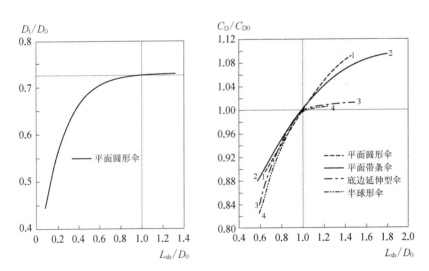

图 8.11　伞绳长度对伞衣投影面积、阻力系数的影响

当伞衣面积 A_0、伞顶孔直径 D_d、伞衣幅数 n 确定后,即可确定伞衣幅尺寸。伞衣幅的尺寸主要包括上底、下底、伞衣幅顶角、伞衣幅高度,如图 8.12 所示。为了增加伞衣的强度及加工的方便,每一个伞衣幅均是楔形块或梯形块组成,伞衣幅各尺寸确定出来后,还要根据平面几何的原理确定各楔形块(或梯形块)的尺寸。

在纺织材料布匹幅宽及伞衣幅尺寸的基础上,确定每一个楔形块(或梯形块)的高度,由此计算出每一块的具体尺寸。

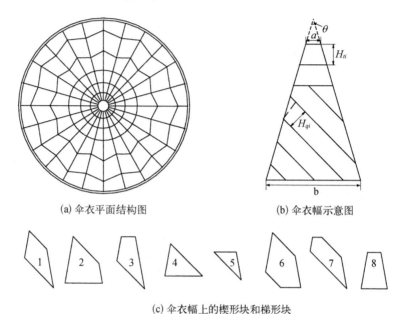

(a) 伞衣平面结构图　　　　　　(b) 伞衣幅示意图

(c) 伞衣幅上的楔形块和梯形块

图 8.12　平面圆形伞伞衣、伞衣幅、楔(梯)形块示意图

8.2.2　强度计算

强度计算的目的是确定伞衣织物的最大应力或绳带织物的最大张力,从而为材料选择提供依据。

1. 伞衣

伞衣强度计算经验方法基于如下假设:
(1) 伞衣充满部分呈半球形;
(2) 内外压差沿充满部分的伞衣均布;
(3) 仅由充满部分的伞衣承受开伞动载。

根据以上假设,伞衣应力模型可以简化成图 8.13 所示。伞衣内外压差与最大开伞动载的关系可表示为

$$\Delta p = \frac{F_{k\max}}{\pi r^2} = \frac{F_{k\max}}{d_w^2/\pi} \tag{8.34}$$

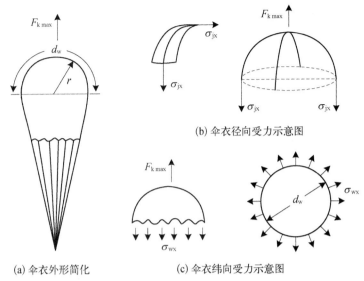

(a) 伞衣外形简化　　　　　　　(c) 伞衣纬向受力示意图

图 8.13　伞衣应力的简化模型

式中，d_w 为最大开伞动载时，伞衣充满部分的展开直径，称为危险截面直径。根据半球形的假设，充满部分伞衣径向截面内应力满足力平衡方程 $\dfrac{2\sigma_{jx}}{r} = \Delta p$。即

$$\sigma_{jx} = \frac{1}{2}\Delta pr = \frac{F_{k\max}}{2d_w} \tag{8.35}$$

在部分充满伞衣纬向截面上的应力与伞衣型式有关，对于平面型伞衣有

$$\sigma_{wx} = \frac{F_{k\max}}{\pi d_w} \tag{8.36}$$

由上式可明显看到，对于平面型伞衣，径向截面应力大于纬向截面应力，如果定义 A_w 为伞衣危险截面，则

$$A_w = \frac{\pi}{4}d_w^2 \tag{8.37}$$

则伞衣内应力也可表示为

$$\begin{cases} \sigma_{jx} = \dfrac{1}{4}\sqrt{\dfrac{\pi}{A_w}}F_{k\max} \\[3mm] \sigma_{wx} = \dfrac{1}{2}\dfrac{F_{k\max}}{\sqrt{\pi A_w}} \end{cases} \tag{8.38}$$

　　由此可知,伞衣的最大应力还必须知道伞衣的危险截面尺寸。伞衣的危险截面即最大开伞动载时伞衣充满部分的表面积,一般伞衣危险截面 A_w 由实验测定。如果没有实验资料,可通过经验方法求得 A_w 值。

　　我们知道,弹道系数不仅决定了伞载系统的减速性能,也是反映降落伞是有限质量开伞还是无限质量开伞的依据。在无限质量情况下,伞衣相对面积较小,最大开伞动载出现在伞衣完全充满阶段。此时,伞衣的危险截面积即为伞衣面积,即 $A_w = A_0$。而在有限质量情况下,伞衣面积相对较大,最大开伞动载一般出现在充气前期,即 $A_w < A_0$。

　　在伞衣型式、载荷重量都不变的情况下,如果减小伞衣面积,势必会提高系统的弹道系数,最终达到无限质量情况。我们假设:在同样的拉直速度 v_L 下,达到无限质量的缩小面积的伞和原型伞的最大开伞动载相同,则小伞的面积即为大伞的危险截面积。

　　无论是有限质量情况还是无限质量情况,开伞动载均可以采用以下经验公式计算:

$$F_{kmax} = \rho_0 v_z^2 (CA)_s \frac{k v_L^2 + \sqrt{A_0}}{k \dfrac{\rho_0 v_z^2}{\rho} + 2\sqrt{A_0}} \tag{8.39}$$

除(8.39)式外,开伞动载还可以采用如下公式计算:

$$F'_{kmax} = \rho v_m^2 C_D A_{w1} = k_1 \rho v_L^2 C_D A_{w1} \tag{8.40}$$

式中, k_1 是修正系数,对于无限质量情况, $k_1 \approx 1$; A_{w1} 为同样伞型的小伞面积。

　　由(8.39)式和(8.40)式,因而有

$$A_{w1} = \frac{F'_{kmax}}{k_1 \rho v_L^2 C_D} = \frac{F_{kmax}}{k_1 \rho v_L^2 C_D} \tag{8.41}$$

　　对于无法确定大伞还是小伞的情况下,通常先假设 $k_1 = 0.5$,按(8.41)式算出第一个假设的危险载面积 A_{w1}。之后,根据 A_{w1} 确定新的弹道系数,并进而获得面积为 A_{w1} 时的着陆速度,即

$$v_{z1}^2 = v_z^2 \frac{A_0}{A_{w1}} \tag{8.42}$$

　　将(8.42)式中新的着陆速度代入(8.39)式,得到伞衣面积为 A_{w1} 的最大开伞动载 F_{kmax}。如果计算结果和面积为 A_0 时的最大开伞动载一致,说明 A_{w1} 即为危险截面

积。通常一次不能满足,则重新修正 k_1 值,直至满足误差范围为止。

在求得伞衣危险截面后,便可由(8.38)式求出伞衣应力。由于伞衣径向应力大于纬向,因此可由下式校核伞衣强度:

$$\sigma_{jx} f_{sy} \leqslant P_{sy} \tag{8.43}$$

式中, P_{sy} 为伞衣织物的断裂强度; f_{sy} 为伞衣织物的安全系数。织物安全系数取决于织物的种类、用途、使用次数、使用条件、结构、工艺、保管条件等各项因素。可以采用如下公式进行计算:

$$f = \frac{jc}{uoek} \tag{8.44}$$

上式是织物安全系数的通用计算公式,既适用于伞衣,也适用于伞绳或其他织物件。式中, j、c 分别表示非理想工况和非均匀受力因素下的载荷因子; u、o、e、k 分别表示缝合部件强度损失、不同织物材料强度损失、摩擦损失和材料的疲劳损失。表 8.2 列出了几种典型伞系统设计的安全系数值。通常,伞衣的安全系数在 1.5~4.0。

表 8.2　降落伞的设计安全系数

	载荷因子		强度缩减因子				
				o			
	j	c	u	锦丝绸	天然丝绸	e	k
人用伞	2.0					0.95	
投伞-载	1.5					1.0	
飞机阻力伞	1.5	1.055	0.8	0.95	0.8	0.95	0.95
飞行器回收减速稳定伞	1.9					0.95	
飞行器回收主伞	1.5					0.95	
特种武器用伞	1.5			1.0	1.0	1.0	1.0

2. 顶孔圈

伞衣顶孔圈的受力状态与伞顶孔结构型式有关,伞顶孔一般有下列四种结构:
(1) 径向加强带不通过孔口;
(2) 径向加强带穿过孔口,其长度小于孔口直径;
(3) 径向加强带穿过孔口,其长度与孔口直径相等;
(4) 径向加强带穿过孔口,其长度大于孔口直径。
以上(1)、(4)两种顶孔圈的受力状态基本相同,都是顶孔圈受载较为严重的情况。下面就讨论这类结构型式顶孔圈的强度计算方法。

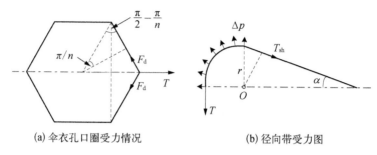

(a) 伞衣孔口圈受力情况　　　　　　(b) 径向带受力图

图 8.14　伞衣顶孔圈强度计算示意图

图 8.14 为伞衣顶孔圈强度计算示意图。伞衣充气后,顶孔圈在辐射加强件的拉力作用下形成正多边形,正多边形边数等于辐射加强带数量,即伞衣幅数量 n。顶孔圈的内力 F_d 与辐射加强件的拉力 T 之间的关系为 $T = 2F_d\cos\left(\dfrac{\pi}{2} - \dfrac{\pi}{n}\right)$。因此有

$$F_d = \frac{T}{2\sin\left(\dfrac{\pi}{n}\right)} \tag{8.45}$$

当开伞动载为最大值时,伞衣处于部分充满状态,在辐射加强件的顶端作用有载荷 T,下端则作用有伞绳张力 T_{sh},如图 8.14(b)所示。假设伞衣充满部分呈半球形,则辐射加强件上半部分呈 1/4 圆弧,并假设系统的全部惯性载荷均可忽略不计,则辐射加强件两端的载荷关系可对圆弧中心 o 点取力矩平衡,即 $T \times r = T_{sh} \times r \times \cos\alpha$。因此,

$$T = T_{sh}\cos\alpha \tag{8.46}$$

上式中单根伞绳的张力为 $T_{sh} = \dfrac{F_{k\max}}{n\cos\alpha}$。因此,辐射加强件的作用载荷为

$$T = \frac{F_{k\max}}{n} \tag{8.47}$$

上式代入(8.45)式后,可得顶孔圈内力:

$$F_d = \frac{F_{k\max}}{2n\sin\left(\dfrac{\pi}{n}\right)} \tag{8.48}$$

当伞绳数量趋于无穷大时,伞顶孔内力可简单表示为

$$F_d = \frac{F_{k\,max}}{6} \qquad (8.49)$$

伞顶孔强度校核条件可写成

$$F_d f_d \leqslant P_d \qquad (8.50)$$

式中, P_d 为顶孔圈结构的断裂强度; f_d 代表顶孔圈安全系数,取为 1.5 ~ 3.0。

3. 收口绳

为了减小开伞动载,有的降落伞设计有收口绳,需要对收口绳进行强度分析。收口状态下,伞衣充满情况如图 8.15 所示。假定伞衣充满部分呈半球形,未充满部分呈倒截锥体,伞绳与伞轴线的夹角为 α ,伞衣未充满部分的径向加强带与伞轴线之夹角为 β 。

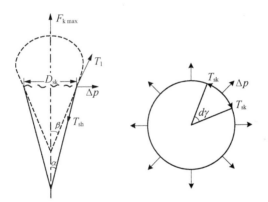

(a) 收口状态伞衣外形　　　(b) 收口绳张力和压差的关系

图 8.15 伞衣收口绳强度计算示意图

根据图 8.15,在垂直方向上有力平衡关系:

$$nT_1 \cos \beta = nT_{sh} \cos \alpha = F_{k\,max} \qquad (8.51)$$

收口绳径向受力满足如下关系:

$$\Delta p = \frac{1}{\pi D_{sk}} (nT_1 \sin \beta - nT_{sh} \sin \alpha) \qquad (8.52)$$

由(8.51)式,将 T_1 、 T_{sh} 用 $F_{k\,max}$ 表示,并将其代入(8.52)式,得到收口绳的向外载荷:

$$\Delta p = \frac{F_{k\max}\tan\beta - F_{k\max}\tan\alpha}{\pi D_{sk}} \tag{8.53}$$

据图 8.15(b),收口绳的张力 T_{sk} 与作用在收口绳上的对外载荷 Δp 满足 $T_{sk} = \Delta p D_{sk}/2$ 关系,所以作用在收口绳的张力 T_{sk} 为

$$T_{sk} = \frac{F_{k\max}(\tan\beta - \tan\alpha)}{2\pi} \tag{8.54}$$

此时,强度校核公式为

$$T_{sk}f_{sk} \leqslant p_{sk} \tag{8.55}$$

式中,p_{sk} 为收口绳的断裂强度;f_{sk} 代表收口绳的安全系数,一般取为 2。

4. 伞绳

降落伞工作过程中,伞绳在拉直和充气过程中,载荷较大。前者,全部伞绳几乎处在平行拉直状态,载荷为最大拉直力 $F_{L\max}$;后者,伞衣处于充满或部分充满状态,伞绳与轴线间有一定的夹角,载荷为最大开伞动载 $F_{k\max}$。 因此需要计算上述两种情况下的伞绳张力,取其大者进行校核。

对于拉直过程中每根伞绳的张力可简单表示为

$$T_{sh} = \frac{F_{L\max}}{nk_b} \tag{8.56}$$

式中,n 表示伞绳数量;k_b 表示伞绳不同时工作时的修正系数,通常取为 0.667。

对于充气过程,设伞绳与伞轴线间夹角为 α,则每根伞绳的张力为

$$T_{sh} = \frac{F_{k\max}}{nk_b\cos\alpha} \tag{8.57}$$

伞衣充气过程中,α 是个变量,如果以完全充满时 α 角代入(8.41)式,则是偏于安全的,一般来说,$\sin\alpha = (0.3 \sim 0.4)\frac{D_0}{L_{sh}}$。 通常,$L_{sh} = (0.8 \sim 1.2)D_0$,则可求出:$\sin\alpha = 0.33 \sim 0.375$;$\cos\alpha = 0.927 \sim 0.943$。 取平均值 0.935 代入(8.57)式后得

$$T_{sh} = \frac{1.6F_{k\max}}{n} \tag{8.58}$$

求出单根伞绳的张力 T_{sh} 后,按下式进行强度校核:

$$T_{sh}f_{sh} \leqslant p_{sh} \tag{8.59}$$

式中, p_{sh} 为单根伞绳的断裂强度; f_{sh} 代表伞绳的安全系数,一般取为 1.5~4.0。

8.3 冲压式翼伞设计

冲压式翼伞设计主要包括翼型设计、伞衣设计、伞绳及吊挂系统设计、收口布及其他附件设计几方面内容。在结构参数确定之后,还需要通过试验及仿真多项技术措施进行气动性能校核及飞行性能验证。性能校核内容并无特别之处,本节主要针对结构设计进行介绍。

8.3.1 翼型设计

翼型是影响冲压式翼伞气动性能的重要因素之一,冲压式翼伞的飞行速度很低,因而低速飞机所采用的一些古典翼型(如 Clark Y 翼型、NACA 四位数系列翼型等)都可满足翼伞气动性能的要求。但是翼伞为柔性结构,除了气动性能要求外,还要满足充气、使用对结构、工艺方面的要求,主要表现在翼型弯度、厚度及前缘切口角度、高度几个方面,如图 8.16 所示。

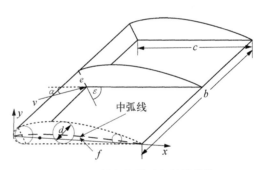

图 8.16 翼伞的翼型坐标及参数

翼型弯度通常用中弧线最高点的 y 向坐标来表示。衡量弯度的指标有弯度分布函数 $\overline{y}_f(x)$ 、相对弯度 $\overline{f}$ 和最大弯度位置 $\overline{x}_f$ 三个参数,分别由以下公式决定:

$$\begin{cases} \overline{y}_f(x) = \dfrac{y_f}{c} = \dfrac{1}{2}(\overline{y}_\perp + \overline{y}_\top) \\[2mm] \overline{f} = \dfrac{f}{c} = [\overline{y}_f(x)]_{\max} \\[2mm] \overline{x}_f = \dfrac{x_f}{c} \end{cases} \tag{8.60}$$

由气动力学的知识可知,当翼型的中弧线没有弯度时,翼型所对应的零升力迎角正好为 0°。翼伞在工作过程中,总是有一定的飞行迎角,这就要求冲压式翼伞的翼型要具有一定的正弯度,而且翼型正弯度增加能够增大翼型的最大升阻比。但是对于弯度比较大的翼型,当迎角增大时,压力中心会以更快的速度后移,从而诱发更大的低头力矩,这对翼伞系统的稳定性以及操作性十分不利。为保证正向弯度,下翼面一般选择平直面或轻微外凸表面,翼伞最大弯度不能大于7%。

翼型厚度是翼型内切圆的最大直径,同样有厚度分布函数 $\overline{y}_d(x)$、相对厚度 $\overline{d}$ 和最大厚度位置 $\overline{x}_d$ 三个参数,分别由以下公式决定:

$$
\begin{cases}
\overline{y}_d(x) = \dfrac{d(x)}{c} \approx \dfrac{1}{2}(\overline{y}_{\text{上}} - \overline{y}_{\text{下}}) \\[2mm]
\overline{d} = \dfrac{d_{\max}}{c} = \left[\overline{y}_d(x)\right]_{\max} \\[2mm]
\overline{x}_f = \dfrac{x_{\overline{d}}}{c}
\end{cases}
\tag{8.61}
$$

从空气动力学角度,翼型越薄,升阻比会得到显著的提升,但是对结构强度和稳定性会带来不利的影响。为满足强度要求,翼伞翼型的相对厚度需要满足如下公式:

$$
\overline{d} = \frac{(G_{xi}/A_0)\lambda K^*}{4(L_{sh}/b)\Delta p \eta_d}
\tag{8.62}
$$

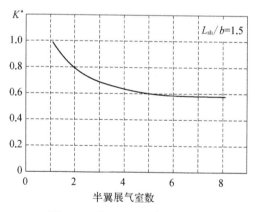

图 8.17 修正系数 K^* 变化关系

式中, G_{xi}/A_0 为单位面积的伞衣承载负荷,一般人用伞在 5 kg/m^2 左右; L_{sh}/b 为伞绳相对长度; λ , Δp 分别代表展弦比和动压; K^* 为修正系数,取决于伞绳相对长度和气室数量,变化关系如图 8.17 所示; η_d 为翼型厚度当量系数,为翼型平均厚度和最大厚度的比值,对于以 Clark Y 翼型为基准设计的翼伞, $\eta_d = 0.6 \sim 0.7$ 。

根据稳定滑翔时的力平衡公式,动压和系统重量以及滑翔角有关:

$$
\Delta p = \frac{1}{2}\rho v^2 = (G_{xt}/A_0)\frac{\cos\theta_{xt}}{C_L}
\tag{8.63}
$$

据(8.62)式和(8.63)式,可以看出, Δp 与 G_{xt}/A_0 可以相互抵消。所以,影响伞衣厚度的主要因素是展弦比和伞绳的相对长度。一般翼伞翼型的相对厚度在 0.15~0.22。

　　翼型设计的另外一个重要问题就是切口高度和切口角度的设计。据 7.3.2 小节,切口高度过大,升阻比降低;切口高度过小,不利于翼伞充气。一般翼伞翼型的切口相对高度 e/d_{max} 选择在 0.5 左右。切口角度 ε 对气动性能的影响不大,但对充气性能有影响,在设计状态下尽量保证正面冲压进气,即满足如下公式:

$$\varepsilon + \alpha = \varepsilon + \theta - \phi \approx 90° \tag{8.64}$$

式中, α、θ、ϕ 分别代表迎角、滑翔角和翼伞安装角。为保证上翼面负迎角尽量小,实际上切口角度采用下式计算:

$$\varepsilon = 80° - \theta + \phi \tag{8.65}$$

因滑翔角 θ 由设计参数滑翔比确定;伞绳安装角通常在 5°~13°。因此,翼伞翼型的切口角度通常在 40°~60°。

　　基准翼型确定后,通过试验或数值计算的方法可以得到气动性能曲线,从而确定设计迎角,并最终确定切口角度及伞绳安装角,获得翼伞的实际翼型,该翼型即为翼伞的肋片形状。由于肋片布置位置的不同,翼伞肋片包括承载肋片、非承载肋片和边肋三种结构形式。除边肋以外,承载肋片和非承载肋片置于翼伞内部,为有效地保证翼伞内部压力均匀,开有通气孔;承载肋片下连伞绳,有加强带,需要承受较大的载荷。

8.3.2　伞衣设计

　　翼伞伞衣包括上下两个翼面,伞衣设计主要指翼面外形设计及伞衣面积确定两部分。翼面外形是指俯视方向的伞衣形状,主要有矩形、对称椭圆形、平直椭圆等形式,如图 8.18 所示。椭圆形伞衣由圆弧和矩形面构成,后缘圆弧的弦切角可大于前缘圆弧。一般平直椭圆面半圆弧的弦切角 α 不大于 10°,对称椭圆面半圆弧的弦切角不大于 6°。

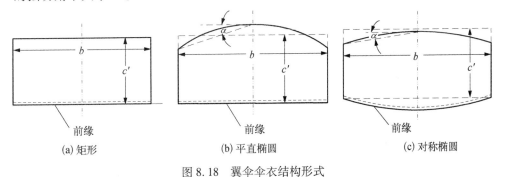

(a) 矩形　　　　　　　　　(b) 平直椭圆　　　　　　　　　(c) 对称椭圆

图 8.18　翼伞伞衣结构形式

无论是哪种结构形式,首先要确定伞衣面积,并由此确定展长 b 和当量弦长 c'。由于伞衣上、下翼面面积并不一致,伞衣的名义面积一般是指上翼面面积。和常规弹道型降落伞的设计相似,要确定伞衣的名义面积首先要明确降落伞的气动性能参数。翼伞的气动性能参数是根据最大滑翔比设计条件来确定翼型及展弦比,并最终通过试验方法或数值计算方法获得翼伞的气动性能参数。

翼伞伞衣名义面积的确定可由着陆速度或稳定滑翔速度来确定,下面对此一一介绍。

1. 着陆指标设计方法

翼伞名义面积的确定主要根据着陆指标来确定。在稳定情况下,垂直下降速度满足如下公式:

$$v_y = \sqrt{\frac{2G_{xt}}{(\rho A_0)} \frac{1}{C_D [1 + (C_L/C_D)^2]^{3/2}}} \tag{8.66}$$

根据着陆时的气动性能及滑翔比,由上式可以推出伞衣单位面积载荷和垂直下降速度之间的关系:

$$\frac{G_{xt}}{A_0} = \frac{1}{2}\rho v_y^2 C_{D,C} \sqrt{(1 + k_C^2)^3} \tag{8.67}$$

因而伞衣的名义面积为

$$A_0 = \frac{k_C}{C_{L,C}(1 + k_C^2)^{1.5}} \frac{2G_{xt}}{\rho v_{y,C}^2} \tag{8.68}$$

式中,下标 C 表示着陆时最小下降速度状态点。据7.7.4小节, $k_B/k_C = 1.155$(注:下标 B 表示最大滑翔比状态点),则根据翼伞的最大滑翔比及着陆速度指标,可以得到伞衣的名义面积。

2. 滑翔速度设计方法

这种方法伞衣面积则根据最大滑翔比时的水平速度要求进行设计。由(7.52)式,可以推出全滑翔时伞衣单位面积的载荷为

$$\frac{G_{xt}}{A_0} = \frac{1}{2}\rho v_B^2 C_{L,B}/\cos\theta_B \tag{8.69}$$

根据稳定滑翔时的速度关系,有

$$\cos \theta_B = \frac{v_{x,B}}{v_B} = \frac{k_B}{\sqrt{1 + k_B^2}} \qquad (8.70)$$

将(8.70)式代入(8.69)式,得

$$A_0 = \frac{k_B^3}{C_{L,B}(1 + k_B^2)^{1.5}} \frac{2G_{xt}}{\rho v_{x,B}^2} \qquad (8.71)$$

式中,下标 B 表示最大滑翔比的状态点。

根据翼伞的气动性能参数及最大水平运动速度,则可以得到伞衣名义面积。

3. 抗风性能

翼伞一般都具有一定抗逆风能力,有时也将翼伞的抗逆风能力作为设计指标提出。我们知道,在有风情况下,翼伞的气动性能会发生改变,滑翔性能也随之改变。无风时的滑翔比 k 及逆风时的合成滑翔比 k_{yf} 分别为

$$\begin{cases} k = \mathrm{ctg}\,\theta = \dfrac{v_x}{v_y} \\[4mm] k_{yf} = \mathrm{ctg}\,\theta_{yf} = \dfrac{v_x - w}{v_y} \end{cases} \qquad (8.72)$$

式中, v_x、v_y 分别为无风时纵向对称面的运动速度; w 为风速。则由上式,可以推出垂直下降速度和风速、滑翔比之间的关系:

$$v_y = \frac{w}{k - k_{yf}} \qquad (8.73)$$

根据设计滑翔比、逆风滑翔比及抗逆风能力,可以得到垂直下降速度,再根据(8.68)式,便可以获得伞衣的名义面积。

工程上,也可以将(8.68)式和(8.73)式绘成曲线,通过作图法得到伞衣单位面积的载荷,如图 8.19 所示。该翼伞系统滑翔比为 2.25,设计逆风能力为 5 m/s,其逆风合成滑翔比为 1。则根据升阻比和风速曲线得交点 A,对应的下降速度为 4 m/s;接着由下降速度 4 m/s 以及升阻比,得交点 B;并由 B 点确定对应的伞衣载荷,由此得到伞衣面积。

伞衣面积确定后,依据展弦比,最终得到伞衣的展长和当量弦长。对于矩形翼面,其当量弦长即为实际弦长,即 $c = c'$。

面积和展长、弦长的关系如下:

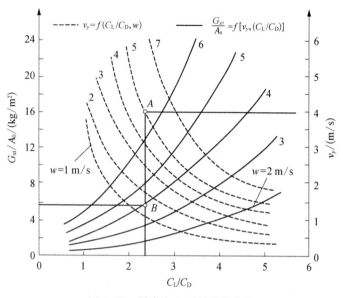

图 8.19　翼伞伞衣面积设计曲线

$$A_0 = bc = \lambda c^2 \tag{8.74}$$

其他椭圆形翼伞同样根据展弦比获得展长及当量弦长结果,并根据弦切角和面积关系确定伞衣具体尺寸。一般来说,展弦比越大,气室数量增加从而导致伞绳数量增加,伞绳所占的气动阻力大大增加,造成翼伞系统的滑翔比大大降低;而展弦比过小,诱导阻力比例增加,也会降低翼伞系统的滑翔性能。初步设计时,展弦比可定在 2.5~4。

由(8.68)式和(8.71)式可以知道:设计速度越小,翼伞伞衣面积越大;系统载荷越大,伞衣面积越大。系统质量包括翼伞的质量,这部分质量可以预估输入。由于冲压式翼伞有上、下两层翼面,且伞绳数量相对较多,单位伞衣面积质量相对较大,初步预估可定在 $0.4 \ kg/m^2$ 左右。

对于同一具几何参数完全确定的翼伞,滑翔速度和着陆速度满足一定的对应关系。若设计的翼伞无法同时满足滑翔速度指标和下降速度指标,则需要对翼伞重新进行气动性能设计,这主要通过改变翼型、调整伞绳安装角、改变伞衣展弦比来实现。当依然无法满足要求的时候,垂直着陆速度是我们优先考虑的设计指标。

8.3.3　伞绳及操纵绳设计

伞绳及操纵绳的具体尺寸和吊挂方式有关。冲压式翼伞可分为平板式和环式两种吊挂方式,如图 8.20 所示。环式吊挂时,沿展向各排伞绳长度相等;板式吊挂伞衣翼面更为平直。环向吊挂升阻比会有一定的损失,但工艺简单、伞绳受力较为均匀,工程上通常采用环向吊挂方式。

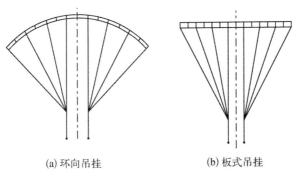

(a) 环向吊挂　　　　(b) 板式吊挂

图 8.20　伞绳展向吊挂方式

　　从结构尺寸的角度考虑,伞绳设计包括伞绳数量确定及伞绳长度设计。一般来说,翼伞伞绳阻力占总阻力的 10% 以上,若展弦比增加,伞绳所占的阻力甚至达到翼伞系统的 50% 以上。因此,在满足气动外形及安全性的前提下应尽可能减少翼伞伞绳的总长度,即采用尽量少的伞绳根数和尽量短的伞绳长度。

　　和常规降落伞不同的是,翼伞的伞绳数量并非由伞衣幅数确定,而是取决于翼伞的气室数量。气室数量越多,伞绳数量随之增加,伞绳气动阻力所占的比例也随之提高;但是气室数量太少,伞衣面鼓包现象更为严重,伞衣滑翔性能随之降低。为了保证伞衣面不出现过度鼓包,伞绳数量又少,在气室内可以合理地调整非承载肋片的数量。大多数翼伞一个气室只配置一个非承载肋片,对于展弦比很大的翼伞,单个气室的非承载肋片数可增加至 2~3 个。

　　为了减少伞绳总长度,翼伞也常常采用叉联结构方案,如图 8.21 所示。若仅以翼伞的气动性能及质量设计目标考虑,伞绳的当量长度一般为翼展的 0.8 倍左右,但有时为了满足伞-载系统稳定性的要求,伞绳长度会有所增加。工程上翼伞

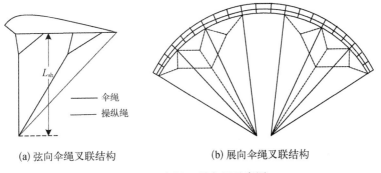

(a) 弦向伞绳叉联结构　　　　(b) 展向伞绳叉联结构

图 8.21　伞绳叉联布置示意图

伞绳的当量长度可以采用以下公式得到:

$$L_{sh} = (0.6 \sim 1.2)b \tag{8.75}$$

无论是环向吊挂还是板式吊挂,沿弦向各组伞绳长度并不相等。各组伞绳长度计算的关键是要确定伞绳的节点位置,而这个位置则由伞绳当量长度、翼型压心位置及安装角唯一确定,下面以环向吊挂为例介绍伞绳设计的具体方法。

翼型压心位置和翼型、迎角都有一定的关系,理论计算较为复杂。低速翼型一般定在弦线上距前缘 1/4 弦长位置,如图 8.22 中的 C 点位置。之后,根据翼伞的滑翔比及气动特性参数确定滑翔角及气流迎角,并由此确定安装角,它们之间的相互关系为

$$\begin{cases} k = \cot\theta = \dfrac{C_L(\alpha)}{C_D(\alpha)} \\ \phi = \theta - \alpha \end{cases} \tag{8.76}$$

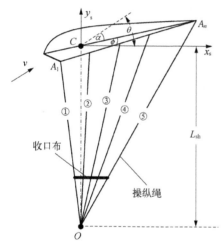

图 8.22　弦向伞绳结构

之后,以 C 点为中心,将弦线顺时针旋转 ϕ 角,所得到的直线为伞-载体轴坐标系的 Cx_s 轴;垂直 Cx_s 轴得纵坐标 Cy_s 轴。在 Cy_s 轴上距压心 L_{sh} 距离处的交点便为伞绳交点 O。在确定翼型、伞衣尺寸及伞绳交点之后,伞绳交点 O、下翼面前缘点 A_1、尾缘点 A_n 的相对位置完全确定下来,如图 8.22 所示。

根据伞衣大小,弦向伞绳组数不尽相同,通常设计为 3 ~ 5 组。从结构和操纵考虑,伞绳在下翼面上一般等距布置,间距一般在 0.6 ~ 1.0 m,对于特大型翼伞,间距可适当放宽。最后一组伞绳和尾部操纵绳的间距约为其他伞绳间距的 1.5 ~ 2 倍。确定好各组伞绳、操纵绳和下翼面的交点位置后,将它们和伞绳交点 O 相连,便得到各组伞绳及操纵绳的长度。

8.3.4　其他附件设计

伞绳直接和下翼面相连,会引起应力集中,因此常常在下翼面和伞绳之间设计有过渡连接件——挂肋。挂肋为三角形外形,挂肋的设计目前还没有完全统一的标准,工程上挂肋的高度约为对应翼型弦长的 0.1~0.15 倍。增加挂肋后,伞绳和下翼面的

夹角会向后翼面倾斜,为减小这种变化,挂肋和伞绳的交点一般朝前布置,如图 8.23(b)所示,交点 G_1 在 B_1B_2 线段上,约距 B_1 点 1/3 处距离。其他各挂点依此类推。

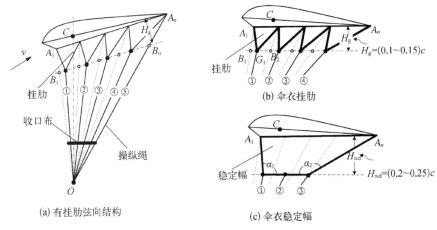

(a) 有挂肋弦向结构

(b) 伞衣挂肋

(c) 伞衣稳定幅

图 8.23　翼伞的挂肋和稳定幅

为增加翼伞稳定性,在翼伞展向边缘设计稳定幅,如图 8.23(c)所示。稳定幅位于边肋下方,有三角形、倒梯形等结构形式,可直接与两侧边肋相连,也可通过伞绳与边肋相连,中间形成透气狭缝。稳定幅的高度一般为对应翼型弦长的 0.2~0.25 倍。倒梯形稳定幅的前端夹角 $\alpha_1 = 90° \sim 100°$;后方夹角 $\alpha_2 = 135° \sim 150°$。

为减小开伞动载,绝大部分翼伞还会采用收口布进行开伞控制,因此还需要进行收口布设计。收口布是翼伞重要的开伞控制措施。收口布过大,达不到开伞控制的目的,且会产生多余阻力;收口布过小,则影响伞衣的张开尺寸。收口布面积一般为伞衣面积的 1% 左右;对于人用伞,翼伞收口布位于肩部上方 550 mm 左右,且面积大小以不影响伞衣的张开角度为原则。

自冲压式翼伞出现至今,以其卓越的性能,应用范围不断扩大,结构也有了很大变化。例如,最初规定伞绳的特征长度为展长的 1.5 倍,而目前已采用 0.66 甚至更小的数值作为设计参数。最初翼伞的平面形状均为矩形,而目前椭圆形、三角形翼伞也得到了广泛的使用。翼剖面的最大厚度也从最初的 17% 下降到目前的 12%,甚至更低。肋片形状也从最初的沿展向均相同,发展到沿展向不完全相同,中间肋片高,翼梢肋片低;切口的位置和大小也有新的型式出现,如中间开口,两侧翼梢进气口封闭等。随着技术的发展,翼伞的结构形式也一定会越来越多样。

8.3.5　材料选择

翼伞主要由伞衣和伞绳组成,其材料选择同样是根据最大动载确定。由于翼伞伞衣面积大,开伞迅速,通常最大开伞动载是选择伞衣、伞绳材料的依据。当前,对翼伞开伞动载的预估主要采用载荷系数法,详见 7.6 节,在此不再赘述。

假定最大开伞动载沿伞衣面均布,则伞衣面最大压力为

$$\Delta p = \frac{F_{k\,max}}{A_w} = \frac{F_{k\,max}}{k_1 bc} \tag{8.77}$$

式中,A_w 为翼伞的危险截面积;k_1 为位置系数,通常取 0.3 左右。

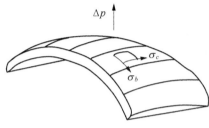

图 8.24　伞衣面应力分布示意图

根据压力平衡关系(图 8.24),可以得到伞衣应力的计算公式:

$$\Delta p = \frac{\sigma_c}{R_c} + \frac{\sigma_b}{R_b} \tag{8.78}$$

式中,σ_c、σ_b 分别代表弦向和展向应力;R_c、R_b 则为最大开伞动载时展向和弦向弧线的曲率半径,可近似取如下值:$R_c \approx \infty$;$R_b = L_{sh}$。

若伞衣面上应力分布各向同性,联合(8.77)式和(8.78)式,则伞衣应力计算式为

$$\sigma = \Delta p L_{sh} = \frac{F_{k\,max}}{k_1 bc} L_{sh} \tag{8.79}$$

翼伞弦向、展向均布置有伞绳,且长度不等,和垂直方向的夹角也不尽相同,再加上充气不均匀等原因,实质上每根伞绳的张力并不一致,且都有承担最大张力的可能。伞绳的最大张力可以采用下式计算:

$$T_{sh} = \frac{F_{k\,max}}{nk_1 k_2 \cos \alpha} \tag{8.80}$$

式中,k_1、k_2 分别为不均匀布置损失系数和不同时工作修正系数,这两个系数通常都取为 0.667;α 为伞绳与伞载系统对称轴线间的夹角,在伞衣充气过程中,α 为变量,可以取充气过程的平均值代入,通常在 0.7 左右。

求得伞衣应力、伞绳张力后,便可根据安全系数选择织物材料。一般翼伞伞衣的安全系数取为 2.0~2.5,伞绳及加强带可取为 3.0~5.0。

总的来说,翼伞设计的一般流程如图 8.25 所示。首先根据设计任务,初选翼型,并对翼型切口高度、角度、厚度、弯度进行改制设计及气动性能分析。在此基础上,根据滑翔性能指标和下降速度指标确定伞衣面积和具体外形尺寸,并估算出翼

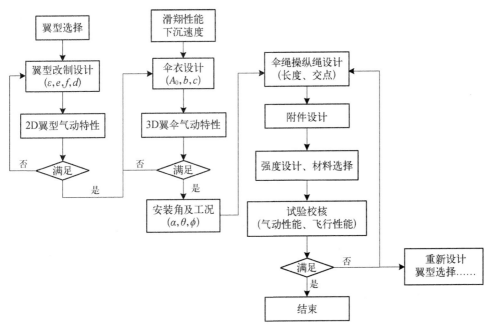

图 8.25 翼伞设计一般流程

伞的气动性能,由此确定滑翔角、迎角和安装角。根据所设计的安装角进行伞绳和操纵绳的设计,最后对挂肋、稳定幅、收口布进行设计。之后,根据翼伞开伞条件进行强度计算,并选择伞衣、伞绳材料。初步设计的翼伞要进行风洞试验(或拖曳试验)和空投试验,以验证其气动性能和飞行性能。